U0379964

储能科学与技术丛书

超级电容器：
建模、特性及应用

Ultracapacitor Applications

［美］ 约翰·M.米勒（John M.Miller） 著

韩晓娟 李建林 田春光 译

机械工业出版社

本书介绍了超级电容器的分类、建模和特性分析，以具体实例展示了超级电容器在商业、工业范围内的应用，特别是在重型交通工具以及混合动力电动汽车方面的应用。本书的后半部分阐述了容量配置、循环寿命、电容器滥用等工程领域的实际问题。最后一章描绘了未来运输系统的蓝图，新能源电动汽车逐渐取代传统汽车，结合超级电容器，在无线输电技术领域更广泛的应用前景和意义。

本书理论与实际相结合，内容由浅入深，可作为本科及研究生的学习教材，也可作为工程项目人员科研、设计的参考资料。

图书在版编目（CIP）数据

超级电容器：建模、特性及应用/（美）约翰·M. 米勒（John M. Miller）著；韩晓娟，李建林，田春光译. —北京：机械工业出版社，2018.4

（储能科学与技术丛书）

书名原文：Ultracapacitor Applications

ISBN 978-7-111-59903-6

Ⅰ.①超… Ⅱ.①约…②韩…③李…④田… Ⅲ.①电容器 Ⅳ.①TM53

中国版本图书馆 CIP 数据核字（2018）第 094061 号

机械工业出版社（北京市百万庄大街 22 号　邮政编码 100037）
策划编辑：付承桂　　　　　责任编辑：间洪庆
责任校对：张　薇　刘　岚　封面设计：鞠　杨
责任印制：张　博
河北鑫兆源印刷有限公司印刷
2018 年 6 月第 1 版第 1 次印刷
169mm×239mm·20.5 印张·390 千字
0001—3000册
标准书号：ISBN 978-7-111-59903-6
定价：99.00元

凡购本书，如有缺页、倒页、脱页，由本社发行部调换
电话服务　　　　　　　　　　网络服务
服务咨询热线：010-88361066　机 工 官 网：www.cmpbook.com
读者购书热线：010-68326294　机 工 官 博：weibo.com/cmp1952
　　　　　　　010-88379203　金 书 网：www.golden-book.com
封面无防伪标均为盗版　　　　教育服务网：www.cmpedu.com

译 者 序

近几年来，我国新能源产业迅速发展。在政府的大力扶持下，风力发电、光伏发电装机容量快速增长，电动汽车产量大幅提高。储能设备加入电力系统能够提高系统稳定性，提升新能源电力电能质量。超级电容器以其充电速度快、循环使用寿命长、能量转换效率高、功率密度高、安全系数高和绿色环保等优点而备受青睐。

Miller 博士在担任 Maxwell 学院院长时将他授课的讲义和材料整理成此书。书中引用了大量的工程实例与插图。读者可以身临其境地感受到 Miller 博士讲课的风采，同时直观清晰地理解功率密集型部件与能量密集型电池技术相结合的方式。

第1~3章介绍了超级电容器的基本概念、分类、建模和特性分析等内容。

第4~7章以典型案例给出超级电容器的商业、工业，以及重型交通工具和电动汽车的应用模式。

第8~11章阐述了功率分配、循环寿命、滥用容限等在工程领域的实际问题。

第12章描绘了未来运输系统的蓝图，电力特征汽车逐渐取代燃料特征汽车。结合超级电容器的无线输电技术将会取得更广泛的应用。

本书可作为工程项目人员在科研、设计时的参考资料，也可作为高等院校学生的学习教材。

本书翻译工作由华北电力大学韩晓娟教授、中国电力科学研究院李建林教授级高工和国网吉林省电力有限责任公司电力科学研究院田春光高工共同翻译而成。其中，韩晓娟教授翻译了第1~5章和第7、10章；李建林教授级高工翻译了第6、8、9章；田春光高工翻译了第11、12章。在本书翻译过程中，研究生程成、张浩、陈跃燕、孔令达、籍天明、王丽娜等给予了很多帮助，对他们表示由衷的感谢。

译者在翻译过程中对原书存在的一些明显错误进行了修改，以便正确翻译。由于水平有限，书中的疏忽与错误之处在所难免，欢迎广大读者提出宝贵意见。

译 者

原书前言

　　当前缺少对储能系统中碳基电化学双层电容器的基本原理和应用的系统介绍，本书以填补此空白为出版目的。这种被称为超级电容器的双层装置能够在一个单体中聚集上千法的电容量，具有与电池相媲美的能量。本书不仅仅介绍超级电容器的电化学性能，更主要的是面向应用工程师，尤其是负责储能设备设计、容量配置的工程师，以及后续使用的客户。一个世纪前就得到可以将电能存储在一个双层电容器中（即一个导电固体和电解质的界面）的结论，但是直到1957年通用公司的H. I. Becker才基于这个现象申请了一个基本的碳装置的专利。我们现在所知的超级电容器归功于俄亥俄州标准石油公司的化学家Robert A. Rightmire在1962年设计的碳-碳电化学电容器。其余的，正如他们所说，就是过时的了。

　　超级电容器应用广泛。小的单体只有拇指盖大小，电容量为5~10F，可为固态硬盘存储信息提供电力支撑；小型20~150F电解电容器组可以用于各种电子设备。大容量单体，例如D型超级电容器单体的电容量超过300F，可以用于工业领域，包括风力发电机变桨距调节器的备用电源模块以及一些动力应用中，例如电动自行车和电动摩托车的动力电源。更加大型的单体，例如现在标准60mm直径的圆柱单体的电容量范围是650~3000F，可以应用于不间断电源、桥式功率、汽车电网的稳定以及在怠速停止系统中促进汽车发动机重新起动。大容量单体构成的模块组应用于重型卡车发动机冷起动辅助，厢式车、自卸车、摆渡车及公交车的混合组件，以及轨道交通的能量换热器。超级电容器在轨道交通上的应用也扩展到车载能量换热器和轨道侧第三轨或悬链线的稳定器。新的应用不断涌现在一些前景广阔的领域。在智能电网和铁路领域的实施，可以提供更强有力的公用设施和配套服务，可以在地铁和轻轨系统中减少需额外增设的变电站数量。

　　例如，在智能电网中，超级电容器可以满足高倍率充放电来调节系统频率的需求。其高效率快充快放的特性意味着它们也可以被用来支持电网电压调节。这两个应用需要大量兆瓦级有功功率来进行频率支撑，甚至更高的无功功率作为电压调节。超级电容器作为公用事业储能应用可以提供 10s～1min 的持续输出，而将超级电容器和电池相结合可以提供长达 8h 的持续输出。这些内容，以及与其相似的应用，例如应用于汽车的大功率缓存，在本书中都有详细介绍。

　　本书的大纲是从我 2007 年至 2010 年在 Maxwell 技术公司讲授的课程中提出。因此，我感谢 Maxwell 技术公司的 CEO——David Schramm 先生，是他聘请我担任 Maxwell 大学的院长。早期课程中的讲座和实例具有课堂风格。然而，由于像 Maxwell 技术公司全球分布广泛，到各地授课和向学员展示材料是不现实的，因此我们启动了 Maxwell 大学第 2 版。这一次，作者修订了相关材料，并提供了音频格式的 CD。本书的许多章节都有提到这些资料，同时作为实例展示给读者。

　　如果没有更多人的鼓励和帮助，本书不可能成形。我要特别感谢 Maxwell 技术公司的资深科学家 Porter Mitchell 博士帮我审阅了以电化学为主题的第 1～6 章，同时感谢 Mitchell 博士对剩余章节的评议。我也要感谢 Maxwell 技术公司的技术应用工程总监 David Wright 先生对本书后半部分实际应用内容的审查和评议。我还要特别感谢我的妻子 JoAnn，在周末和节假日，我们可以放松或者做一些例如旅游等与工作无关的活动。

　　我要感谢英国工程技术学会（IET）里参与本书出版的所有人，尤其是感谢英国工程技术学会（IET）的策划编辑 Lisa Reading，以及感谢生产人员。

John M. Miller

目　录

第1章 超级电容器的分类

超级电容器，即双电层电容器（Electric Double Layer Capacitor，EDLC），是电化学电容器（Electrochemical Capacitors，EC）的一种，属于普通电化学储能设备的范畴[1]。本章介绍了包括电化学电池在内的电化学储能设备。为了便于理解，超级电容器可以看作为对称的碳-碳电化学电容器。特级电容器（Supercapacitor）最初是特指某种特定高比容量设备，但自1975年，双电层电容器发展初期[2]，日本 NEC Tokin 公司将此名称注册为商标之后，在一般应用中便由超级电容器（Ultracapacitor）取代。时至今日，这一术语仍用于非对称的或碳-金属氧化物的电化学电容器（EC）。

美国俄亥俄州标准石油公司（Standard Oil Company of Ohio，SOHIO）的 Robert A. Rightmire 发明了一种可视为电能存储设备的超级电容器[3]。该发明通常利用吸附在电子导体界面和离子导体界面边界处的静电场的离子来促进能量的存储。电化学储能电池和电容器已经存在了200多年，如 Baghdad 电池，1800年左右 Volta 发明的"电堆"，到1848年富兰克林发明的电池[4]。后文中将会介绍，电池在化学键中存储能量，遵循还原-氧化（氧化还原）反应，并伴随有质量传递。电容器在电场中存储静电能量，对于电化学电容器，能量存储在电解液和极板之间。由于没有伴随质量传递，因此不存在电化学损耗。本章将要讨论的电化学能量存储设备的种类如图1-1所示。

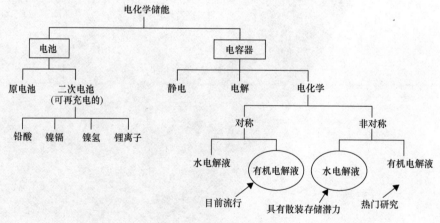

图1-1　电化学储能分类

20世纪90年代初，嵌入式化学电池的引入，使得过去20年里电化学储能领域的发展日新月异。本书重点介绍超级电容器技术，之所以深入研究电池，是因为电化学电容器这种非法拉第储能设备可直接从已有的电化学、法拉第、储能电池的大量工作中获益。首先，简单回顾一下锂离子电池的发展[5]：

• 1980年，约翰·古德诺申请了嵌入式化学和钴酸锂（$LiCoO_2$）嵌入式阴极专利。

- 1981 年，索尼公司的 H. Ikeda 申请了嵌入式石墨阳极专利。
- 日本佐贺大学的 Asahi Kasei 设计并开发了锂离子电池。
- 1991 年，索尼公司将锂离子电池投入商业化。
- 接着是 1992 年 A&T 电池公司开发的电池。
- 早期的锂离子电池有一系列安全问题：
① 锂金属阳极再充电时会形成枝晶和粉末沉积；
② 电解质与阳极处锂粉反应；
③ 基本电解质和隔膜没有提供任何安全保护。
- 20 世纪 90 年代到 21 世纪初的发展主要关注于更安全电解质、聚合物隔膜、阻断隔膜、电解质添加剂以及电池过载保护。

电化学电池在化学反应的过程中涉及价带电子转移而产生电势，在放电（原电池）或者充放电（二次电池）过程中伴随有质量传递，该过程利用了电极大部分质量，使得电化学电池具有高比能量（SE）。

然而，电化学电容器依赖于离子吸附表面现象，不伴随质量传递，因此只涉及溶剂中导带轨道电子转移的非法拉第过程。组成盐的原子或分子的弱离子键在溶剂溶解过程中断裂，伴随有导带电子转移。正是这种在固体-液体交界面相对简单的离子吸附与脱附过程，使得电化学电容器具有高比功率。

总之，电池是恒定电压、高能量的电能存储设备，而电化学电容器基本上是电压存储、高功率电能存储设备。这两种电能存储设备的不同之处在于电池把电能存储在化学键中，而电容器则把电能存储在电场中。我们来看一下具有不同化学物质的电池和超级电容器在 Ragone 图中的相对位置。Ragone 图是根据比能量和比功率来比较电能存储设备的一种方式，这意味着能量和功率归一到设备单位质量。图 1-2 显示了比能量（Wh/kg）和能量密度（Wh/L）另外一种对比形式。这种特定形式显示了锂离子技术正向重量轻、比能量高、体积小、能量密度（ED）高的设备方向发展。

如图 1-2 所示，电化学电容器大体位于 10Wh/kg SE 和 15Wh/L 处，或者说是在起始点与铅酸蓄电池之间。与铅酸蓄电池相比，几乎其他所有的化学电池都更轻、更小。基于镍化学反应的镍镉（NiCd）、镍锌（NiZn）、镍金属氢化物（NiMH）以及其他化合物电势范围是 1.2~1.6V。低电池电压会导致镍电池的能量相对较低。锂离子电池的引入打破了这一范式，并将比能量和能量密度推向了高水平。即便如此，相对于普通的碱性 AA 电池，锂离子可充电电池参数仍与比能量（Wh/kg）和能量密度（Wh/L）相关。最近更多的锂离子化学电池正在提升比能量（Wh/kg）和能量密度（Wh/L），如图 1-2 所示。与这些商业化和新兴的电池相比，更先进的锂-空气电池在比能量（Wh/kg）和能量密度（Wh/L）方面将会有革命性的进步，在图中与汽油做了比较。然而，先进电池的比能量仅为 20% ~

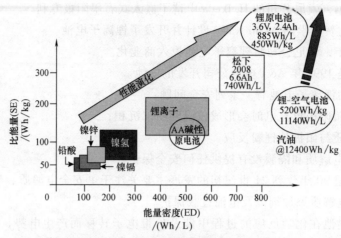

图 1-2   电化学储能设备 Ragone 图

40%；理论上来说，实际的锂-空气电池可能会提供大约 1000Wh/L 的能量。锂-空气电池在这些领域很受重视是因为这种电池的一个电极是空气，不属于电池质量的一部分。

如今，如图 1-3 所示，高功率锂离子电池（模块）的发展导致了电化学电能存储设备在追求更高功率的同时，舍弃一些能量方面的追求。随着人们寻求更高的功率水平，给定容量的电化学电池逐渐由更多的集电极金属和不太活跃的物质所填充（对锂离子电池来说，是铜阳极和铝阴极），以此获得更大表面活性来提高功率。随着电池比功率增至 20kW/kg，其比能量从大于 170Wh/kg 减少至小于 50Wh/kg。如果这一趋势持续下去，电池将会真的成为超级电容器。

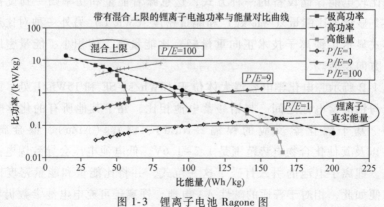

图 1-3   锂离子电池 Ragone 图

图 1-3 中左右对角线是常量 SP/SE 曲线，或称为反复时间曲线。例如，$P/E = 100$ 电池的放电能量是 $P/E = 1$ 电池的放电能量的 0.01。这就是为何动力辅助型混合动力电动汽车（HEV）使用 P/E 约为 15 的电池，而插电式混合动力电动汽车

（PHEV）使用 P/E 约为 9 的电池，以及电池电动汽车为了获得高能量需要 $P/E<3$ 的电池。一个真正的带有厚电极的能量电池，其 SE>200Wh/kg。为高功率而设计的电池，电极很薄，且 SP>1kW/kg。商业化的超级电容器 SP>1.5～2.5kW/kg，效率为 95% 时约为 6kW/kg（在第 3 章中会详细介绍）。

　　基于这一背景，进入本章的重点——超级电容器的类型。首先对电容器做一简要介绍。图 1-4 给出了经典的平行板静电电容器，它应用在消费性电子产品、工业系统和电信业，以及如纸、陶瓷、聚合物和很多其他电介质材料的应用中。

　　关于电容器应记住的最重要一点是电荷的状态方程，对于被动、线性的情况，电荷与电势 U〔见式（1-1）〕成正比。如式（1-2）所示，电容本身的构造和材料都有几何属性。

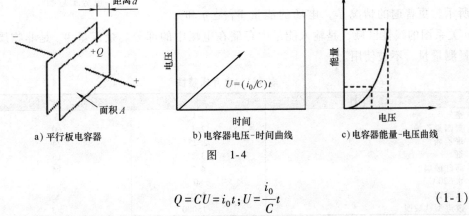

a）平行板电容器　　　　b）电容器电压-时间曲线　　　c）电容器能量-电压曲线

图　1-4

$$Q=CU=i_0t\,;U=\frac{i_0}{C}t \tag{1-1}$$

$$C=\frac{\varepsilon_r\varepsilon_0A}{d} \tag{1-2}$$

　　根据式（1-1），当充电（或放电）电流是常量时，电压随时间的变化是线性关系，如图 1-4b 所示。已知表面电流密度 ρ_s（C/m^2），导电板面积 A，则 $Q=\rho_sA$，所以由式（1-1）可以计算得到电容 C（F/V）。由麦克斯韦电磁感应定律，我们知道电通量 D 的散度，是电场 E 的源 ρ（$\nabla\cdot D=\rho$）。对于任何电介质，本构关系加上电介质极化量等于总的电通量，$D=\varepsilon_0E+P$，其中极化量 $P=\varepsilon_0\chi E$。介电材料极化率 χ，有助于表征材料的总介电常数 ε，ε_0 是自由空间的介电常数，它总是存在的。意思就是对于给定的电压 U，平行板电容器间的距离为 d，会建立电场 E，$E=U/d$，电场 E 反过来则会产生一个总电通量 D。结合式（1-3）以及之前所做的替代，基于总电通量以及表面电荷可以计算出电容容量。

$$Q=\rho_sA=DA=\frac{\varepsilon UA}{d}\,;\xrightarrow{\Delta}C=\frac{Q}{U}=\frac{\varepsilon A}{d}=\frac{(\varepsilon_0+\varepsilon_0\chi)A}{d}=\frac{\varepsilon_r\varepsilon_0A}{d} \tag{1-3}$$

相对介电常数 $\varepsilon_r=(1+\chi)\varepsilon_0=k\varepsilon_0$，表明在电荷分离空间内有材料存在而不是真

空（空气），而且这里 h 代表了电介质的极化量。像纸、钛酸钡陶瓷和聚合物的 k 值比空气要大。一些改良的钛酸钡陶瓷的 k 值可以达到 $k >$ 15000。表 1-1 列出了一些常见材料的 k 值和击穿电压 U_{bd}。

如图 1-4c 所示，存储在静电电容器中的能量可以由静电电荷 Q 的状态方程 [式（1-1）] 导出。需要注意的是，任何的状态方程关系，比如能量，可以通过积分状态方程和其广泛变量求得，在这里是电压 U。对于线性电容器来说，其 Q 对 U 的函数仅仅是线性关系 $q(u)$，如图 1-5 所示。更普遍的情况是，电场的能量 W_f 是 q 和

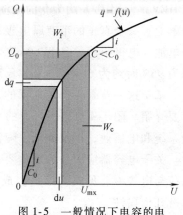

图 1-5 一般情况下电容的电荷-电势示意图

u 关系图的线性区域，是输入能量中存储在电场中的部分。余能量 W_c 是非物质能量测量量，不被使用。

表 1-1 电介质特性

材　料	k 值	U_{bd}/(MV/m)
空气	~1	3
聚四氟乙烯	2.1	60
聚乙烯	2.25	24
纸	3.5	16
高硅玻璃	4.7	14
水（20℃）	80	
钛酸锶	310	8
改进型钛酸钡	~15000	>3

$$q = Cu \, ; \mathrm{d}q = C\mathrm{d}u \tag{1-4}$$

$$W = W_f(q) = \int u \mathrm{d}q \tag{1-5}$$

将式（1-4）代入式（1-5），将电场能量转化为合适的形式，积分范围为 $[0, U_{mx}]$。

$$W_f(q) = \int_0^{Q_0} u \mathrm{d}q = \int_0^{U_{mx}} \xi(C\mathrm{d}\xi) = \frac{C}{2}\xi^2 \Big|_0^{U_{mx}} = \frac{1}{2}CU_{mx}^2 \tag{1-6}$$

式（1-6）是电容器能量的常见表达式，如图 1-4c 所示。在线性情况下 $W_f = W_c$，但在一般情况下并非如此。考虑非线性情况的例子，$q = f(u)$，随着电压的增加，电容降低。这是典型的陶瓷类型，代表介质饱和的情况。

例 1-1：假设图 1-5 中的函数关系是 $q = f(u) = Q_0 \sin(\pi u/2U_{mx})$，求这种情况下的电场能量。注意这种电荷关系相对接近于图 1-5 中的曲线。当 $u/U_{mx} = \pi/2$ 时，电荷量取最大值 Q_0。

$$q = Q_0 \sin\left(\frac{\pi u}{2U_{mx}}\right) \tag{1-7}$$

$$dq = \left(\frac{\pi Q_0}{2U_{mx}}\right) \cos\left(\frac{\pi u}{2U_{mx}}\right) du \tag{1-8}$$

$$W_f(q) = \int_0^{Q_0} u \, dq = \int_0^{U_{mx}} \xi a Q_0 \cos(a\xi) d\xi, a = \frac{\pi}{2U_{mx}} \tag{1-9}$$

式 (1-9) 中的积分借助积分表很容易求解, 解得:

$$\int_0^u \xi \cos(a\xi) d\xi = \left[\frac{1}{a^2} \cos(a\xi) + \frac{u\xi}{a} \sin(a\xi)\right]_0^u \tag{1-10}$$

将式 (1-10) 做替换, 求解并将结果代入式 (1-9), $W_f(q)$ 为

$$W_f(q) = a Q_0 \left[\frac{1}{a^2}(\cos(aU_{mx}) - 1) + \frac{U_{mx}}{a} \sin(aU_{mx})\right] \tag{1-11}$$

注意式 (1-11) 中 cos（·）是 0, sin（·）是 1, 因此饱和介质的非线性电容器的电场能量变为

$$W_f = U_{mx} Q_0 - \frac{2U_{mx} Q_0}{\pi} = \left(1 - \frac{2}{\pi}\right) U_{mx} Q_0 = 0.363 U_{mx} Q_0 \tag{1-12}$$

式 (1-12) 表明饱和电介质的电容器在相同电压下存储的能量比线性电容器少, 这里该因数是 0.363/0.5 = 0.726。也就是说, 如果电介质是线性的, 将会多存储约 27% 的能量。

例 1-2: 超级电容器的 $q(u)$ 有一个不寻常的关系, 即随电压升高, 电容的增加呈非线性。考虑图 1-6, 表明在恒流充电时, 随着时间的增加, 呈现出线性的关系, 直到充电电压达到临界值, 在电解液离子和碳表面之间会发生表面氧化还原反应 (Tafel 关系)。表面氧化还原反应产生伪电容效应 (见 Conway [1])。非线性超级电容器的充电电流呈线性增加, 然后因为出现的伪电容效应变为非线性, 其表达式为式 (1-13), 是 Tafel 关系。求解式 (1-14) 可以得到 $q(u)$。

$$I = C \frac{du}{dt} + I_0 e^{ku} ; \dot{u} = \frac{1}{C} + \frac{I_0}{C} e^{ku} \tag{1-13}$$

$$\dot{u} = \frac{I + I_0}{C} + \frac{k I_0}{C} u ; e^{ku} \approx (1 + ku + \cdots) \tag{1-14}$$

图 1-6 表明放电时 ($I<0$), 额定 3000F 的电池电容从最初的约 2770F 随电压增加

7

至约 3300F。这一电容的非线性特性意味着对于电压增加所产生的电荷累积比在线性介质电容器中要高。电荷记忆为 $I \cdot \delta t = C \cdot \delta U$，对于 δU 的固定增量，δt 增量更大，在固定电流处花费更多的时间，所以传递更多的电荷。注意对于生产单体，与放电时测得的值相比，这一电容测量已经被国际标准制定组织所标准化。

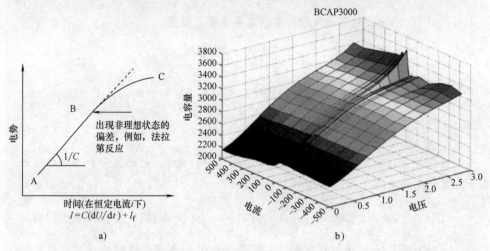

图 1-6 非线性电容器电势-充电电流及生产单体（使用授权的 Maxwell 技术）实际 $C(U)$ 示意图

a) 非线性电容器的电势和电流 b) 3000F 超级电容器的电容量 $C(u, i)$

在放电过程中对电池做的实验表明其电容可以精确地表示为

$$C(u) = C_a + C_b \tanh\left(\frac{u}{U_x} - U_x\right) \tag{1-15}$$

式中，$C_a = 2770$，$C_b = 520$，$U_{mx} = 2.7$，$U_x = 0.9$，$u \in [0, U_{mx}]$。针对 3000F 电容器单元，式（1-13）所需要测量的数据点如图 1-7 所示。注意到符合式（1-15）特性的额外数据点。

解答这个例子的第一步是电压 u 与式（1-15）相乘，然后与式（1-9）中通过

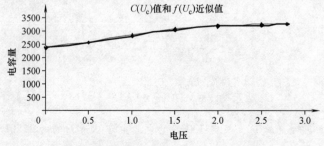

图 1-7 非线性电容器容量 $C(u)$ 示意图

dq 得出的 u 进行微分，如下所示：

$$q(u) = C(u)u = C_a u + C_b u \tanh\left(\frac{u}{U_x} - U_x\right) \tag{1-16}$$

运用式（1-16）的导数求出电场能量 W_f 计算所需的微分量，其中电场能量是由充电过程伴随电势引起的较大非线性变化。微分电荷 dq 的结果表达式相对于闭式积分来讲过于复杂。

$$dq = C_a u + C_b \tanh\left(\frac{u}{U_x} - U_x\right) + C_b u \operatorname{sech}^2\left(\frac{u}{U_x} - U_x\right) \tag{1-17}$$

$$W_f = \int_0^{U_{mx}} u \, dq = \int_0^{U_{mx}} \xi\left\{C_a \xi + C_b \tanh\left(\frac{\xi}{U_x} - U_x\right) + C_b u\left(\operatorname{sech}^2\left(\frac{\xi}{U_x} - U_x\right)\right)\right\} d\xi$$

$$\tag{1-18}$$

对于式（1-18）的求解很难得到其闭式，所以例如 Maple 的数值解法则得到应用。基于表 1-2 中给出的特定限制，计算得到积分结果。

注意到如果同样的超级电容器具有相同容量 $C_0 = C_a + (1/2)C_b = 3030F$，如果电场能量为 $W_f = 1.104 \times 10^4 J$，则相比电容器的电容容量 $C(u)$ 约小 12%。练习 1.1 作为线性实例近似等于非线性的情况，$\tanh(x)$ 的变化表现出与上述所计算电场能量非常相似的结果。

表 1-2　针对例 1-2 中超级电容器非线性充电特性解决办法

式(1-18)中的积分部分	数值积分结果
$W_{fa} = C_a \cdot \int_0^{U_{mx}} x \, dx$	$W_{fa} = 1.0097 \times 10^4$
$W_{fb} = C_b \cdot \int_0^{U_{mx}} x \tanh\left(\frac{x}{U_x} - U_x\right) dx$	$W_{fb} = 1.385 \times 10^3$
$W_{fc} = C_b \cdot \int_0^{U_{mx}} x^2 \cdot \left(\operatorname{sech}\left(\frac{x}{U_x} - U_x\right)\right)^2 dx$	$W_{fc} = 1.137 \times 10^3$
$W_f = W_{fa} + W_{fb} + W_{fc}$	$W_f = 1.262 \times 10^4$

1.1　电化学电容器

无论是以氧化还原反应为基础还是以吸附作用为基础的电化学储能，均受电解液中离子的活性支配。离子电流在电场、浓度梯度和热梯度的影响下，通过高度多孔分离器进入多孔电极不断消长。仅仅由于单元或者分子的寄生电感和极短时间离子电流，使得随着电流变化率限制，电化学电容器（EC）的动作是瞬时的。然而 EC 单元的频率响应完全由电解液离子动力学和电极膜结构的离子通道确定。厚电极超级电容器由多层高孔隙度活性炭粒子构成，炭黑导电媒介和高分子粘结剂相比薄电极比较密度，具有更多限制性的离子通道，其中薄电极是由具有较高表面粗糙度的大表面区域碳粒子构成。图1-8表明了受表面粗糙度和孔隙大小特征影响的超级电容器频率响应。吸附作用只是表面现象，也就是电荷可以快速达到表面，并快速完成充放电。基于假想的 Z''-Z'奈奎斯特曲线，部件的总阻抗 Z 表明宽的过渡期，随着频率增大，表面孔隙的纯电容性电抗通向Warburg 阻抗特性的扩散有限反应。越多的孔隙受到限制，则在多孔电极与电

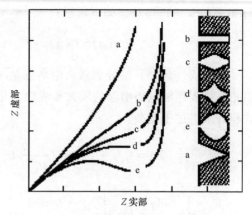

图 1-8　超级电容器频率响应中电极孔隙形状的影响（由 JME 提供）

极膜 Randles 等效支配点之间的动态过程中，越多的动力学限制将会变得显著（半圆形、进入靠近原点的区域）。

因为等相元素在多孔电极结构中的重要作用，我们对等相元素特性的理解[6]变得十分重要。上述提到的孔隙结构和在图 1-8 中所示 e、d 曲线具有同一阻抗函数 Z，这是在电荷转移阻抗分支 R_{et} 中，将 Randles 与 Warburg 阻抗等效的精确模型。图 1-9 是改进的 Randles 等效模型。如果如图 1-9 所示 Warburg 阻抗在双层电容分支 C_{dl} 中被建模，则可以得到简单的奈奎斯特响应。类似的内容将在下面的实例中进行讨论。

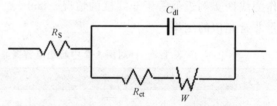

图 1-9　多孔电极超级电容器 Warburg 阻抗等效为 Randles 阻抗的阻抗模型（R_S 是单体等效直流电阻；C_{dl} 是双层电容；R_{et} 是电荷转移电阻；W 是 Warburg 阻抗）

考虑 Z_{cpe} 一般情况时，为了加深对电化学等相元素动作的理解，等相元素将角频率提升到任意 β 值，其中 $0 \leqslant \beta \leqslant 1$。在式（1-19）中分子为电化学电导衍生式，其单位为 $\Omega\sqrt{s}$，且 s 是复角频率。

$$Z_{cpe} = \frac{\alpha}{s^{\beta}} \qquad (1-19)$$

对于特定 Warburg 阻抗的情况，$\beta = 0.5$，$Z_{cpe} = Z_w$。对于这种情况，式（1-19）可改写为

$$Z_w = \frac{\alpha(1-j)}{\sqrt{\omega}} \qquad (1-20a)$$

在式（1-20a）中 α 如下所示：

$$\alpha = \frac{RT}{\sqrt{2}\,n^2 F^2 A}\left(\frac{2\times10^3}{C_0\sqrt{D_c}}\right) \tag{1-20b}$$

式中，气体常数 $R = 8.314\mathrm{J/(K \cdot mol)}$；法拉第常数 $F = 96485\mathrm{C/mol}$；涉及电子交流数量 $n = 1$；绝对温度 $T = 298\mathrm{K}$；A 为电极表面区域面积（cm^2）；电解液浓度 $C_0 = 1.2\mathrm{mol/L}$；D_c 为离子扩散常数（cm^2/s）。基于以上参数，式（1-20b）计算结果的单位为 $\Omega\sqrt{s}$，当除以角频率的平方根时得到 Z_w，单位为 Ω。

基于图 1-9 改进的 Warburg 和 Randles 等效电路将在例 1-3 中详细叙述。

例 1-3： 在如图 1-10 所示的电化学电容器中，考虑 Warburg 阻抗和 Randles 阻抗等效电路，并对合成阻抗函数 Z 进行分解，如式（1-21）所示。

$$Z_w(\omega) = Z'(\omega) - \mathrm{j}Z''(\omega) \tag{1-21}$$

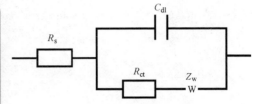

图 1-10　基于电化学电容器的 Warburg-Randles 改进等效电路

针对等效电路式（1-21）的输入阻抗进行分析，如下是针对 Z' 和 Z'' 的表达式。

$$Z'(\omega) = \frac{R_s\tau_c^2\omega^3 + 2\alpha\tau\tau_c\omega^{2.5} + 2\alpha^2\tau C_{dl}\omega^2 + \alpha\tau_p\omega^{1.5} + R'_s\omega + \alpha\sqrt{\omega}}{\tau_c^2\omega^3 + 2\alpha\tau_c C_{dl}\omega^{2.5} + 2\alpha^2 C_{dl}^2\omega^2 + 2\alpha C_{dl}\omega^{1.5} + \omega} \tag{1-22}$$

$$Z'' = \frac{\alpha\tau_{pp}\omega^{2.5} + \tau_c R_{ct}\omega^2 + \alpha\tau\omega^{1.5} + 2\alpha^2 C_{dl}\omega + \alpha\sqrt{\omega}}{\tau_c^2\omega^3 + 2\alpha\tau_c C_{dl}\omega^{2.5} + 2\alpha^2 C_{dl}^2\omega^2 + 2\alpha C_{dl}\omega^{1.5} + \omega} \tag{1-23}$$

式中，

$$\begin{aligned} R'_s &= R_s + R_{ct} \\ \tau &= R_s C_{dl} \\ \tau_c &= R_{ct} C_{dl} \\ \tau_s &= R'_s C_{dl} \\ \tau_p &= \tau + \tau_s - \tau_c \\ \tau_{pp} &= \tau\tau_c - \tau_c\tau_s \end{aligned} \tag{1-24}$$

利用式（1-20b）中的值，并针对 10F 对称超级电容器取近似参数值：$R_s = 180\mathrm{m}\Omega$，$R_{ct} = 100\mathrm{m}\Omega$，$C_{dl} = 10\mathrm{F}$，式（1-24）中的所有参数均已定义。其他参数，如 Warburg 阻抗大小，利用式（1-20a）来匹配由式（1-21）奈奎斯特方程推导出的奈奎斯特频率响应结果和其 α 值。α 值是由超级电容器参数来定义的，并通过式（1-20b）迭代找出扩散常数 D_c。

根据上述步骤，表 1-3 中的结果是根据 Warburg 值中的三个代表值和离子扩散系数结果总结得到的。根据 Warburg 值的等相元素得出 $Z_w(\omega)$ 的低频率 45°特性。

如表 1-3 所示，注意到伯德图在 45°相角表现出的特性处于非常低的频率，正是 Z_{cpe} 的特性。$\alpha = 0.002$，进入大于 45°斜坡时，注意到奈奎斯特响应与进入 Randles 半圆区域低频率响应相同，同样，这正是 Warburg 阻抗的典型特征。

接下来，考虑当 Warburg 阻抗 $Z_w(\omega)$ 的状态如何变化，是从电荷转移电阻 R_{ct} 开始移动，分流到双层电容器 C_{dl} 分支。上述分析在例 1-4 中具体执行。

> **例 1-4：**对于后续实例中所有的参数和变量均在例 1-1 中使用过，只是对小型超级电容器的改进 Warburg-Randles 等效电路模型进行了修改，即将 Z_w 置于 C_{dl} 分支。
>
> 针对此实例，Z_w 的组成部分如式（1-22）和式（1-23）所示，变化为
>
> $$Z' = \frac{R_s \tau_c^2 \omega^2 + \alpha \tau \tau_c \omega^{1.5} + \alpha/\sqrt{\omega} + R_s'}{\omega^2 \tau^2 + 1} \quad (1\text{-}25)$$
>
> $$Z'' = \frac{(R_s - R_s') \tau_c \omega - \alpha \tau^2 \omega^{1.5} + (\tau - \tau_c) \alpha \sqrt{\omega} - \alpha/\sqrt{\omega}}{\omega^2 \tau^2 + 1} \quad (1\text{-}26)$$

依据例 1-3 中的相同步骤，得到的结果见表 1-4，其中包括 Warburg 值中的三个典型值和离子扩散系数。

在 C_{dl} 分支中 Z_w 的奈奎斯特响应与 R_{ct} 分支中的 Z_w 奈奎斯特响应相似，但是当扩散常数和 Warburg 值相同时，其特性也会表现出明显区别。

读者可以清楚地认识到分析模型和 EC 单体的性能表现都是可以获得的，并可以与实验数据进行比较，进而可以实现电解质特性参数的判定，例如通过上述步骤来求解离子扩散系数。

在继续对对称超级电容器研究之前，我们通过离子电流密度 J_x 对本章进行总结，其中 x = 阳离子或阴离子，离子通过电极表面区域得到三种强制函数：

- 电势梯度
- 浓度梯度
- 温度梯度

目前工业上面临的问题集中在电力电子产生的高频纹波电流对电解质和电极及其使用寿命有什么影响。EC 电容器在电势穿过电解液（即从一个电极碳表面到另一个电极碳表面）方面的特性已根据 Poisson-Nernst-Planck 原理进行了分析[2]。在电势和浓度梯度的压力下，离子电流密度的理论特性见式（1-27）。式（1-27）中的参数已在上述实例中给出。

$$J_c = q\mu_c C_0(-\nabla\varphi) - qD_c(\nabla C_0) \quad (1\text{-}27)$$

对于阴离子电流密度 J_a，可以列出与式（1-27）相似的公式。图 1-11 为离子

表 1-3 在 R_{ct} 分支下幅值为 Z_w 的 10F 超级电容器的典型奈奎斯特和伯德图

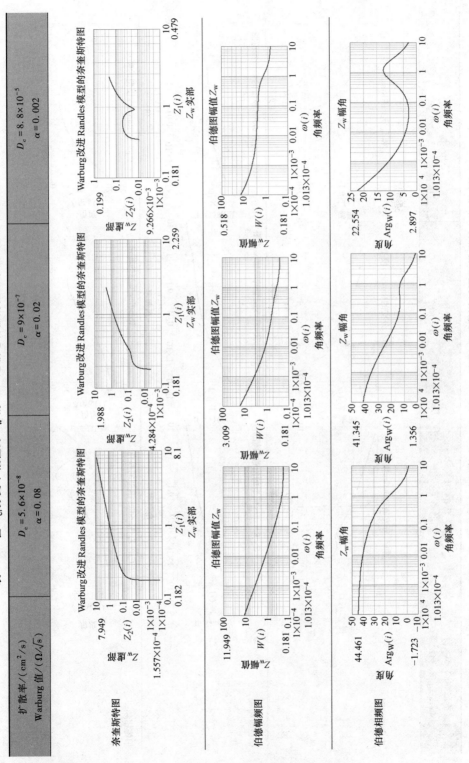

表 1-4 在 C_{dl} 支路下幅值为 Z_W 的 10F 超级电容器的典型奈奎斯特和伯德图

	$D_e = 5.6×10^{-8}$ $\alpha = 0.08$	$D_e = 9×10^{-7}$ $\alpha = 0.02$	$D_e = 8.8×10^{-5}$ $\alpha = 0.002$
扩散率/(cm²/s) Warburg值/(Ω/√s)			
奈奎斯特图			
伯德幅频图			
伯德相频图			

14

电流通过典型 EC 电容分离器表面的截面图。

　　按照式（1-27）离子电流特性，在超级电容器终端电势的直接应用，如施加一个恒定的电流时，将会导致电势梯度穿过电解液，其在电解液中的穿过位置接近于线性斜率。同时，当放电时刻 $t = 0^+$ 时，离子浓度将会变为一致。然后，在 $t = 0^+$ 后非常短的时间内，离子浓度将阳离子快速转移到具有多余电子的碳极上。结果如图 1-11 所示，图中所示为阳离子流进入电极，并且从电极

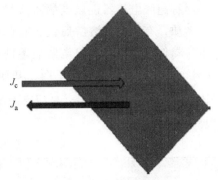

图 1-11　离子电流通过表面示意图
（J_c 是正离子流，J_a 是负离子流）

分离的逆过程。浓度的转移改变了依据式（1-27）来支撑外加电流的电势梯度。

　　行业中持续关注的问题是当应用电流包含一个脉动成分时，超级电容器发生了什么，其中脉动成分是超级电容器（或者电池）通过 DC-DC 或 DC-AC 功率变换器进行界面上应用时出现的。这部分内容将在本书后续部分进行介绍。

1.2　对称类型

　　基于之前的讨论，超级电容器通过将离子吸附到导电表面来实现功能，在这种情况下，导电表面所用材料为高孔隙度活性炭。这也意味着储能系统具有物理特性，包括一层在不断变化中被短距离吸收的离子，此处所指的德拜（Debye）长度为电子云到活性炭的距离。也就是说，被吸附到活性炭上的带电电子与化学储能并非相似，因为价带电子的交换过程发生在反应堆中电极材料的氧化还原反应。在超级电容器中，电解液从本质上说就是积累离子的容器，由于电解质的电导率问题，则在超级电容器中离子的盈余是必要的。因此离子产生的阻力，根据超级电容器的荷电状态（SOC）决定。超级电容器存储能量因此与电极表面积成正比，然而在一个氧化还原控制电池中，存储能量与电极质量成比例。

　　本章中对称的含义是在碳-碳超级电容器中所配置的两个电极是相同安装的，而实际中正是如此。然而，一旦充电过程中活性炭中掺入杂质，这些杂质就会与每一个电极进行潜在的残余反应。如果随后超级电容器进行了相反极性的放电，则对其容量将造成不可逆转的损失，但是仍然作为储能单元正常工作。同样的，超级电容器单元材料如何焊接安装对于电化学反应同样重要，所以要保证储能单元的物理容器和其电解液不发生副反应。一个对称的超级电容器是由高纯度铝正极材料和铝合金负极材料制成。极间电流集电器也是由铝材料制成，这样就能够更好地接触活性炭电极（无论干燥、层压、湿处理还是液体都可以使用）。

对称超级电容器也以电解质溶剂类型为特征。举例说明，硫酸中加水后包含水电解质，有机盐电溶解后包含有机盐电解质。在本书中将对称的有机电解质超级电容器作为重点。有机电解质溶剂要么是碳酸丙烯酯（PC），要么是氰化甲烷（AN）。更多的有机盐可能是四乙基四氟硼酸（TEATFB），此种情况阳离子Et_4N^+是四个四乙胺，阴离子BF_4^-是四氟硼酸。阳离子与阴离子在溶剂中不断变化，其特性见表1-5。

表1-5　常见对称溶剂和盐的属性

元素	原离子大小 d_0/nm	溶剂化离子大小 d_s/nm	摩尔质量（未溶解）/（g/mol）	摩尔质量（溶解）/（g/mol）
[Et_4N^+]	0.67	1.30	116	485
[BF_4^-]	0.48	1.16	86.81	373.81
[AN]	0.45	0.45	41	—

摩尔质量是根据化学中各自离子和溶剂计算得到：$[CH_3CH_2]_4N^+$变为大量[Et_4N^+]和[BF_4^-]，[CH_3CN]变为[AN]，总结见表1-5。典型的，溶解的阳离子由9个AN分子包围，阴离子由7个AN分子包围。一些研究者声称孔隙为2nm或者更小，被称作为微孔隙。离子形成串或者纳米电线，并深入到一个孔中。另外一些研究者声明随着孔隙减小到溶化剂离子大小，阳离子部分停止溶解，并填入到微孔隙内。这些争论目前仍在研究，但实际上对于碳化物合成碳（CDC）来说，仍然可以看到纳米多孔碳展示了不规则的电容器[7]。

碳-碳对称超级电容器的核心设备如图1-12所示。凝胶卷中包含一对双面涂层电极、多孔纸张分离器、铝箔电流扩展收集器，或者用于凝胶卷电气连接的突片端。图1-12中右图显示电子在电极（正极）潜在耗尽和在负极沉积的过程中，产生额外的电子，从而在整个结构中产生电场。图1-13通过对吸附层和内部潜在位置的描述，对这些讨论进行了详述。

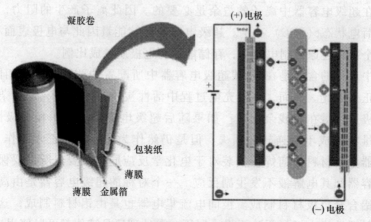

图1-12　碳-碳对称超级电容器和电极介绍

图 1-13 介绍了充电过程的超级电容器电解液中，电子缺少的碳正极到阴离子产生的强电场过程。这种双层结构通过离子渗透和譬如多孔纸张的电子阻塞分离材料进行。负极由阳离子累积层和多余电子的碳棒表示。因此，超级电容器包含双层电容器，每一个电容器之间通过金属连接，并通过金属板和液体与另一个金属板连接。当超级电容器部分充电时，$\phi(x)$ 接近于对角直线，随后在双层，也被叫作 Helmholtz 层或者厚度为 d 的厚密层附近快速下降。分离器附近的电势由于电解液的导电特性和相反电极的 Helmholtz 层而出现另一个电势梯度变化。这种电荷分离距离称为 d_c 或者德拜长度是电化学电容器的一种特性，有效地表现出超级电容器的"超级"特性。在高度多孔活性炭的电极表面

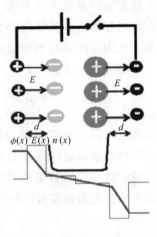

图 1-13　双层超级电容器电荷浓度、电势、电场示意图

的电荷积聚意味着分离器离子耗尽；因此，在电容器充满或者全部释放后再次充满时，其电阻或多或少会增加。基于离子吸附现象的电化学电容器，其充电携带离子到充电碳的最短距离是德拜长度[8,9]。针对对称的碳-碳超级电容器的德拜长度可以根据基本常数、电解质溶剂介电常数和电解质盐浓度 C_0 计算得出，如式（1-28）所示。

$$d_c^2 = \frac{\varepsilon_r \varepsilon_0 RT}{2F^2 C_0} \tag{1-28}$$

针对房间温度的 1M 电解液和介电常数为 37.5 的 AN，根据式（1-28）会较为容易地计算出 $d_c^2 = 44.18 \times 10^{-18}$ m 或者电荷分离距离 $d_c = 6.65$ nm。基于上述可以提出一个有益的简单例子来加强这种纳米电荷分离距离的量级。

例 1-5：考虑对称活性炭超级电容器的特定表面区域 $S_a = 1610 \text{m}^2/\text{g}$，超级电容器在额定 3000F 时 $U_{mx} = 2.7$V，并且每个活性炭电极有 $M_c = 72$g。通过离子电荷层上的活性炭电子电荷来确定静电压力。第一步是计算可进行离子吸附的总表面积 A，第二步利用式（1-28）确定静电力 F。

$$A = S_a M_c = 1610 \times 72 = 115920 \text{m}^2 \tag{1-29}$$

$$Q = CU_{mx} = 3000 \times 2.7 = 8100 \text{C} \tag{1-30}$$

$$F = \frac{Q^2}{4\pi\varepsilon_r\varepsilon_0 d_c^2} = \frac{(8100)^2}{12.56 \times 37.5 \times 8.854 \times 10^{-12} \times 44.18 \times 10^{-18}} = 3.56 \times 10^{32} \text{N} \tag{1-31}$$

上述公式计算得出的 F 值十分大，则静电压力的计算结果也会出现类似情况。由于超级电容器的双层结构产生的电场，因此可根据式（1-29）区分开式（1-31）得到离子压力。注意到当超级电容器全部充满时，每一个电极在德拜长度的电势为 1.35V 或本质上 $U_{mx}/(2\times d_c) = 2\times10^{10}\,\text{V/m}$。因此，每一个电极的静电压为

$$P = \frac{F}{A} = \frac{3.56\times10^{32}}{1.152\times10^5} = 3.09\times10^{27}\,\text{Pa} \tag{1-32}$$

由式（1-32）计算得到的静电压为 3.09PTPa（太（10^{12}）×拍（10^{15}）帕）。鼓励读者对本章后面的练习 1.3 进行练习，以此加深对这些范围数值的理解。

针对超级电容器容量的确定，根据式（1-33）给出的基本方程可以较为直接地计算得到。电容器容量时材料实质面、电荷分离距离和介电常数的几何特性。

$$C_{elec} = \frac{\varepsilon_r \varepsilon_0 S_a M_c}{d_c} \tag{1-33}$$

对于例 1-5 中引用的数值，由式（1-33）得出的超级电容器容量为 $C_{elec} = 5751\text{F}$。针对这个储能单元仍然不清楚的是，即使双层电容器彼此连接，超级电容器的容量 C 为 C_{elec} 的一半或者 $C = 2875\text{F}$，电极电势却为两倍或者 2.7V。同样的，每一个电极的电荷量为 Q，而根据式（1-30），两个电极电荷累加起来需要乘以系数 4。易于得出在两个电极所存储的能量加起来是考虑了每个电极所存电能的总单元能量，$W_{elec} = \frac{1}{2}C_{elec}(Q/C_{elec})^2 = \frac{1}{4}(Q^2/C) = \frac{1}{2}W_{uc}$。因此超级电容器存储有两个电极的电能，包含每一个双层电容器的内部电子。相同的应用可以用于任何相连的单元，其总的能量就为所有单元存储能量之和。

超级电容器的建模将在第 2 章中详细讨论。在本章中，图 1-14 所示足以表达超级电容器建模的本质特征。因为一个超级电容器包含两个双层电容器和两个电极，图中同样说明了电子电阻 R_e 和离子电阻 R_i，就如同储能单元的串联电阻。电子电阻包含传导材料电阻、所有电子表面电阻、铝盖和罐体、内部铝-铝焊接点、电流集电器箔片和碳膜的内部电阻。除此之外，碳-碳颗粒界面和体电阻的电子电阻还具有抗电子流动的完整图像。离子导电电解质和多孔分离器，以及离子电流通过碳电极颗粒间通道限制并进入孔隙，构成离子电阻。举例说明，电势和由式（1-27）描述的离子电流密度的浓度扰动函数定义为离子电流动力。

图 1-15 描述了一种超级电容器单元中电子和离子等效串联电阻的确定方法。在图中，储能单元至少常温浸泡 5 倍热时间常数，然后用来表征电容容量和等效串联电阻（ESR）。等效串联电阻和温度的曲线将被拟合成包含泰勒级数展开式的方程，其中泰勒级数展开式包括导体电阻和用来定义离子电阻的 Arrhenius 方程 ［见式（1-34）］。

$$\text{ESR}(T) = b_1\text{ESR}(T_0)\{1+\gamma(T-T_0)\} + b_2\text{ESR}(T_0)\,e^{(-k_T/2)(T-T_0)} \tag{1-34}$$

式中，$T_0 = 293K$，铝和碳成分集合的温度系数 $\gamma = 0.007$（K^{-1}），离子活性能量成分集合 $k_T = 0.045$（K^{-1}）。针对 3000F 储能单元的等效电阻（温度）示意图如图 1-15 所示，电子 b_1 和离子 b_2 相对权重因子分别为 0.55 和 0.45。针对特殊尺寸的超级电容器，这样电阻分量将会分开将近 50%。有着相同半径的较小储能单元将会造成电子和离子比例的严重不平衡，此时 b_1 将占 $b_1 + b_2 = 1$ 的较大部分。举例说明，在 3000F 的电容器单元名义上 $ESR_{dc} = 0.29m\Omega$，电子元件 $R_e = 0.1595m\Omega$ 和离子元件 $R_i = 0.1305m\Omega$。下面给出一个实例用来对上述内容加深理解，尤其针对

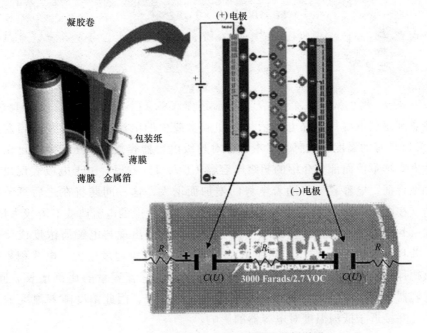

图 1-14　对称超级电容器建模的举例说明

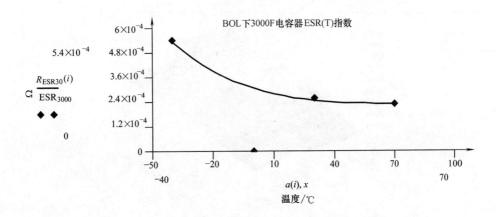

图 1-15　3000F 储能电容器等效电阻和温度示意图

3000F 超级电容器离了电阻的数值进行直观认识。

> 例 1-6：在这个实例中，如同例 1-5 取超级电容器单元 3000F，根据电极整体长度和宽度，其分离器表面积 $A_s = 0.2474 \text{m}^2$。分离器厚度 $t_s = 40\text{m}$，活性炭电极厚度 $t_c = 140\mu\text{m}$。如果 1mol 电解液的电导率为 56mS/cm，则利用基本方程对离子电阻进行计算并与上述 R_i 比较。
>
> $$\overset{\wedge}{R_i} = \frac{t_s + t_c}{\sigma_{s1} A_s} = \frac{(40+140) \times 10^{-6}}{56 \times 10^{-3} \times 10^2 \times 0.2475} = 12.98 \times 10^{-5} \qquad (1\text{-}35)$$
>
> 由式（1-35）求出的近似值，包含分离器厚度和 1/2 每个分离器电极膜厚度的离子电阻是一个很好的匹配测量数据。在这种情况下，估算 $\overset{\wedge}{R_i} = 0.13\text{m}\Omega$，与温度测试中测量讨论的结果相同。

注意到双层电容具有强电压依从性和或多或少的电流依从性，并且当温度低于 −30℃ 所具有的温度不敏感性，本章中对超级电容器容量的电压灵敏度已做了叙述。考虑在本章前面部分介绍的超级电容器 $C(U, I)$ 方程，由于电极表现出来的非电容性特征，电容容量将随着电势的增加而增大，这一问题将在之后章节中予以讨论。在图 1-16 中电容容量随着电势和在某些程度上的电流改变有着较大增大。依据式（1-28）中的德拜长度或者电荷分离距离，会出现与电解质浓度成反比的现象，并且在 Helmholtz 层，当储能单元充电时出现较大程度增大。电荷积累的结果导致德拜长度的减小，通过式（1-33）可预判出电容容量的比例增长。同样，超级电容器容量随着温度的改变被浓度的变化所掩盖，因此浓度随着温度的下降而减小，并接近于抵消温度对电容器的影响。

BCAP3000

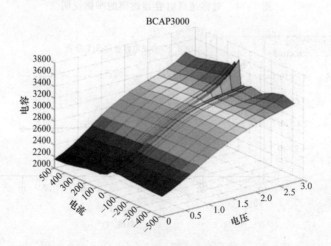

图 1-16　额定 3000F 的超级电容器根据电压电流测定容量

对电流 $|I| < 100A$ 的 $C(U, I)$ 的变化不容易被理解。这里仪器分辨率和误差的可能性必须被考虑在内，因此小的电压变化在一个固定的时间间隔被采样。电脑仪器具有时间高分辨率，但是受限于电势的数据采样局限性。在电流充放后，电势本身是采样 $5 \sim 10s$ 的终端电势。在最初的几秒时间，在储能单元的离子分配可能仍然变化不定，并且有助于观察到间断电流接近零。

基于之前对双层电容和等效串联电阻方程的理解，关于对称超级电容器需要注意的点是其 RC 结果。这点可以通过储能单元中的半径大小 $\phi = 60mm$ 看出，平均时间常数 τ 约为 $0.65s$ 如图 1-17 所示。

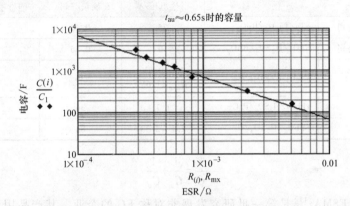

图 1-17　超级电容器的时间常数趋势示意图，60mm 外直径圆柱（左到右的点依次为 3000F、2000F、1500F、1200F、650F、350F、140F）

在本章进行的主要讨论会在第 2、3 章中给予扩展，包括对称超级电容器建模和电压、储能特性的详细介绍。这些章节将为后续应用和碳-碳超级电容器的研究奠定基础。

1.3　非对称类型

图 1-1 给出了电化学电容器（EC）的分类方法，EC 分支分区分为对称型和非对称型。上一节中讨论了对称、碳-碳、EC 等类型超级电容器。非对称超级电容器是理想的电池、非极化电极类型，例如金属氧化物，并且与超级电容器电极成对，如碳双层电容器电极。从事非对称超级电容器的工作和商业化活动的典型公司见表 1-6。

Evans 电容器公司混合电容器[10]可以通过延长五氧化二钽（Ta_2O_5）介电层钽阳极插头的形成时间，完成电压 170V 量级的电容器单元控制。这种 EC 类型的额定电压由阳极电位 U_a 给出，减去阴极电位 U_c，或表示为 $U_r = U_a - U_c$，此处 U_c 为 1.2V。在阳极和阴极聚集的电荷数量相等，$Q_a = U_a C_a = U_c C_c = Q_c$，由于 $C_c \pi C_a$ 的

21

存在， 因此阳极电位将会明显大于阴极电位。 即使目前钽在美国的价格为 500 美元/kg， 这些公司仍然找到了其在航空地面系统中的盈利发展方向， 因为其较高电压和较短的 RC 时间常数 （铝混合 23ms、 钽混合 1.7s、 对称 RuO_2 150ms）。 举例说明， 他们的钽-RuO_2 混合产品实现了五氧化二钽介质膜的高电压性和 EC 负极的高双层电容容量。 EC 中 C_c 约为 $100mF/cm^2$ 的量级要明显大于钽阳极电容 C_a。 因此， 总体的储能单元电容容量为

表 1-6 非对称 （混合） 电化学电容器产品

公司	化学材料	电池电压/V	比能量/(J/g)	能量密度/(J/cm³)
Evans 电容器公司	+Ta/Ta₂O₅/RuO₂-	25	0.45	1.36
Evans 电容器公司	RuO₂/H₂SO₄/RuO₂	10	0.56	2.38
ESMA	+NiOOH/KOH/C-	1.7(0.8V $<U_{nom}<$1.6V)	36	53
ELINT	+PbO₂/H₂SO₄/PbC-	1.7	36	
ELINT	+PbO₂/H₂SO₄/C-	2.1→2.33	86	

$$\frac{1}{C} = \frac{1}{C_a} + \frac{1}{C_c} \tag{1-36}$$

JS 公司 ESMA[11] 是第一批研究发展非对称 EC 的企业， 其产品用于重型卡车发动机的起动。 举个例子， ESMA 生产的 EC203 产品操作电压范围为 1.6～0.8V， 并且额定量级为 108kF、 0.43mΩ， RC = 46.4s， 可在-30℃下正常使用。 在 10Wh/kg 情况下， 这种非对称单元约为碳-碳对称 EC 所能存储能量的两倍。

ELINT 是另一个混合电容器的制造商， 主要经营镍氧化物、 碳、 铅氧化物等类型[12]。 ELINT 生产的 $PbO_2/H_2SO_4/PbC$ 产品应用在感应电流阳极和一个表现出双层电容特性的可极化电极。 二氧化铅阳极和铅酸电池阳极相同， 在较长寿命周期内可维持电压为 2.0V。 ELINT 生产的 NiOOH/KOH/C， 与 ESMA 一样， 是最古老也是研究最多的非对称 EC。 非极化阳极是由烧结镍制作， 与镍镉蓄电池的使用相同。 非对称类型具有良好的比能量 10Wh/kg， 但是只有 200～600W/kg 的比功率。 ELINT 的产品 $PbO_2/H_2SO_4/C$ 混合电容器是一种质量较好、 价格较优的产品， 其操作性在 2.1～2.3V/单体的范围内， 并且可释放比能量 24Wh/kg， 但是只有 100W/kg 的比功率。 基于化学过程的不同， +$C/H_2SO_4/PbC$-产品具有双层碳阳极和氧化还原阴极， 理论操作电压为 1.3～1.4V/单体。

Burke 教授[13] 对混合储能和伪储能设施进行了多年研究， 并在 Telcordia 公司从事钛酸锂混合储能工作， 在 IMRA 从事金属氧化物有机混合动力研究， 在加利福尼亚大学戴维斯分校从事与 ELINT 相同的+$C/H_2SO_4/PbC$-研究工作。 在他的研究成果中， 双层电容碳电极和二氧化铅电极相比得到只有其充电容量的一小部分是

在操作过程中循环。根据 Burke 教授所述，单元电压［见式（1-37）］是由 EDLC 电压摆动和二氧化铅标准电压构成，其中二氧化铅标准电压是将 PbO_2 电压限制在最大工作电压 2.25V、最小工作电压 1V 的范围内。

$$U_{cell} = \delta U_{DLC} + U^0_{PbO_2} \tag{1-37}$$

在加利福尼亚大学戴维斯分校进行试验的混合 EC 设备具有 SE = 68.4J/g，ED = 187J/cm^3，在硫酸电解液的情况下工作电压为 2.25~1V，效率为 95% 的比能量为 5.7kW/kg。钛酸锂／乙腈／碳混合单元的操作电压为 2.8~1.6V，且 SE = 50J/g，ED = 86J/cm^3，效率为 95% 的情况下比功率为 3.8kW/kg。

例 1-7： 利用下列对称超级电容器电极参数计算电容器的每个表面积，并与上文提到的 Evans 电容器公司生产的电容器二氧化钌阴极表面积相比较（例如 100mF/cm^2）。

针对非对称碳-碳超级电容器的参数 S_a 约为 1610m^2/g，M_{elec} = 72g，并且根据式（1-33）中计算出的电极电容容量，得到：

$$\frac{C_{elec}}{A} = \frac{C_{elec}}{S_a M_{elec}} = \frac{5751F}{1.159 \times 10^9 cm^2} = 4.961 \mu F/cm^2 \tag{1-38}$$

Evans 公司生产的混合电容器的可极化电极电容密度与非对称碳超级电容器电容密度相比得到：

$$\frac{100mF}{4.961 \mu F} = \frac{100mF}{0.00496mF} = 20157 \tag{1-39}$$

伪电容吸附作用的存在使得与双层电容的纯可极化电容的比较变得非常显著。

在结束本节之前，从电化学角度对伪电容吸附作用的检验变得十分有必要。对伪电容吸附作用的处理意味着为读者介绍伪电容的介质，它是由氧化电荷转移过程引起的导电面组成[14]。感兴趣的读者可以阅读参考文献［14］的第 19 章和参考文献［15］来加深理解。

Gileadi 应用朗格缪尔等温线（Langmuir isotherm）或者常温下的表面自由能来确定表面覆盖度 q（或者表面密度），通过已知条件下的体积浓度种类 C，以及吸附作用平衡常数 K，如式（1-40）所述。

$$\frac{\theta}{1-\theta} = KC \tag{1-40}$$

式中，吸附作用平衡常数 K 依据参考文献［14］得出的式（1-41）中的标准自由能来定义。单层吸附假设表面均匀，并且不同类型间没有横向作用。表面都是不均一的，并且具有更多不同程度混合的吉布斯能（Gibbs energy）（$\Delta G^0 = \Delta H - T \Delta S$

（kJ/mol），等丁焓变减去熵变，并且如果结果是负，过程将变为自发的）。在电化学平衡时，反应系数 $Q \rightarrow K$，因此热动平衡变为常数。

$$\Delta G = \Delta G^0 + RT\ln(Q) \mid Q \triangleq K = 0$$

$$RT\ln\{K\} = -\Delta G^0_{ads} \tag{1-41}$$

例 1-8： 已知原子密度 $n_m = 1.3 \times 10^{15}/cm^2$，将单价类型的范德华分离距离 r_w 与金属表面的金属原子间距离 L_m 相比较。

解： 针对 Lennard-Jones 电压，范德华力（van der Waals force）$F_w = dW_w/dr$ 由式（1-42）定义，由给定半径所确定的初始值 F_0，F_{wmx}、F_{wmn} 可以根据已知表面种类距离 r_w 引出。

$$F_w = \frac{dW_w}{dr} = -\frac{a_1}{r^7} + \frac{b_1}{r^{13}} \tag{1-42}$$

对于 $a_1 = 6 \times 10^{-7}$，$b_1 = 1.2 \times 10^{-3}$ 以及 $3\text{Å} < r_w < 8\text{Å}$（$\text{Å} = 10^{-10}\text{m}$），力的量级和距离总结见表 1-7。

在中性点距离 $r_w = 3.55\text{Å}$ 时应用此力，然后与原子间距 L_m 进行比较。

$$L_m = \frac{1}{n_m} = \frac{1}{\sqrt{1.3 \times 10^{15}}} = 0.28 \times 10^{-9} = 2.8\text{Å} \tag{1-43}$$

表 1-7 导电表面上离子的近似范德华力和距离

范德华力（$\times 10^{11}$N）	接近距离
$F_w = 0$	$r_w = 3.55\text{Å}$
$F_{wmn} = $最大吸引力（-）	$r_w = 3.94\text{Å}$
$F_{wmx} = $同量级排斥力（+）	$r_w = 3.45\text{Å}$

对于期望在 EC 中出现的大摩尔量级，朗格缪尔等温线的参数 $C(mM)$ 和 $1 < K < 25$ 均是有代表性的数值。典型的表面密度 $0.02 < \theta < 0.98$，并且在电化学中的典型应用为

- 气体常数 $R = 8.314\text{J}/(\text{kmol})$
- 法拉第常数 $F = 96485\text{C/mol}$
- 开氏温度 $T = 293\text{K}$

对于大量级摩尔，式（1-40）必须根据式（1-44）中给出的表面态自由能（RT/F）的相对过电压进行修改，并针对表面密度得到式（1-45）：

$$\left\{\frac{\theta}{1-\theta}\right\} = KCe^{EF/RT} \tag{1-44}$$

$$\theta = \frac{KCe^{EF/RT}}{1+KCe^{EF/RT}} \tag{1-45}$$

在已知过电压 $\eta = 0.23\text{V}$、传递系数 $\alpha = 0.5$ 和氧化还原反应伪电容的相对 Tafel 电流值的情况下，由式（1-46）给出的吸附作用的标准电势 E^0 将会出现上面标准电势 i_0 的两个数量级以上饱和度值的增加。Tafel 电流值在例 1-2 中给出了介绍，在式（1-47）再次给出。

$$E^0 = \frac{RT}{F} = \frac{8.314(293)}{96485} = 0.025\text{V} \tag{1-46}$$

$$i = i_0 e^{\alpha\eta F/RT} = i_0 e^{\alpha\eta/E^0} \tag{1-47}$$

根据式（1-47）中得到的 $\eta = 0.23\text{V}$，很容易设定指数函数等于 100，如下所示：

$$e^{\alpha\eta/E^0} = 100 \text{ 或者} \frac{\alpha\eta}{E^0} = \ln(10^2) = 2.3\log(10^2) \tag{1-48}$$

通过注意到 Tafel 电流峰值出现时的电压，在阴极变化曲线变缓的情况下电化学阻抗谱（EIS）有可能定位在吸附作用电势值。在水中或者有机电解质中，吸附媒介在有机分子氧化过程中形成，使得电压增量变得足够缓慢以满足氧化还原反应的进行。为了举例说明，将感应电流电荷 q_F 作为存在于单层的总表面电荷 q_c 的一部分，例如 $q_F = \theta q_c$，此处 θ 为朗格缪尔等温线（或更为具体的 Frumkin 或 Temkin 等温线）给出的局部覆盖系数。

感应电流的电荷与电势的微分定义一个吸附作用伪电容中新的微分电容 C_ϕ[14]。伪电容呈现电容特性，因为其依赖于电荷的转移，虽然通过氧化还原过程，并且当电势改变了电流流向直到在电流归零点中，足够的电荷转移出现来补偿自由能。在 C-V 曲线中，其特性表现出电流-电势曲线趋于峰值。

$$C_\phi = \frac{\mathrm{d}q_F}{\mathrm{d}E} = q_c \frac{\mathrm{d}\theta}{\mathrm{d}E} \tag{1-49}$$

将式（1-45）转化为式（1-49），并且简化结果得到式（1-50），具体过程如参考文献［14］所示。在式（1-50）中，吸附作用伪电容的容量 $C_{\phi L}$ 由大分子朗格缪尔等温线得出，其中考虑到可接受的精度范围超过 θ-E 线性范围。

$$C_{\phi L} = \frac{q_c F}{RT}\left\{\frac{KCe^{EF/RT}}{(1+KCe^{EF/RT})^2}\right\} \tag{1-50}$$

式（1-50）在 $\theta = 0.5$ 时的最大值与参考文献［14］中得出结果相反：

$$\max\{C_{\phi L}\} = \frac{q_c F}{4RT}, E_{\max} = -\frac{RT}{F}\ln(KC) \tag{1-51}$$

在标准浓度条件 $C = 1$，对于吸附作用平衡常数 K，在表 1-8 中所示的平衡电势根据 $E_{\max} = E_\phi^0$ 得出。

对于伪电容吸附作用最大值的更多讨论将在练习 1.5 中给出。电子双层电容（EDLC）的伪电容吸附作用模型如图 1-18 所示。此代表性表述中，串联元件单元电子电阻用 R_s 表示，双层电容容量为 C_{dl}。伪电容容量 C_ϕ 存在于电极表面中，作为 DLC 的典型代表与 C_{dl} 和电荷转移电阻 R_{ct} 平行建模。电荷转移电阻模型表明了大量转移现象中的动力学限制，并且介绍了额定限制对伪电容元素的影响。在伯德图中，伪电容容量的存在表明在低频率中达到平衡，此处频率是由伪电容吸附作用动力学定义的，尤其式（1-49）中 θ 怎样快速变化，可由电势-频率关系给出。在高频率时，伪电容容量分支消失，且在 $Z' = R_s$ 时，Z'' 趋于零。

表 1-8　例 1-8 中平衡电势典型值

$E_\phi^0 = 0$	$C = 1$	$K = 1$
$E_\phi^0 = -0.041$	$C = 1$	$K = 5$
$E_\phi^0 = -0.081$	$C = 1$	$K = 25$

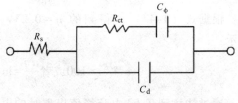

图 1-18　带有 DLC 和伪电容分支的电容器模型

1.4　混合电容器

最后需要讨论的是一类嵌入伪电容，被称作锂电容的部分混合电容器类型。在纯正碳系统中，嵌入伪电容的存在由学者 Bakhmatyuk 等在参考文献 [16] 中进行了研究，并指出当特定电容容量超过约 150F/g 时，伪电容特性将被表现出来。另外，根据碳-碳超级电容器得到的最大电容密度为 $25\mu F/cm^3$，对于更大容量密度的石墨材料，嵌入伪电容的特性将表现得更加明显。在对这种特殊的混合电容器进行测试之前，有必要对锂离子电池进行了解。Kotz 等[17] 装配了石墨超级电容器，而不是活性的碳极，所以市售的电解质盐 TEATBF4 能够如同离子般被嵌入。众所周知，当非对称超级电容器的单元电势达到 3V 或者更高时，伪电容的吸附作用将会出现并且变得更加突出。将纳米多孔活性炭与石墨进行置换，作者认为离子嵌入将会如同被证明的一样发生，石墨膨胀嵌入，并且随着离子嵌入过程停止而收缩。通过对电极单元大小的测量对上述情况进行了证实。

锂离子电池可在市场中大量购得，全球每年的总产量在 3B⊖ 左右。通过对这种电池的测试可以方便地看到离子的入嵌和脱嵌。图 1-19 给出了出现在阴极作为金属氧化物的锂离子如何在充电过程中被氧化，并且以 Li^+ 形式嵌入电极（$LiPF_6$）中。电位源将电子抽离阴极结构，释放 Li^+ 通过表现为保护性涂层的表面电解液界

⊖　B 也许是指 Billion，10 亿。——译者注

面（SEI）来补充阴极。同时在正极，因为电解液必须时刻保持中性，Li$^+$通过离子正在减少的表面电解液界面阳极嵌入石墨结构中，并且始终保持于上、下三个碳原子之间。

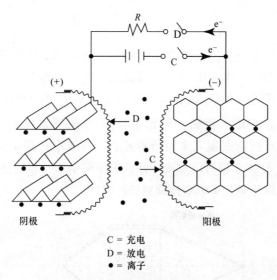

图 1-19 锂离子嵌入式化学电池

如图 1-19 中电荷转换状态 C，一个可测量质量的运输过程从负极向正极进行，导致负极结构改变，且正极扩大，随着捕获锂离子的出现，石墨位面被挤压分离。充电状态的锂离子电池单元由于其非常低的自放电性，使得其所存储的电量会保持较长的时间。然后，考虑当放电状态 D 停止时的情况。在这种情况中，阳极相对阴极的电势接近 4V，且因其嵌入的锂离子放弃电子，就如同一个氧化还原反应一样，退出阳极以锂离子的形式存在于电解质中。在阴极侧，伴随着 Li$^+$ 的嵌入意味着在阴极中一个电子将会重新产生。因此，阴极在放电过程中嵌入锂离子并在阳极中停止嵌入。在下述一对可逆过程，即充电过程 C 和放电过程 D 的方向有标记的情况下，发生带有镍钴元素的锂离子存储单元化学过程将被给出。在式（1-52）中，电势单元通过释放 yLi$^+$ 来去除 y 电子。然后，针对阳极中的每一个电子转移应用式（1-53），表明嵌入的 Li$^+$ 在减少，减少的 Li$^+$ 进入到六个碳原子之间。

$$LiNi_{1-x}Co_xO_2 - ye^- \quad \overset{\longleftarrow}{\underset{\text{D-C}}{}} \quad yLi^+ + Li_{1-y}Ni_{1-x}Co_xO_2 \qquad (1-52)$$

$$6C + Li^+ + e^- \quad \overset{\longleftarrow}{\underset{\text{D-C}}{}} \quad C_6Li \qquad (1-53)$$

上述较短的化学嵌入过程的讲解将对理解锂离子电容器（LIC）有一定帮助作用。在 2006 年，富士重工（FHI）斯巴鲁技术研究所的 Hatozaki 先生对锂离子电容器进行了介绍[18]。锂离子电容器是第一个将锂离子引入石墨电极的应用，所以拥有 Li$^+$ 离子的充足来源，并且构造一个活性炭的相反电极来组成双层电容器，这

与之前讨论的 RuO_2 混合电容器十分类似。正如前面的情况，负极电容 C_n 比正极电容 C_p 要大很多，并且由式（1-54）共同形成储能单元的总容量 C_{cell}，其中 M_n 和 M_p 代表正负电极的相对质量。

$$\frac{1}{C_{cell}(M_n+M_p)} = \frac{1}{C_n M_n} + \frac{1}{C_p M_p} \qquad (1\text{-}54)$$

为了理解锂离子电容器的运行特性，可参考图 1-20，在图中掺杂锂的碳材料负极，其电势相对 Li/Li^+ 约为 0.2V，并且正极 EDLC 相对 Li/Li^+ 的电势为 3V。电解质溶液由碳酸丙烯酯（PC）或者碳酸亚乙酯（EC）和 $LiPF_6$ 组成。在充电时，$[Li^+]$ 离子在电解液中嵌入负极，余下 $[BF_4^-]$ 吸附到正极碳表面形成 EDLC 元件。放电过程由于负极掺杂锂元素而稍有差别。在放电过程中，锂离子在电解液中停止嵌入，$[BF_4^-]$ 离子维持电解液中性，由于多余的 $[Li^+]$ 可以进入电解液使得只有放电过程可以比常规 EDLC 持续更长的时间。

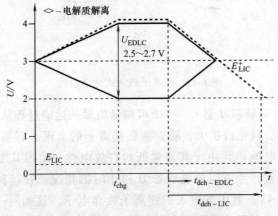

图 1-20　混合锂电容器工作原理

这些特性已通过图 1-20 解释，图中表明掺杂锂元素主要使 EDLC 正极出现偏差，使其电势增大到 3V，此时它仍能作为除去储能系统的常规超级电容器使用，若想作为一个电压存储设备使用，则需要更高的电压。举例说明，如果锂离子电容器充电过程正极相对负极的电压为 4V，而放电过程为 2.0V，则从 4400F 的锂离子电容器中可以释放的能量为

$$W_{LIC} = \frac{3}{8} C_{cell} U_{mx}^2 = 0.375 \times 4400 \times 4^2 = 26.4\text{kJ} \qquad (1\text{-}55)$$

对于典型的 3000F、2.7V 超级电容器，其能够释放的能量为 $W_{uc} = 8.2\text{kJ}$，也就是锂离子电容器所释放的能量是非对称超级电容器所释放的 3.2 倍。练习 1.7 将对此详细介绍。

此外，$[Li^+]$ 通过表面电解液界面在石墨负极的转换需要由 $[Li^+]$ 离子形成的溶剂，其中［Li⁺］离子必须使在充电过程中将嵌入的离子重新融入碳材料时消散。这种溶解和停止溶解的过程导致这种类型混合电容器中离子大宗运输的速度限制。由于混合电容器的形成过程导致负极容量的不可逆损失，因此仍然需要掺杂锂元素，但是由于性能受损，掺入量并不太多。

目前，Okamura 在参考文献［19］中声称 Nanogate 电力系统公司的 KOH 活性炭电容器并不依赖电极的掺杂技术，但是仍能够保持 EDLC 的特性。这款产品的对称电极 Nanogate 电容器的形成过程具有明显特征。工作单元电压为 3.9V，且通过伪电容的表面吸附作用实现功能，并非伪电容的嵌入。这种产品的一个问题就是软包装的高压伴随有相当大的电极膨胀。

由 Axion 电力公司商业化销售的混合电容器电池是过去一段时间较为有趣的发展成果。电容器电池起始于铅酸电池，保留 PbO_2 正极和硫酸电解液，但是在负极中用活性炭替代了铅。这种设计消除了最大的一个循环，并且消除了铅酸电池-硫酸盐负极抑制剂率。PbC 的优点包括部分荷电状态（SOC）的高性能率、较少的电网腐蚀和较高的循环性能。PbC 混合电容器在车辆发动机起动和电网储能系统方面找到了应用价值。由 Axion 电力公司商业化的混合电容器电池是迄今为止比较有价值的发展之一[20]。

练　习

1.1　根据例 1-1 步骤和例 1-2 中给出的 $C(u)$ 函数关系表明近似值与例 1-2 中的合成能量结果相一致。例 1-2 应用到目前情况的值为

$$C(u) = C_0 + k_u u, \quad q(u) = C_0 u + 2k_u u^2 \tag{1.1.1}$$

答案：$W_f = 12620J$。

将计算结果与相似超级电容器比较，但是常数 $C_{avg} = 2770F + 520F/2$，所以 $C_{avg} = 3030F$。

$$W_f = \frac{C}{2}U_{mx}^2 = \frac{3030}{2} \times 2.7^2 = 11044J \tag{1.1.2}$$

答案：恒定电容容量情况结果要比随着电压增大的非线性容量情况减小 12%。

1.2　根据例 1-3 的步骤，利用相同的参数和变量，只是对包含 Warbug 串联电阻和串联电路等效电阻 R_s 进行分析。在这种情况下，人们想到的是主要

存在于分离器的 Warburg 阻抗，而并非对电流的直接影响和缺乏活性层，如例 1-1 和例 1-2 中所述。

答案：留给读者解答，以求对电化学电容器加深理解。

1.3 在碳-碳超级电容器中，针对由电极到离子层产生的静电力，运用例 1-5 中的方法根据式（1-31）计算为 $3.56 \times 10^{32} N$，与地球整个表面的大气压力进行比较。取地球的平均半径为 6371km，计算总的受力情况。

答案：$F_{ion}/F_{air} = 6.9 \times 10^6$，或者约为 700 万个地球大气压力。

1.4 针对例 1-7 中给出的原子表面密度，已知被吸附的该类型具有同一价，计算被吸附电荷的表面密度。

答案：$0.21mC/cm^2$。

1.5 针对情况 $q_c = 0.22mC/cm^2$ 的情况应用式（1-51），单层大分子类型被吸附，并找到伪电容吸附作用的最大值 $\max\{C_{\phi L}\}$。

答案：$2.18 \times 10^{-3} F/cm^2 = 2180 \mu F/cm^2$。

1.6 将练习 1.5 中伪电容密度值和例 1-7 中通过式（1-38）给出的 Evans 公司混合电容器进行比较。

答案：$2180 \mu F/cm^2$，$4.96 \mu F/cm^2$，$100000 \mu F/cm^2$。

1.7 锂离子混合电容器额定 4.0V 和 4400F。计算 EDLC 正极存储的 C 和 Ah。参考图 1-20 的充放电特性。

答案：17600C 和 4.9Ah。

参 考 文 献

1. B.E. Conway, *Electrochemical Capacitors: Their Nature, Function, and Application*, Chemistry Department, University of Ottawa, Ottawa, Ontario, Canada. Available online
2. J.R. Miller, 'A brief history of supercapacitors', *Battery and Energy Storage Technology, History of Technology series*, Autumn 2007 issue
3. R.A. Rightmire, *Electrical energy storage apparatus*, U.S. patent 3,288,641,

November 1966

4. J. Schindall, 'Concept and status of nano-sculpted capacitor battery', *Presented at 16th Annual Seminar on Double Layer Capacitors and Hybrid Energy Storage Devices*, Deerfield Beach, Florida, 4–6 December 2006

5. M. Yoshio, R.J. Brodd, A. Kozawa, *Lithium-ion Batteries Science and Technologies*, Springer Science, NY, 2009

6. J. Lario-Garcia, R. Pallas-Areny, 'Constant-phase element identification in conductivity sensors using a single square wave', *Sensors and Actuators*, vol. A132, pp. 122–8, 2006. Available at: www.sciencedirect.com

7. J.B. Goodenough, 'Basic research needs for electric energy storage', *Report of the DOE Basic Energy Sciences Workshop on Electrical Energy Storage*, 2–4 April 2007

8. A. McBride, M. Kohonen, P. Attard, 'The screening length of charge-asymmetric electrolytes: a hypernetted chain calculation', *Journal of Chemical Physics*, vol. 109, no. 6, 1998

9. M.M. Kohonen, M.E. Kaaraman, R.M. Pashley, 'Debye length in multivalent electrolyte solutions', *Langmuir*, vol. 16, pp. 5749–53, 2000 [a publication of the American Chemical Society]

10. D.A. Evans, 'Tantalum Hybrid^{TM} cell capacitor', *Presented at 13th Annual Seminar on Double Layer Capacitors and Hybrid Energy Storage Devices*, Deerfield Beach, Florida, 8–10 December 2003

11. I.N. Varakin, A.D. Klementov, S.V. Litvinenko, N.F. Starodubtsev, A.B. Stepanov, 'New ultracapacitors developed by JSC ESMA for various applications', *Presented at 8th Annual Seminar on Double Layer Capacitors and Hybrid Energy Storage Devices*, Deerfield Beach, Florida, 7–9 December 1998

12. A.I. Belyakov, 'Asymmetric electrochemical supercapacitors with aqueous electrolytes', Presented at ESSCAP'08, Roma, Italy, 6–7 November 2008

13. A. Burke, 'Ultracapacitor technology: present and future', *Presented at 13th Annual Seminar on Double Layer Capacitors and Hybrid Energy Storage Devices*, Deerfield Beach, Florida, 8–10 December 2003

14. E. Gileadi, *Electrode Kinetics for Chemists, Chemical Engineers and Materials Scientists*, Wiley-VCH Inc., New York, NY, 1993

15. A.K. Shukla, S. Sampath, K. Vijayamohanan, 'Electrochemical supercapacitors: energy storage beyond batteries', *Current Science*, vol. 79, no. 12, 25 December 2000

16. B.P. Bakhmatyuk, B.Ya. Venhryn, I.I. Grygorchak, M.M. Micov, S.I. Mudry, 'Intercalating pseudo-capacitance in carbon systems of energy storage', *Reviews on Advanced Material Science*, vol. 14, pp. 151–6, 2007

17. R. Kotz, M. Hahn, O. Barberi, F. Campana, A. Foelske, A. Wursig, *et al.*, 'Pseudo-capacitive processes and lifetime aspects of electrochemical double-layer capacitors', *Presented at 15th Annual Seminar on Double Layer Capacitors and Hybrid Energy Storage Devices*, Deerfield Beach, Florida, 5–7 December 2005

18. O. Hatozaki, 'Lithium ion capacitor (LIC)', *Presented at 16th Annual*

Seminar on Double Layer Capacitors and Hybrid Energy Storage Devices,
Deerfield Beach, Florida, 4–6 December 2006

19. M. Okamura, K. Hayashi, T. Tanikawa, H. Ohta, 'The Nanogate-capacitor
has finally been launched by our factory', *Presented at 17th Annual Seminar
on Double Layer Capacitors and Hybrid Energy Storage Devices*, Deerfield
Beach, Florida, 10–12 December 2007

20. E. Buiel, 'Axion Power International, Inc.', ibid

第2章 超级电容器建模

本章总结了 Maxwell 技术公司进行的研究，旨在提供一种可在计算机上仿真使用的碳-碳对称型超级电容器的等效电路模型。需特别指出的是，这些模型面向使用 ANSYS Ansoft Simplorer V8⊖和 Matlab Simulink V10 仿真软件包的用户。这些行为级模型基于量产单体的实验室特性。每个模型由三部分组成：①单体寄生参量；②ESR_{dc} 和 ESR_{ac} 的电极动态表示；③EDLC 主支路 $C(U)$，以及并联泄漏电阻 R_p。

在涉及单体寄生参量前，从电极和主支路模型元件的合理模型开始讨论。图 2-1 表示了超级电容器中 ESR 和 $C(U)$ 的构成元件，其中 R_{a_e} 是阳极电阻，R_i 是电解质电阻，R_{k_e} 是阴极电阻。

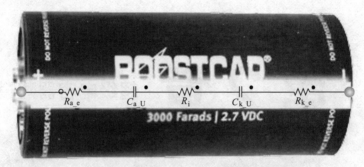

图 2-1　单体模型的构成示意图（由 Maxwell 技术公司提供）

从超级电容器单体可以直观地看出，ESR 是由一个电子和离子的元件构成，电容由双电层电容器的阳极和阴极产生，分别如式（2-1）和式（2-2）所示。

$$ESR_{dc} = R_{a\_e} + R_i + R_{k\_e} \tag{2-1}$$

$$\frac{1}{C_{cell}} = \frac{1}{C_{a\_U}} + \frac{1}{C_{k\_U}}，其中 \ C_{a\_U} = C_{k\_U} = C_{dlc} \tag{2-2}$$

需说明的是式（2-1）中 ESR 的构成元件是由更为基础的元件组成。每个电极的电阻由本体和界面电阻组成。图 2-2 中展示了一个典型的超级电容器单体的分解图。例如，阳极的电阻由 stud 或 jove 后端本体电阻构成，是图 2-2 中"壳"。此电阻元件通过过盈配合与底部的集电体盖、本体和界面电阻相连接。底部的集电体盖反过来背面焊接在卷绕体的铝签上，如第 1 章中所述。阳极电阻的另一个构成部分是集电体盖到标签端铝箔焊缝的电阻、集电体电极箔的轴向扩散电阻及其界面电阻。阳极电阻的最后一个组件是活性炭颗粒的本体电阻，导电性炭黑添加剂减小了粒子-粒子的界面电阻。阴极也与此相类似，其电阻包括一个两阶的顶部集电体，最后是电极末端盖。

一个容量为 3000F 的超级电容器，大约 20 个椰壳来提供足够数量（约 140g）

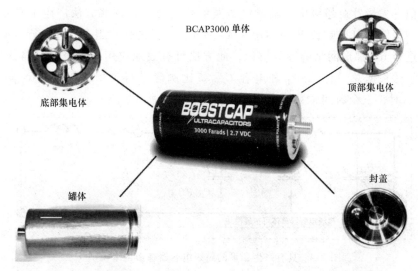

BCAP3000 单体

底部集电体

顶部集电体

罐体

封盖

图 2-2　超级电容器单体的内部组件（由 Maxwell 技术公司提供）

的高质量活性炭，才能支持必要的 12000F 内部电容。根据式（2-2），此电容均匀地分布在两个以活性炭膜涂覆的铝箔电极之间，如图 2-3 所示。图 2-1 中的离子电阻 R_i 由电解液、隔板和通过活性炭（AC）粒子的离子电流通道构成。在一个 100μm 的碳薄膜中，有大约 20 层的活性炭和电解质必须利用毛细作用通过所有可用的通道，直到它从分离器接口电极膜到达集电体铝箔。正是由于这条曲折的通道，超级电容器比其他类型的电容器表现出更多的传输线特性。这也是最初 Miller 等提到考虑多个响应时间常数的原因[1]，详细介绍了麻省理工学院的三分支模型[2]及 Cauer I 和 Foster II 网络等值方法。在超级电容器的三个时间常数网络表示方法中，对应其短期和长期的不同响应特性，时间常数的范围从几秒钟、几分钟到几天。

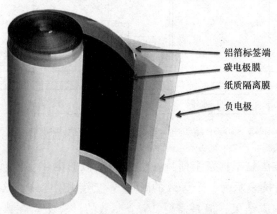

铝箔标签端
碳电极膜
纸质隔离膜
负电极

图 2-3　超级电容器内部轧制电极结构的铝箔标签末端

目前有大量针对超级电容器输电线路的建模方法，这些方法产生了有用和精确的模型，但难以扩展到 N-单体串和 M-串并行分支的任意组合。计算行业应用矩量法来进行 RC 梯形网络的参数辨识，此方法可有效地应用于超级电容器的研究。利用矩量法根据总单体 ESR_{dc} 和电容 C_{cell} 按比例确定每个单体级参数 $R_{uc1} \sim R_{uc3}$、$C_{uc1} \sim C_{uc3}$ 时，三个时间常数输电线路模型如图 2-4 所示。

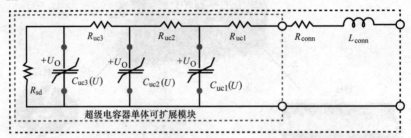

图 2-4　具有寄生参量的超级电容器梯形网络模型

当独立超级电容器单体串并联时，图 2-4 中的寄生参量 R_{conn} 和 L_{conn} 需建立单体连接的模型。连接电阻 R_{conn} 无论是用螺栓固定或相互焊接都要建模，L_{conn} 的电感和单体电感也一样。这些模型的参数在下一节将会详细介绍。

图 2-4 的模型基于参考文献［3］并协同 Ansoft 公司而建立。图 2-5 展示了 Ansoft Simplorer 中，当 3000F 单体互连时寄生参量的三个时间常数瞬时匹配的模型。注意包含了每个分支电容的非线性查表函数。根据参考文献［4］所述，阶梯电阻与单体 ESR_{dc} 瞬时相匹配的归一化值成比例。

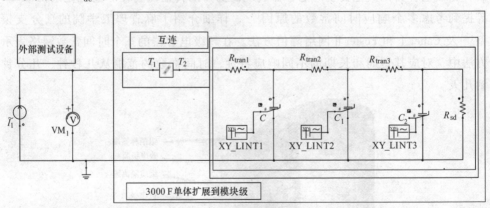

图 2-5　3000F 超级电容器单体的瞬时匹配等效电路模型

另一种建模方法是根据奈奎斯特特性得到近似的电化学阻抗谱（EIS）频率响应，将 Warburg 阻抗表示为一个等效的时域 N-交错 RC 电路。这种方法可以得到良好的超级电容器响应结果，但是需要 2N 个参数的计算量。在典型的 N = 10 个并联 RC 电路串联中，这意味着要处理相当多的计算和复杂的模型。而在频域上，参考文献[5]表明只需要采用4个必要的参数，然后可以将其逆变换到时域上。

Surewaard 和 Tiller 应用 Buller 等的方法建立超级电容器的计算模型[6]，其中 $N=10$ 的 RC 元件级联模型，对充分研究的电极结构体和电解质的孔阻抗影响是十分必要的。利用 N-RC 电路的 Dymola 和 Simulink 模型，来获得测得的单体对应测试数据的参数值。作者接着将超级电容器的测试结果作为电动助力转向应用（EPAS）的功率泵升源，并找到与试验数据相符的模型。Kotz 等利用 EIS 深入研究了超级电容器的温度特性[7]。

Funaki 和 Hikihara 从材料和方法方面对电容器电位灵敏度进行了有意义的研究[8]。在文中，作者探讨一个改进的没有引入 Warburg 阻抗的 Randles 电路，显示了其与实测电容电压关系具有良好的一致性。这项工作的重要意义在于，这两个时间常数模型能够准确地预测超级电容器单体和组合的充放电性能，还可以用来准确地计算出其中存储的电荷。

在讨论本章模型开发的内容前，读者需要特别注意的是，超级电容器的建模需要以下认识：多孔电极具有多时间常数特性，其孔隙结构有助于循环过程中加热，频率响应需要不止一个时间常数特性，充电期间离子混乱分布和放电期间离子重新排布的过程表现出熵变。从精确的量热计测量可知，超级电容器在充放电过程中是一个可逆的发热体。离子的熵是从超级电容器单体中得到或者返回离子的可逆过程。事实上，可测量的温度变化被看作是一个熵变的结果（即冷却放电），这个过程已被证明是完全可逆的[9]。双层超级电容器在充电和放电过程中的熵变不在本书的讨论范围之内。

在选择元件时往往需要讨论元件等级问题，例如，商用电阻器、电容器和电感器使用色带代码或数字代码来进行标记等级。这些元件等级按照首选号码序列排序，例如 E6 和 E12 系列的线规和钻孔大小是等比数列，即 Renard 系列。此系列遵循以下方式排列，当 $i=(0，1，2，3，\cdots，b-1)$ 和 $b=$ 基（3，6，10，12，24，$\cdots$）时，"Round"表示取最接近的整数（×1，×10，×100，等）。

$$R(i,b)=10^{i/b} \tag{2-3}$$

$$R(i,10)=\text{Round}\{10^{i/10}\}=1,2,5,\cdots \tag{2-4}$$

在电子应用中，基一般为 $b=6$ 或 $b=12$，以此类推。以 E12 为例，当 $b=12$，$i=\{0，1，2，\cdots，11\}$，起始值设为 10。此例中，E12 系列起始值为 10 时，利用表 2-1，令式（2-4）中 R（i, 12）乘以 10 可以得到电阻（电容）近似值的范围，起始值为 100 或者 1000 与此类似。

表 2-1　电子元件的优选值系列

E3	10				22				47			
E6	10		15		22		33		47		68	
E12	10	12	15	18	22	27	33	39	47	56	68	82

2.1 电子等效电路模型

用于工程开发和部署的超级电容器等效电路模型如图 2-6 所示。不同于图 2-5 中的瞬时匹配模型，这个等效电路模型能够准确反映对称型碳-碳超级电容器的时间和频率响应特性。前面提到的模型可以清楚地分成三个部分，即寄生参量 (R_{conn}，L_{conn})，电极动力学部分 (R_s，C_s，R_{sa}) 以及主能量存储 (C_0，U_c) 和电荷泄漏部分 (R_p)。

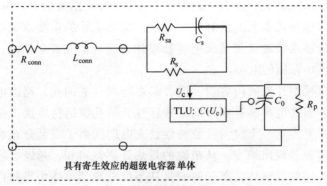

具有寄生效应的超级电容器单体

图 2-6 碳-碳超级电容器的等效电路模型

该模型首先对寄生参量进行识别，进而对互连单体的电阻和电感进行提取。Ansoft Q3D Extractor 是一个用于电子元器件寄生参数提取的 3D/2D 准静态电磁场仿真平台，通过矩量法和有限元方法来计算结构的参数。该工具还可以自动生成等效子电路在某频段的额定频率或 S-参数。使用该工具来评估一个共同互连单体的几何形状，铝带如图 2-7 所示，提取的 Q3D 参数 R_{conn} 和 L_{conn} 如图 2-8 所示。连接带的孔位沿着接线柱中心排布。考虑到热量和高电压的问题，在单体和单体之间留有一定距离的间隙。

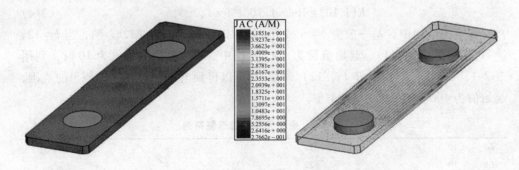

图 2-7 单体互连系带的几何形状（左）和电流分布（右）

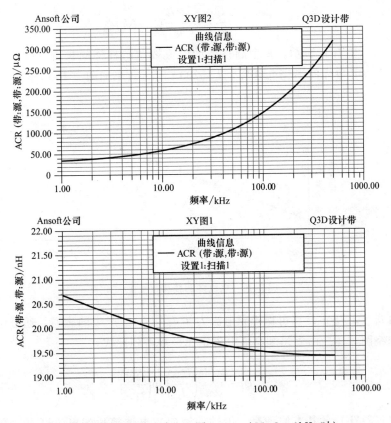

图 2-8　互连寄生电阻和电感。上图：R_{conn}（35μΩ，1kHz 时），

下图：L_{conn}（20.7nH，1kHz 时）

在完整的模型中，参数 L_{conn} 还包含来自于单体内部卷绕体电感，其几何形状近似为图 2-9 中所描述的一组同心圆柱体。

电容容量为 3000F 的单体中，缠绕电极箔为 $n=42$，组成 21 对同心圆柱体。其中 21 层为阳极电极，另外 21 层为阴极电极，如图 2-9 所示。在恒电流的稳定状态下，电流进入一个电极后，根据其占总电极长度的比例分成 21 个同心圆柱体。这意味着，将各电极长度累加，得到总的电极长度，如式（2-5）所示。

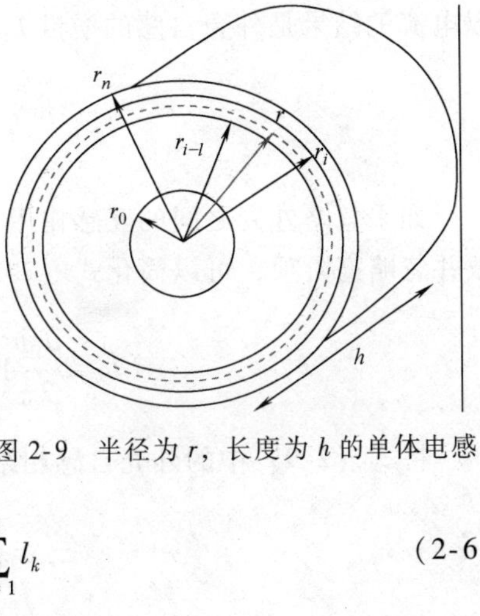

$$r_k = r_0 + \Delta k, k = 1 \xrightarrow{42} n \qquad (2-5)$$

图 2-9　半径为 r，长度为 h 的单体电感

$$l_k = 2\pi r_k, l_e = \sum_{k=1}^{n} l_k \qquad (2-6)$$

$$I_k = \frac{l_k}{l_e} I_0 = \frac{2\pi I_0}{l_e}(r_0 + \Delta k) \tag{2-7a}$$

如式（2-7a）所示，每个圆柱体的电流按照圆柱体周长占总电极长度的比例分配。3000F 单体的恒充电电流为 $I_0 = 200A$ 时，效果如图 2-10 所示。

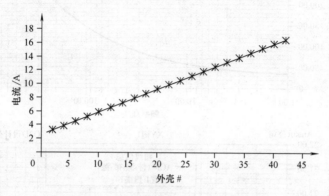

图 2-10　电流随圆柱体（壳）变化图

由式（2-7b）计算可得外壳电流 $I_k = (l_k / l_e) I_0$ 产生的磁通。通过假设为一个螺旋缠绕圆柱体，由安培和高斯电磁定律推导得到此式。

$$\phi_k = \frac{\mu_0 h l_0}{2\pi} \left(\frac{l_{k-1}}{l_e} \right) \ln \left(\frac{r_{k+1}}{r_{k-1}} \right) \tag{2-7b}$$

式（2-7b）的基本原理是，沿轴向流向集电体箔片的电流可以被视为电流片 I_{k-1}，其值大小等于内壳圆周周长与总周长的比值乘以总电流 I。进一步而言，相邻的外壳 r_k 将这些电流收集起来作为相对电极的电力。因此，磁通就驻留在 r_{k-1} 和 r_{k+1} 之间的环形空间内。这种近似方法使得计算更加简便。式（2-7a）的磁通量除以电流的结果是外壳自感的增量 L_k，如式（2-8）所示。

$$L_k = \frac{\mu_0 h}{2\pi} \ln \left(\frac{r_{k+1}}{r_{k-1}} \right) \tag{2-8}$$

如果忽略外壳之间的互感作用，应用式（2-5）及其扩展的自然对数的泰勒级数并忽略高阶项，可以简化式（2-8）。

$$L_k \cong \frac{\mu_0 h}{2\pi} \ln \left(1 + \frac{2\Delta}{r_{k-1}} \right) \approx \frac{\mu_0 h}{2\pi} \left(\frac{2\Delta}{r_{k-1}} \right) \tag{2-9}$$

将式（2-9）中的外壳自感相结合，得到的等效电感如式（2-10）所示。

$$L_{ep} = \left[\frac{1}{L_1 + L_s + \cdots + L_{21}} \right]^{-1} \tag{2-10}$$

例2-1：使用式（2-9）和式（2-10）来评估具有以下近似参数的 Maxwell 技术公司 3000F 的超级电容器单体的自感：外壳半径 $r_0 = 4.897\text{mm}$，$\Delta = 0.574\text{mm}$，$h = 0.11\text{mm}$，$l_e \approx 2.25\text{m}$。计算超级电容器单体卷绕体的等效电感，将结果与图 2-8 中给出的由 Ansoft Q3D 提取的值求和。步骤见表 2-2。

表 2-2 外壳法计算电感

外壳编号	外壳长度	外壳电流	外壳电感	交互电感
0	30.786	5.111	509E-08	1.97E+07
3	52.407	8.705	3.76E-08	2.66E+07
5	66.832	11.102	3.21E-08	3.12E+07
7	81.258	13.498	2.79E-08	3.58E+07
9	95.684	15.894	2.48E-08	4.04E+07
11	110.110	18.291	2.22E-08	4.50E+07
13	124.535	20.687	2.02E-08	4.96E+07
15	138.961	23.083	1.84E-08	5.42E+07
17	153.387	25.480	1.70E-08	5.88E+07
19	167.813	27.876	1.58E-08	6.34E+07
21	182.238	30.272	1.47E-08	6.80E+07
总计	1203.992	200.000		4.93E+08
$l_e =$	2407.985		$L_{eq} =$	2.03E+09

注：l_e 为长度；L_{eq} 为等效电感。

由此可以得出，3000F 超级电容器单体的自感为 2nH。将此值与图 2-8 得到的值相加，得 $L_{3000} = 22.7\text{nH}$。

与互连带相比，这似乎是一个相对较小的电感值。但与通过将电流分割成多个并联支路、嵌入式圆柱体的非常小的自感相比还是大的。

可以通过圆柱体（壳）导体电感的应用来获得电感的基准值。

$$L_{\text{thin\_shell}} = \frac{\mu_0 h}{2\pi}\left[\ln\left(\frac{2h}{r_{od}}\right) - \frac{3}{4}\right] \tag{2-11}$$

将例 2-1 的结果代入式（2-11），得外壳的电感为 11.6nH。将由式（2-11）计算得到的自感与表 2-2 的第 21 行的外壳自感值 14.7nH 相比，前者更为合理。基于这一发现，式（2-9）所采取的方法可认为能足够准确地对卷绕体结构的超级电容器进行建模。

想要更加深入研究的读者不妨将以上结果与经典的电感计算方法做比较，例如，用于印制电路板制造中使用的平面螺旋自感。对于平面螺旋形卷绕体，其自感会被低估，这是因为在实际的圆柱形超级电容器中，电流完整地流过整个平面螺旋，而非仅仅流过总电流的一个分级。平面螺旋自感的计算如式（2-12）所示，采用例 2-1 中列出的参数，计算出自感为 0.88nH。

$$L_{spiral} = 1.748 \times 10^{-5} \mu_0 \pi N^2 r_{od} \tag{2-12}$$

另外有一种利用 Wheeler 公式的判断方法，将卷绕体近似看作一个 42 层 21 匝的螺旋管线圈，半径 $r_{sol} = r_{od}/2$，其中 $r_{od} = 29$mm，如例 2-1 所示。本方法计算公式如式（2-13），利用上述参数计算结果为 0.29nH，再次明显低估了总电感。

$$L_{solenoid} = \frac{10\pi\mu_0 N^2 r_{od}^2}{9r_{od} + 10h} \tag{2-13}$$

表 2-3 展示了 Maxwell 技术公司的大型单体产品线 ESR、电容、时间常数和电感值的参数。将对表中所列的热参数简要介绍。

下一部分将在考虑 R_s、C_s，以及 R_{sa}（如表 2-3 中 $R_s = ESR_{dc}$）的基础上讨论电极动力，且超前网络 RC 值计算如下：

$$R_{sa} = \frac{ESR_{dc} ESR_{ac}}{ESR_{dc} - ESR_{ac}} \tag{2-14}$$

R_{sa} 的值使得在瞬态条件下，单体模型的动态性能接近其真实的性能。对于表 2-3 中列出的任何超级电容器产品，可用 ESR_{dc} 和 ESR_{ac} 的值通过式（2-14）计算其模型。若表中未指定或省略 ESR_{ac} 的值，可近似看作 ESR_{dc} 的70%。通常，ESR_{ac} 取奈奎斯特图中角点对应的 Z' 阻值或频率为 1kHz 对应的阻值。为了更形象化描述，3000F 超级电容器等效电路的奈奎斯特图和伯德图如图 2-11 所示，其中奈奎斯特图频率标记点的取值范围是 10mHz ~ 100Hz。需注意的是奈奎斯特图起始于 10mHz 垂直线附近，代表主支路 3000F 电容的容抗。这条线与实轴 Z' 相交在点 ESR_{dc}，并随着频率的增加而在图的最左边 $f = 100$Hz 处达到 $Z' = ESR_{ac}$。

伯德图服从近似角点频率 f_c 的定位，即增益函数与图中幅值的水平部分斜率相交点。该点位于大概 45°处，且频率大概为 0.35Hz。用于仿真生成图 2-11 所需的值 C_s 可以通过如下计算得到：

$$\omega_c = \frac{1}{\tau_{ca}} = 2\pi f_c \bigg|_{f_c = 0.35Hz} \tag{2-15}$$

$$\frac{1}{\tau_{ca}} = \frac{1}{(R_s + R_{sa})C_s} \tag{2-16}$$

$$C_s = \frac{0.455}{R_s + R_{sa}} \tag{2-17}$$

式（2-15）中的频率接近 3000F 单体伯德响应的角频率。这个角点频率反过来决定了电极动力学分支的时间常数。对 3000F 的电容器单体，$C_s = 511$F，对应于双层电容的快速存取的表面积。

表 2-3　超级电容器产品线的参数数值（由 Maxwell 技术公司提供）

单体	25mm	33mm	60mm	60mm	60mm	60mm	60mm
容量/F	150	350	650	1200	1500	200	300
ESR_{ac}/mΩ	8	2.2	0.60	0.44	0.35	0.26	0.20
ESR_{dc}/mΩ	14	3.2	0.8	0.58	0.47	0.35	0.30
L_{axial}/mm	50	61	51.5[1]	74[1]	85[1]	102[1]	138
电极膜宽度 h/mm	22	33	24[1]	46[1]	57[1]	74[1]	110
L_{conn}/nH	20[1]	20[1]	21.1[1]	21.6[1]	21.8[1]	22.1[1]	22.7
I_{cont}/A_{rms}	9.1	22	54	70	84	106	127
质量/kg	0.035	0.063	0.20	0.30	0.32	0.40	0.545
体积/dm³	0.025	0.053	0.211	0.294	0.325	0.393	0.475
R_{th}/(℃/W)	17.3	10.9	6.5	6	5.6	4.6	3.2
C_{th}/(J/℃)	32[1]	53[1]	188[1]	294[1]	316[1]	408[1]	588
操作温度/℃	-40~65	-40~65	-40~65	-40~65	-40~65	-40~65	-40~65
存储温度/℃	-40~70	-40~70	-40~70	-40~70	-40~70	-40~70	-40~70

① 该值为估计值。

43

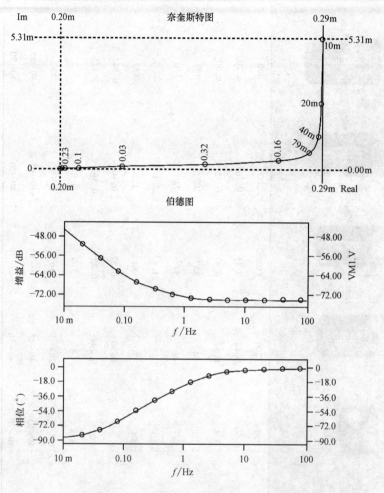

图 2-11　3000F 超级电容器模型的奈奎斯特图（上）和伯德图（下）

　　下面将建立并联电阻 R_p 的泄漏和自放电模型。参数可以用这两种方法中任何一种来建模。第一种方法涉及当 $T=72h$ 时，计算 U_{mx} 电压衰减4%所对应的并联电阻及电容器相应的能量损失。从室温条件下自放电测试中推导出实际的单体性能，这是最直接的方法。用这种方法计算3000F单体，得到的一个 2117Ω 的并联电阻 ［式（2-19）］ 和857J 的增量能量损失 ［式（2-18）］。

$$\delta E = \frac{1}{2}C_0(U_{mx}^2-(0.96U_{mx})^2)=\frac{C_0U_{mx}^2}{3}(1-0.96^2) \tag{2-18}$$

$$R_p = \frac{(\delta U_{mx})^2 T}{\delta E}\bigg|_{\delta=0.098}^{T=72h}=\frac{(0.98\times2.7)^2\times(72\times3600)}{857}=2177\Omega \tag{2-19}$$

44

第二种方法基于泄漏的电极度量 $2\mu A/F$，采用式（2-20）建模时，得到并联电阻值为 450Ω。

$$R_{p} = \frac{U_{mx}}{I_{so}C_{0}}\bigg|_{I_{so}=2\mu A/F} = \frac{2.7\times10^{6}}{2\times3000} = 450\Omega \qquad (2-20)$$

式（2-19）和式（2-20）造成的问题是，建立电化学储能元件的典型值。在这种情况下得到的并联电阻值是明显不同的，因为第一种方法（式（2-18）和式（2-19））是建立在单体充电后放置 3 天并允许自然衰减的标准下。这意味着，泄漏的初始值可以是远高于其几天后的趋势值。由于新型单体的评价标准不承受任何明显的长时间电压应力，因此第二种方法计算得到的并联电阻值要小得多。

基于自然衰减和泄漏测试的实验已更好地描述了这个参数，并且如果长期电压偏置模型是有效的，R_{p} 也必须作为电压和温度的函数。图 2-12 和图 2-13 突出了泄漏、电压固定自放电与自然衰减之间的区别。在泄漏测试中，单体以恒定电流充电至额定电位，然后在此电压下进行恒压控制，可以得到一个电流随时间按指数衰减至接近零的曲线。在恒定的电压偏置下，泄漏电流最终几乎随时间线性衰减。自然衰减或自放电存在类似的特性，单体在恒定电流下充电到额定电压，然后在开路条件下，一个周期或单一的 $T=72h$ 测量时间内进行自然放电。

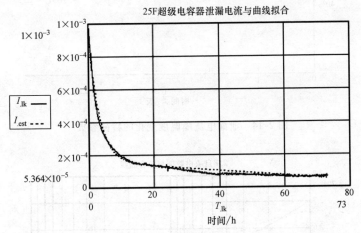

图 2-12　25F、2.5V 超级电容器的泄漏数据与模型响应曲线

需注意的是在图 2-12 中，经过 10h 和 20h 的恒定电压控制，超级电容器的泄漏电流从 1mA 降低到小于 $15\mu A$，并且其衰减几乎是线性的。

从图 2-13 中可以看出，自然衰减特性与泄漏电流特性是非常相似的，随时间出现的线性特性也是很明显的。泄漏有时用一组随时间平方根变化的直线来表示，如图 2-14 所示。这是活化能（氧化还原）依赖现象的特征。如果主要是扩散过程，自放电曲线随时间的对数呈线性变化，如图 2-15 所示。

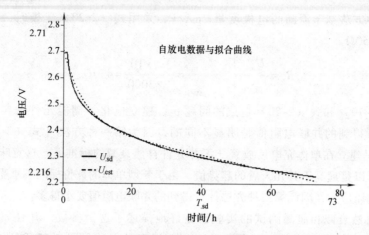

图 2-13 25F、2.5V 超级电容器的自然衰减与模型响应曲线

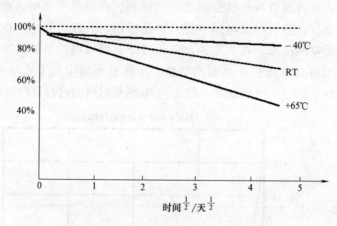

图 2-14 泄漏电流随温度变化的特征参数

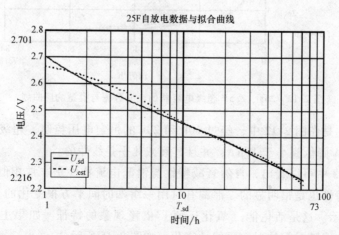

图 2-15 自放电数据随时间对数的变化，其中灰色曲线代表测量数据

为说明自然衰减的有限扩散特性，将图 2-13 按时间的对数重新绘图。从图 2-15 中可以看出，自放电随时间的对数线性变化，即其表示形式是基于指数函数的。

最后将要讨论的是双层电容模型的主分区 C_0，这取决于电位和电流。$C_0(U)$ 的变率是一阶函数，而 $C_0(U, I)$ 的变率是二阶函数，且常常可以忽略不计。双层电容 $C_0(U)$ 既可以根据单体测量特性看作查表（TLU）函数进行建模，也可以当作函数关系建模，$C_0(U) = C_0 + k_u U_c$，其中 U_c 为电容器两端的电位。$C_0(U)$ 更精炼的函数关系在第 1 章已讨论，并在这里重复如式（2-21）所示，更加适合建模使用：

$$C_0(U) = C_a + C_b \tanh\left(\frac{U_c}{U_x} - U_x\right) \tag{2-21}$$

式中，U_x 是 $\tanh()$ 拐点处的电势，更符合所测得的电容变化 C_{dn} 的特性。行业通用做法是使用放电过程中的电容计算值或者下行值 C_{dn}，而不采用充电过程中的电容测量值或者上行值 C_{up}。表 2-4 中列出了 3000F 单体的拟合参数，测量数据的拟合函数如图 2-16 所示。

表 2-4　双层电容 $C_0(U)$ 的拟合函数

本征电容/F	差分电容/F	拐点电压/V
$C_a = 2770$	$C_b = 520$	$U_x = 0.9$

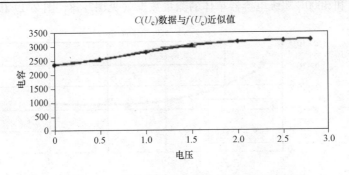

图 2-16　3000F 单体测量数据的拟合函数 $C_0(U)$

$C_0(U, I)$ 随电流的变化是二阶模型，在图 2-17 中清晰地表述出了 C_{dn} 随电势和电流变化的曲线。在此图中，式（2-21）的函数特性和图 2-16 中的图形是显而易见的。图中基于 3000F 单体的测量数据，电压变化为 0~2.7V，电流变化为 10~500A。将超级电容器的电流归一到容量，得到以 mA/F 为度量的碳负荷，这种方法是很有见地的。在此情况下，10A/3000F = 3.33mA/F，100A/3000F = 33.3mA/F，500A/3000F = 167mA/F。在超级电容器的应用中，70mA/F 是典型的碳负荷，大于 500mA/F 属于极端的碳负荷的范围。练习 2.2~练习 2.4 更详细地说明了这些内容。

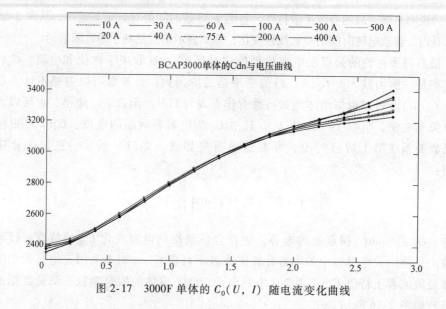

图 2-17 3000F 单体的 $C_0(U, I)$ 随电流变化曲线

之前对超级电容器热效应的讨论得到以下结论：即使在非常低的温度下，$C_0(U, I)$ 受温度的影响非常轻微。但是 ESR_{dc} 受温度的影响十分明显，并且本质上需要对 $\text{ESR}_{dc}(T)$ 建立合适的模型。这里再次完整地说明 $\text{ESR}_{dc}(T)$ 对温度的依赖性，来拟合 650F 和 3000F 超级电容器单体的测量数据（见图2-18，图 2-19 和表 2-3）。

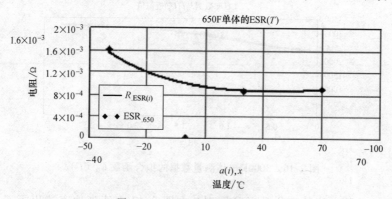

图 2-18 650F 单体数据的拟合

$$\text{ESR}_{dc}(T) = b_1 \text{ESR}_{dc}(T_0) \{1 + \gamma(T - T_0)\} + b_2 \text{ESR}_{dc}(T) \{e^{(-k_T(T - T_0)/2)}\} \tag{2-22}$$

式中，b_1 和 b_2 是之前讨论的电子和离子的权重因子；$\gamma = 0.007$ 是电阻对温度的敏感系数；k_T 代表离子的温度依赖 Arrhenius 因子。表 2-5 给出了 b_1 和 b_2 的取值。

超级电容器的大批量制造要求严格的统计过程控制（SPC），使产品的差异保持在设定标准范围内。例如，产品的 ESR_{dc} 不得超过数据表中制定的最大值。这意

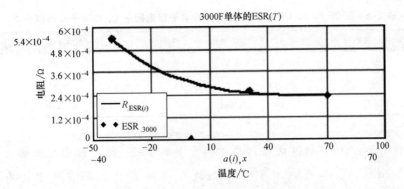

图 2-19   3000F 单体数据的拟合

味着单体出厂时其 ESR_{dc} 要低于图 2-20 的指定值。超级电容器的容量也类似，不同的是产品具有的容量必须大于图 2-20 中制定的最小值。

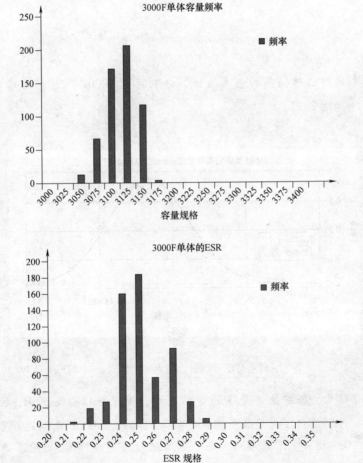

图 2-20   3000F 超级电容器的容量和 ESR_{dc} 质量控制示意图（由 Maxwell 技术公司提供）

49

表 2-5　650F 和 3000F 单体函数拟合的电子权重因子 b_1 和离子权重因子 b_2

系数/参数	650F 单体	3000F 单体
b_1	0.65	0.55
b_2	0.35	0.45
$\mathrm{ESR}(T_0)$	$0.8\mathrm{m}\Omega$	$0.28\mathrm{m}\Omega$

例 2-2： 3000F 超级电容器单体的容量和 ESR_{dc} 的近似均值和标准偏差如图 2-20 所示。其累积概率分布函数和密度函数显示在这里，并用式（2-24）计算其值。需注意，每个图中几乎 100%（99.73%）分布在 $\mu \pm 3\sigma$ 的范围内。

$$P(\xi \leqslant x) = F(x) = \frac{1}{\sqrt{2\pi}\sigma}\int_{-\infty}^{x} \mathrm{e}^{(x-\mu)^2/2\sigma^2}\mathrm{d}x \qquad (2\text{-}23)$$

$$f(x) = \frac{1}{\sqrt{2\pi}\sigma}\mathrm{e}^{-((x-\mu)^2/2\sigma^2)} \qquad (2\text{-}24)$$

本实例的解以两幅图的形式给出，分别对应 3000F 单体的电容和 ESR_{dc}（见图 2-21 和图 2-22）。

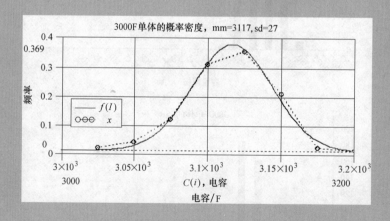

图 2-21　例 2-2 中利用高斯函数拟合的电容曲线（$\mu = 3117\mathrm{F}$，$\sigma = 27\mathrm{F}$）

在例 2-2 中，除非使用更多的样本数据，否则难以描述 ESR_{dc} 数据的特性。在本例中，使用了近 600 个批量的单体。比如，3000F 单体的标准偏差平均值小于 6%，这是非常紧凑的分布。电容的分布更加紧凑，3000F 单体的标准偏差平均值小于 1%。

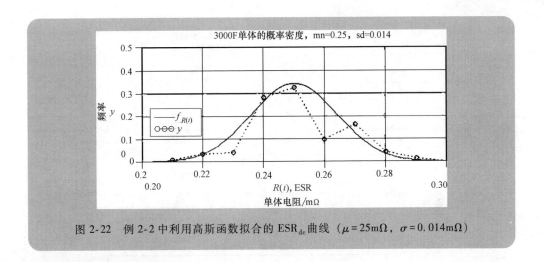

图2-22　例2-2中利用高斯函数拟合的 ESR_{dc} 曲线 （$\mu = 25\text{m}\Omega$， $\sigma = 0.014\text{m}\Omega$）

2.2　单体表征方法和标准

图2-6中的等效电路模型现已介绍完毕，以下将在仿真中应用。为方便起见，通过单体特性测试而得到的元件参数值见表2-6，将应用在后续系统应用仿真中。

表2-6　超级电容器等效电路模型参数表

容量/F	150	350	650	1200	1500	2000	3000
$R_{conn}/\text{m}\Omega$	70μΩ	70	70	70	70	70	70
L_{conn}/nH	20	20	21.1	21.6	21.8	22.1	22.7
$R_s/\text{m}\Omega$	7.2	3.2	0.8	0.58	0.47	0.35	0.30
$R_{ea}/\text{m}\Omega$	7.200	3.200	2.400	1.823	1.371	1.011	0.600
C_s/F	31.528	70.938	141.875	188.942	246.627	333.551	504.444
R_p/Ω	13785.714	5514.286	2969.231	1608.333	1286.667	965.000	643.333
电压	$C(U_c)=$	$C(U_c)=$	$C(U_c)=$	$C(U_c)=$	$C(U_c)=$	$C(U_c)=$	$C(U_c)=$
0.00		255.9	527.9	976.4	1199.9	1614.3	2415.5
0.50		280.1	570.8	1045.1	1303.8	1746.2	2604.8
1.00		311.8	632.4	1152.8	1437.5	1927.9	2877.3
1.50		339	688.4	1249.9	1559.8	2090.5	3122.7
2.00		355.3	722.8	1309.4	1640.8	2190.7	3288.3
2.50		360.4	728.4	1327.1	1661.1	2210.5	3378.9
2.80		360.1	718	1324.4	1640.1	2185.6	3420.7
C_0		265.8	546.8	1001.9	1242.7	1671.6	2465.2
k_u		39	73.9	133.2	169.3	219.8	374

图2-6中等效电路和 Ansoft Simplorer 的仿真模型，以及一个六步激励电流波形如图2-23所示。电流波形是一种通用的表征超级电容器单体特性的方法，包括在室温下6h来平衡单体到零电荷和平衡温度。

经过一些标准的制定机构（例如 IEC，EUCAR（欧洲汽车研究中心）及其他机构）的独立测试，单体特性的表征方法已经相当成熟。本节其余部分涵盖了从

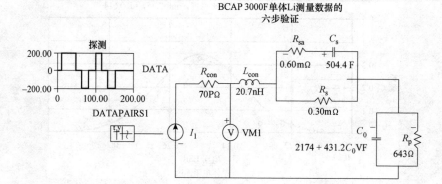

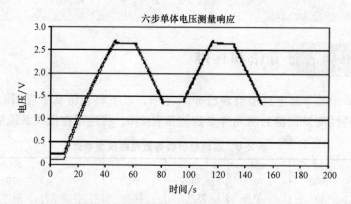

图 2-23 等效电路仿真模型及三个单体激励和测量响应的应用
（三个单体中的两个的偏差略高于零）

测试单体中获得容量和 ESR_{dc} 的更为突出的表征方法。图 2-24 演示了应用 IEC 62391[10,11] 表征容量和 ESR_{dc}。

在图 2-24 中，测试单体以恒电流充电，效率为 95% 或 95% 以上；根据 IEC 62391 的规定，设定保持周期为 30min，并恒电流放电到相同的水平。放电期间的测试如图 2-24（上）所示，包括指定点处的电压，受测试设备的电流和每个电压测量的时间点。在这些测量的基础上，IEC 方法的 ESR_{dc} 和电容分别由式（2-25）和式（2-26）给出。单体 ESR_{dc}（等效直流电阻）等于开路时单体端电压阶跃乘以放电电流的倒数，这个电流与电压阶跃垂直相交（向量方向垂直相交）。采用这个方法是考虑到放电期间，ESR_{dc} 中 R_{ionic} 的离子再分配。

$$ESR_{dc} = \frac{\delta U_2}{I} \qquad (2\text{-}25)$$

$$C_{dn} = \frac{IT_1}{(0.8U_{mx} - 0.4U_{mx})} \qquad (2\text{-}26)$$

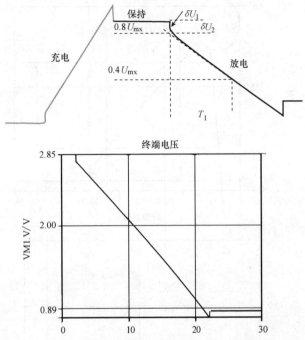

图 2-24 双层超级电容器的 IEC 表征方法。上图：测量点
示意图。下图：仿真放电波形

单体的电容 C_{dn} 通过计算电荷组 IT_1 得来，其中时间 T_1 可以根据测试设备施加放电电流而精确得到。根据 IEC 62391 的规定，指定最大单体电压的 80%~40% 作为电压测试值。需注意的是，不同标准制定组织所设定的电压测试点会有所差异，这一点我们后续会介绍。正如刚才所述，通用的做法是指定单体电容作为放电情况下的计算值。图 2-25 通过说明仿真反投影技术有助于阐明 IEC 62391 标准，并解释该模型是如何预测充电后离子尾流效应，同时也说明了 $C(U)$ 并不是一个线性函数，超出此区间的部分更接近一个抛物线的形状。

2.2.1 EUCAR 方法

EUCAR 方法与 IEC 方法存在两处不同：①在保持或者停留期间，单体电势由测试设备保持恒定电压；②单体放电过程会修改电压测量点。单体调节和初始化的过程（例如短路并在室温下保持 12h）被设定在室温条件下，充电时根据 IEC 62391 的规定，电流幅值小于 50mA/F 的碳负荷，放电时接近 5mA/F 的碳负荷。

图 2-26 出自参考文献［12］，先以 50mA/F 恒电流充电，然后恒电压保持 30s，接着以 5mA/F 恒电流放电。电压和时间的测量点如图中所示（其中，R_{wv} = 额定工作电压 = U_{mx}）。

EUCAR 方法中的 ESR_{dc} 与 IEC 62391 所描述的相同，但电容测量选取额定电

53

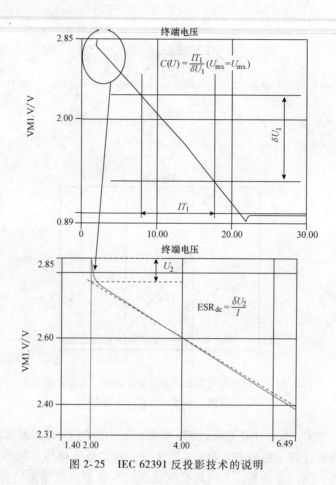

图 2-25　IEC 62391 反投影技术的说明

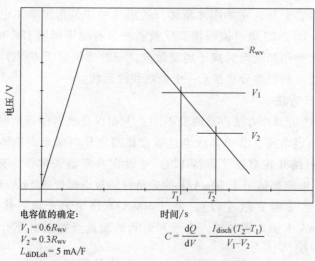

电容值的确定：　　　　　时间/s
$V_1 = 0.6 R_{wv}$
$V_2 = 0.3 R_{wv}$　　　$C = \dfrac{dQ}{dV} = \dfrac{I_{disch}(T_2 - T_1)}{V_1 - V_2}$
$L_{diDLch} = 5\ mA/F$

图 2-26　电容和 ESR 的 EUCAR 测试方法

压的 60%~30%。放电电流也远小于 IEC 方法中的指定值。对规定测量点的电容计算如图 2-26 所示。在介绍 IEC 62391 测试和表征标准前，引入两个例子将有助于量化充放电电流的选择和数据采集的局限性在计算 ESR_{dc} 时对测量精度的影响，尤其是涉及毫伏级小电压测量。

例 2-3：使用恒电流表征超级电容器，其放电效率（或充电效率）大于等于 95%。从 3000F 单体的单体参数、电流施加时间或者脉冲时间 T 来推导能够达到 95% 效率的恒电流幅值和碳负荷。这种单体的 $ESR_{dc} = 0.29m\Omega$。

这种方法的最佳表达是使用下面的方程组，并定义电容器的充电和放电的能量效率 η_d[13]。将式（2-28）的推导过程作为留给读者的练习。

$$Q = IT = CU \tag{2-27}$$

$$y_d = 1 - 2\frac{\tau}{T} \tag{2-28}$$

$$(1 - \eta_d)\Big|_{\eta = 0.95} = \frac{2ESR_{dc}C}{T} = \frac{1}{20} \tag{2-29}$$

$$T = 40ESR_{dc}C = 40\tau \tag{2-30}$$

将式（2-30）代入式（2-27）并求解方程，得到效率为 95% 时的恒电流幅值。警告：在本例中，单体被提前调整到额定电压 $U_{mx} = 2.7V$，放电终止条件为 $U_{mx}/2$。本例中，表征 3000F 单体的恒电流由式（2-31）给出，受上述警告和式（2-32）中碳负荷的约束。

$$I_{3000} = \frac{CU_{mx}}{2T} = \frac{U_{mx}}{80ESR_{dc}} = \frac{2.7}{80 \times 0.29 \times 10^{-3}} = 116.3A \tag{2-31}$$

$$CL_{3000} = \frac{I_{3000}}{C} = \frac{116.3}{3000} = 38.8mA/F \tag{2-32}$$

根据式（2-32），应用约 40mA/F 的碳负荷表征过程，这样单体内部功耗会较低，内部发热较低，并且得到的参数是准确的。

例 2-4：当满量程额定电压为 5.0V 时进行单体水平表征，计算测试设备数据采集（DAQ）单元的分辨率位数。数据采集的精度必须满足 1mV 的 1/10（$10^{-4}V$）。参考图 2-25 的下图，注意这里的目标是应用例 2-2 中的电流大小，寻找 3000F 单体的精度水平 δU_2。

$$U_2 = I_{3000}ESR_{dc} = 116.3 \times 0.29 \times 10^{-3} = 33.73mV \tag{2-33}$$

式（2-33）的结果说明分辨率为 10^{-4}V 时是合理的，尤其是当低水平电流，例如 5mA/F，使用 EUCAR 方法进行测试。这意味 DAQ 必须能够解决满量程电压的 50000 增量 [式（2-34）]。

$$2^N = \frac{U_{FS}}{U_{LSB}} = \frac{5}{10^{-4}} = 5 \times 10^4 \qquad (2\text{-}34)$$

取式（2-34）的对数，就可以得到 DAQ 的位数 N。为简化运算，改变底数使 $\log_2$ 变成 $\log_{10}$。

$$\log_2(2^N) = \log_2(5 \times 10^4) \qquad (2\text{-}35)$$

$$N\log_2(2) = N = \frac{\log_{10}(5 \times 10^4)}{\log_{10}(2)} = \frac{4.689}{0.30103} = 15.6 \qquad (2\text{-}36)$$

取式（2-36）相邻的最大整数，这意味着 DAQ 分辨率必须为 $N = 16$ 位才能达到 100μV 的精度。如果精度要求为 50μV，则 DAQ 分辨率必须为 $N = 19$ 位。测量大电流中的低电压信号意味着需要采取终止、噪声抑制和滤波方法来稳定 ESR_{dc} 的特征值。

IEC 62576[14] 是最新发布的规范，是应混合电动汽车中双层超级电容器的使用而产生，尤其是微型和轻型混合动力类汽车。这个 IEC 规范主要是由汽车公司、学术界和一些业内专家把超级电容器的表征方法综合成为汽车应用文本而产生的。

在 IEC 62576 中，以满足 95% 的充放电效率（详见例 2-2）来确定充放电恒电流幅值大小。IEC 62576 中保持时间设定为 $T_{CV} = 300$s，电压和时间测量点 U_1 和 U_2 分布为额定电压 U_R 的 90% 和 70%，如图 2-27 所示。测量点的选取不同于之前 IEC 62391 和 EUCAR 方法。IEC 62576 中 ESR_{dc} 的计算方法与之前方法中式（2-25）相同，为与图 2-27 保持一致，更改为式（2-37）。

$$ESR_{dc} = \frac{\delta U_3}{I_d} \qquad (2\text{-}37)$$

参考图 2-27 中的反投影技术，利用最小二乘内阻法[14]得到截距，并从中算得 δU_3。在汽车的应用中，早期的草案 IEC 62576 认定当 ESR_{dc} 为原始值的 150% 时寿命终止（EOL），功率寿命终止时与混合动力电动汽车脉冲功率要求一致。在最终的草案和标准中，这些参数被放宽到原始 ESR_{dc} 的 200% 时寿命终止。

电容表征方法是基于能量转换电容法和电压从 U_1 到 U_2 变化期间放出的能量 W_0 的测量，如式（2-38）所示。在该方法中，不是由输出电荷量决定容量大小，

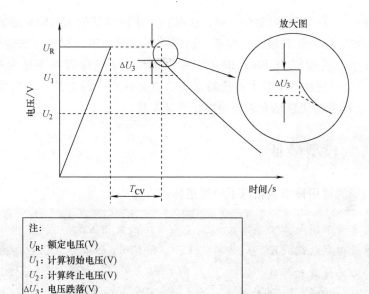

注:
U_R: 额定电压(V)
U_1: 计算初始电压(V)
U_2: 计算终止电压(V)
ΔU_3: 电压跌落(V)
T_{CV}: 恒电压充电周期(s)

图 2-27　ESR_{dc} 和电容的 IEC 62576 表征方法

而是由测量的能量变化与终端电压计算的能量变化决定。通过测量高效率时的电流幅值特性，可以使内部电子损耗的误差达到最小。

$$C = \frac{2W_0}{(0.9U_R)^2 - (0.7U_R)^2} \tag{2-38}$$

大多数标准都讨论了单体最大功率密度的表征方法，这种信息在生产厂商的超级电容器单体和模块数据表中始终存在。根据式（2-37）和式（2-39）所测量的内阻，IEC 62576 可以指定最大功率密度。这就是匹配阻抗功率密度（P_{dm}）法，其中 M 是单体的质量（kg）。

$$P_{dm} = \frac{0.25U_R^2}{ESR_{dc}M} \tag{2-39}$$

超级电容器的功率和能量指标将在第 3 章中深入介绍。我们的意图是指出诸如式（2-39）的规范在本质上是没有用的。原因在于，双层超级电容器不同于电池，它是一种电压存储设备，这意味着随着单体中功率 P_{dm} 的输出，电压不再维持额定电压 U_R 不变。这意味着，由式（2-39）计算出的恒定功率负载只能持续一瞬间，随后匹配阻抗功率水平将逐渐降低。它更适合用于指定的功率水平，例如 P_{95} 或者 P_{90}，在应用中具有价值和实用性。

在独立测试实验室、制造商和大学中，还在使用其他的单体参数表征方法。加利福尼亚大学戴维斯分校的安德鲁·伯克教授提出来一种源自 EUCAR 技术的稳定状态的方法，可以得到可靠的 ESR_{dc} 和电容。法国巴黎的 INRETS 测试实验室开发了单体表征、循环和其他测试技术。制造商一般采用本节讨论方法的一些变体。主要原因在于保持时间为 30s，300s 或者 30min 的超级电容器不适合批量制造。Maxwell 技术公司使用和下节中讨论的六步法就是这样一种方法，可以放宽保持时间到 15s，这样可以快速地完成寿命终止测量实验。

2.3　仿真模型验证

模型验证的适用标准包括以下一组指标：

- 电容量必须与真实单体的电压（偏差）函数相匹配。
- 等效串联电阻（ESR）必须与 ESR_{dc} 和 ESR_{ac} 的规格表值和奈奎斯特实验数据的频率过渡相一致。
- $ESR = ESR(T)$ 必须有效且与实验测量数据相一致。
- 必须考虑寄生效应。
- 各个温度下，自然衰减必须与实际单体的泄漏相匹配。
- 存储的电荷必须与实际单体电荷总存储量相一致（需注意，存储的能量作为初始条件和稳态值对电容 C_s 设置到零电位没有影响）。
- 存储的能量必须与实际单体电荷总能量相一致。
- 模型的功率特性必须与实际单体的功率特性相一致。
- 电子仿真得到的 ESR 必须与热力学模型预测值一致。

将一个 650F 超级电容器单体的恒流充放电脉冲响应应用到等效电路中。图 2-28 复现了单体的等效电路模型和 100A 电流波形的仿真响应。

在图 2-23 中 3000F 单体的相同条件下，测量数据的仿真模型的对比如图 2-29 所示。该图中，单体模型包含完整的 $C(U, I)$、$ESR(T)$ 和尽可能完整的寄生元件。单体的初始条件是充电到额定电压的一半，然后充电到额定电压，接着使用六步法放电，随后在两个完整的周期内充电到 U_{mx} 并放电到 0V。验证的目的是比较模型响应和测试单体的差异。

模型验证的最后一步是讨论其热力学特性。储能系统最重要的要求之一就是热管理。热管理与电气和机械设计是密不可分的，因为电气设计和单体级别决定了动态和静态散热情况，其中包装设计、公差、材料和同步发生的温度和振动的机械因素，决定了内部产生的热量扩散到周围环境的程度。因此，热力学、电气和机械在设计中是相互依赖的。在本节中，我们将密切关注计算机建模工具在这方面系统设计中的应用。

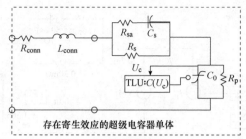

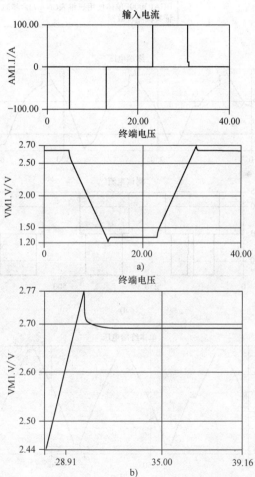

图 2-28 650F 超级电容器单体模型的充放电响应

a）等效电路，电流波形，电压响应（$U_{c0} = 2.7V$）

b）终止充电脉冲下单体电压响应的扩展视图

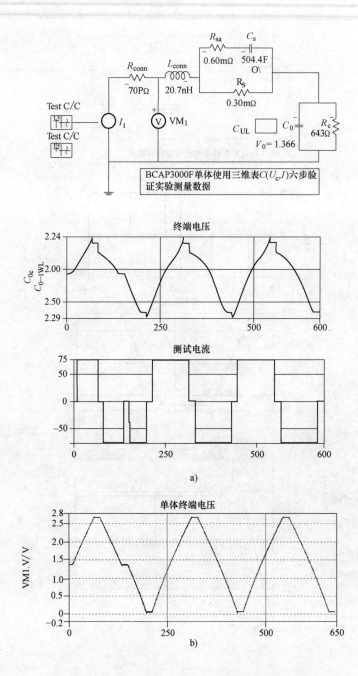

图 2-29　3000F 单体模型与实验测试数据的验证

（由 Maxwell 技术公司提供）

a）3000F 单体模型（上）, C（U, I）和±75A 电流（下）

b）模型响应与单体响应同时叠加到电流波形

图 2-30 中，表征构成模块的单体的首选量，包括代表单体的 ESR_{dc} 和电容 C，以及各个单体的热参数。在这种表示中，单体参数包括热电容 C_{thx}，质量 M_{cell}，比热容 c_p，以及热电阻 R_{thx} 和环境温度 T_a。热电容可以用比热容得到近似值 $C_{thx} = M_{cell}c_p$，其中超级电容器的比热容为 910J/（kg·K）。事实证明，根据单体的轴向长度，单体质量乘以铝的比热容的结果与 C_{thx} 非常接近，这是个令人好奇的发现。

图 2-31 是实践中遇到的典型应用场景，单体被施加任意功率或电流的负载，其大小必须满足寿命终止的电气规范，且温升不超过热设计限制的 20℃。最后一项要求特别具有挑战性，这是因为当寿命终止时，单体容量已经减少了其标称值的 20%，且 ESR_{dc} 高于标称值的 150%~200%。随着 ESR_{dc} 高于初始值，寿命终止时的散热也将

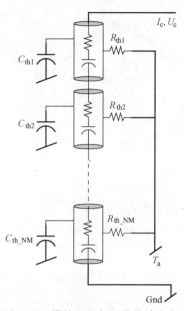

图 2-30　模块的电气和热设计方案

达到寿命起始（BOL）时的两倍。在设计时必须考虑这个因素，这也是 IEC 系列中 IEC 62576 的动机之一。

在超级电容器设计和热性能中都需要关注的问题之一是电流波形的占空比。例如，对相同的电流有效值，在稳定状态下，如果单体上升相同的温度，无论脉冲幅度和脉冲持续时间还是有效热值、电流有效值是否相同？通过一个仿真实例来回答这个问题，如图 2-31 所示，仿真器状态机通过控制开关 S1 和 S2 使电流源保持适当的电流幅度和规定的脉冲时间。

例如，图 2-32 中电流波形测试的占空比为 $d = 0.9$、0.45 和 0.1 以及相应更高的电流幅值，从而利于式（2-40）得到相应的电流有效值，其中 I_0 是恒电流幅值。相应的电流幅值分别为 $I_0 = 47.4A$、67A 和 142.3A。

$$I_{rms} = \sqrt{dI_0} \qquad\qquad (2-40)$$

在图 2-31 仿真中应用的峰值电流会导致在每个脉冲期间，单体温度的斜率越来越大，温度的曲线形状在 90% 占空比时相对平滑，45% 时呈锯齿状，10% 时呈阶梯状。图 2-33 为各个占空比对应的仿真结果（见表 2-7）。

表 2-7　输入电流为 45A$_{rms}$，不同占空比时热响应的汇总

占空比 d	输入电流 I_0/A	脉冲时间 t_d/s	转移电荷 Q/C	温升 δT/℃
0.90	47.4	17.1	810.5	12.78
0.45	67	8.55	572.8	12.677
0.10	142.3	1.9	270.4	12.172

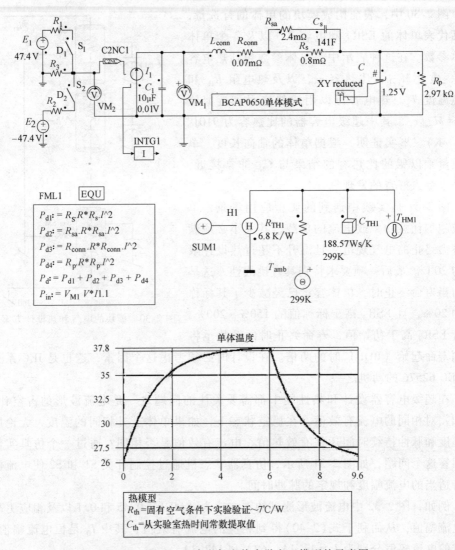

图 2-31　Simplorer 中电气和热力学交互模型的示意图

从这个热验证中可以得到一个基本结论是，不考虑空占比的前提下，单体温度响应与电流有效值是近似一阶关系。实际上，如果由于某些原因，离子电阻在高脉冲振幅和小驻留时间时表现不同，以上结论可能不成立。高电流幅值导致大量电荷在短时间内转移和高电流密度在电解液和隔膜的转移。有趣的是，从图 2-32观察可知，尽管终端表现相同，低占空比的相同有效电流波形导致电荷的转移逐渐降低，因此超级电容器的电压波动也降低。在这个比较过程中，单体的输入输出电压设定为 1.35V。需注意，在图 2-32 中，低占空比电压响应波形的峰值逐渐降低，形状逐渐由锯齿形过渡到梯形，最后过渡到近似方形。

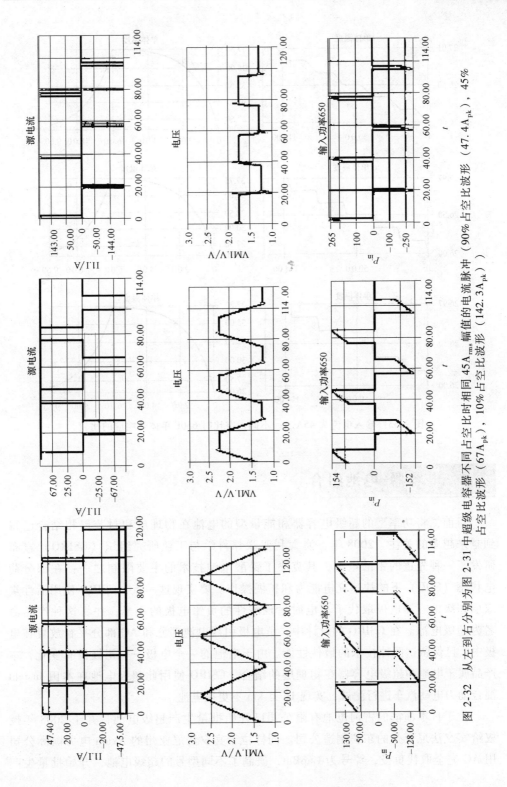

图 2-32 从左到右分别为图 2-31 中超级电容器不同占空比时相同 45A_rms 幅值的电流脉冲（90% 占空比波形（47.4A_pk），45% 占空比波形（67A_pk），10% 占空比波形（142.3A_pk））

63

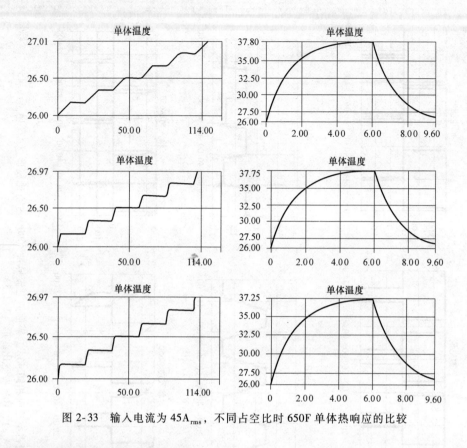

图 2-33　输入电流为 $45A_{rms}$，不同占空比时 650F 单体热响应的比较

2.4　电容器-电池组合

目前，将功率型的超级电容器和能量型的电池在物理层和封装层相结合已得到越来越多的关注。2008 年，澳大利亚联邦科学与工业研究组织（CSIRO）宣布研发了一种先进的铅酸电池，其克服了铅酸电池技术的主要限制之一：在部分荷电状态（SOC）下的快速充电能力和扩展操作。要实现这一点，CSIRO 使用活性炭双层超级电容器电极取代了充电时呈现酸性的负铅电极的一半，并将这种产品命名为超级电池。在 CSIRO 的设计中，负电极引线电池部分和 AC 部分平行放置在电极中，已保留这两种技术的最佳性能。由于电池的一个电极——正极没有变化，本产品属于电池和超级电容器在物理层的结合。CSIRO 使用此超级电池在本田 Insight 混合动力电动汽车进行测试，实现 16 万 km 不更换电池。

位于日本横滨的古河电池有限公司已开始批量生产超级电池，并于 2008 年授权给宾夕法尼亚州的东宾制造公司。同样位于宾夕法尼亚州的 Axion 电力国际公司用 AC 完全取代负极，绰号为 CapBat，研制了不同型号的超级电池，开始批量生产并应用到军用地面车辆中。

图 2-34 介绍了包含超级电容器单体或组串与电池单体或组串串联的直接并联结构的概念。这种无源并联是产品层的配置而不是物理层的配置，相当于现有能量和功率储能技术产品的整合。这种直接（或串联或无源）并联配置的一个问题是，相对生硬的电压源电池有效钳位电压存储电容器装置，从而严重地限制了其作用。直接并联连接时，从铅酸（Pb-acid）到镍金属氢化物（NiMH）到锂离子（Li-ion）会出现效益递减的现象。其原因是，先进的化学电池产品，例如 NiMH 和 Li-ion，已经具有良好再充电能力的高循环化学性能和相对低的阻抗。

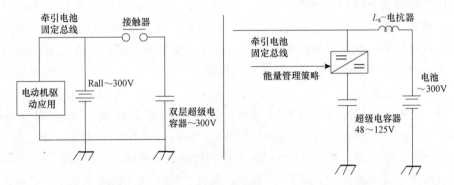

图 2-34　无源并联（左）和有源并联（右）组合配置示意图

图 2-34 还突出了规避无源并联架构的电压钳位限制的措施。一种方法是，必要时使用一个开关或者其他装置将超级电容器连接到电池分支。在有源并联配置中，因为直流-直流功率变换器全面管理了两个组件之间的能量流动，所以不需要这样的开关。

图 2-34 所示的有源并联体系结构中的线路电抗器，并非用来限制电池输入和输出的电流率，而是用来限制从牵引逆变器直流总线和当升压模式高度不连续时从超级电容器 DC-DC 变换器，产生电池纹波电流泄漏。目前，高频纹波电流对电化学储能元件，特别是对其运行寿命的影响的研究较少。有些研究正在进行中，但是迄今为止没有数据公布；仅有的发现是，如果对电池或超级电容器的峰-峰纹波电流加以限制，将不会明显影响电池寿命。

最近的出版物涉及了超级电容器-电池组合的各方面问题。参考文献[15]将电感器置入中点变换器（半 H 变换器），作为超级电容器与电池固定直流链的选择接口。在这项研究中，对调节功率和能量元件之间功率流的能量管理策略的重要性做出了重点说明。参考文献［16］提出来对用于能量存储系统的组合变换器的基本要求，参考文献［17］介绍了在插电式混合电动汽车（PHEV）中的应用。众所周知，个人交通工具的峰值功率与平均功率的比例为 10:1，所以单独使用电池，尤其是在电源辅助混合动力电动车中，电流比和幅值将高达 20~35C 倍率。如此高的倍率对电池非常苛刻，而超级电容器则容易实现。参考文献［18］提出了基于储能系统的车辆驱动周期的动态分析，并得出超级电容器-电池组合可以大大减少应力水平的结论。合适的能量管理系统（EMS）的策略使得储能结合架构成为可能，选择在于车辆的驱动周期和电池组件能够降低的压力程度。这些主题在参考文献［19］中进行了详细讨论，其中作者提出了四个不同的 EMS 策略，从确定性到预测再到基于频域的滤波器。参考文献［20］对锂离子电池的环境影响进行了深入讨论，其中包括，通过将电池发热转移到超级电容器发热，如何组合超级电容器可以最大限度地减少热应力，实际上是尽量减少 ESS 发热。混合储能系统的应用非常适用于燃料电池混合动力电动汽车，如 Chen 等在参考文献［21］中所述。参考文献［22］介绍了锂离子电池的环境限制，包括其低温时微弱的功率能力，低速率充电能力和 SOC 限制，其结论是，要缓解去耦功率和能量供应的组合结构在动态应用中的限制，还有很长的路要走。参考文献［15-22］中大量的成果应用到参考文献［23］中，其中电池电动汽车（BEV）马自达 Miata，变换成电力驱动，并有一个 28kWh 锂离子 ESS。仿真系统包括锂离子电池组（200Ah，140V），超级电容器（26F，140V，78Wh，58Wh（可用））和 DC-DC 接口变换器的建模。结论是，使用只有 58Wh 可用的超级电容器的能量，锂离子的城市测功器行驶规范（UDDS）热辐射显著减少。在这个 BEV 的 UDDS 周期中，电池发热减少到单独出力值的 27%。表 2-8 汇总了本研究的结果，并展示了有源并联组合的优点，高 DC-DC 变换器效率的必要性和超级电容器的高效率。这是必要的，因为电池的发热转移到变换器和超级电容器，且达到实现最小化，以实现 ESS 热管理系统的整体热负荷降低的目标。

表 2-8　电池电动汽车元件在城市测功器行驶规范的储能系统电流幅值

模式	元件	I_{pp} /A_{pp}	I_{avg} /A_{dc}	I_{rms} /A_{rms}	减少幅度 (%)	发热 (%)
只有电池	锂离子电池组	344	11.8	41.8	—	—
有源并联	锂离子电池组	158	10.9	21.7	48	27
有源并联	DC-DC 变换器	226	0.47	25.7	—	—
有源并联	超级电容器	361	0.47	38.3	—	—

电池发热的主要影响因素是其电流有效值。当电池电流有效值减小，这意味着随之内部产生的热量最小化，并转移到有源并联组合的超级电容器分支，如式（2-41）所示：

$$\text{BHR} = \frac{I_{rms\_batt}^2}{I_{rms\_active}^2}\left(1 - \frac{\%\,reduction}{100}\right)^2 = (1-0.48)^2 = 0.27 \tag{2-41}$$

式中，BHR（电池发热减少量）是有源并联组合的总目标。

表 2-8 强调这一事实：DC-DC 变换器必须能够使用（双向和非隔离）高峰值

电流，由于在变换器的高压侧条件下恒定功率输出（或输入）的超级电容器的电压波动可以反映到低压侧，这种体系结构的超级电容器侧如图 2-35 所示，因此，电压降低则电流增大。因此，变换器的效率应当大于 97%，超过其工作电压范围的 20%~90%。超级电容器所施加的功率水平，在整个工作电压波动（$U_{mx} \sim U_{mx}/2$）中的效率大于 95%。如果满足这个要求，有源并联分支的运行效率将大于 92%。

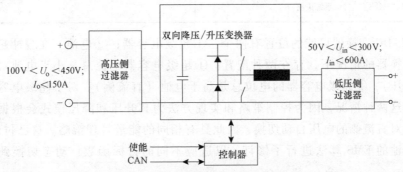

图 2-35　电感置于中点变换器在有源并联 ESS 中应用的示意图（低压侧是超级电容器，高压侧是锂离子电池）

以上所讨论和图 2-35 中介绍了电容器-电池组合的很基本的概念——变换器应该在哪里？参考文献［24］回答了这个问题，通过车辆在一个标准的驱动周期的仿真，评估所有可能的配置。表 2-9 总结了超级电容器和电池 ESS 的有源并联组合。在此表中，对上面所讨论的相同的车辆——马自达 Miata BEV 进行了研究，并配备了 28kWh、140V 的锂离子电池，对 58Wh 可用的超级电容器能量进行仿真。

表 2-9　超级电容器和电池结合的架构

架构	鲁棒性	成本	性能	总结
升压变换 （电池、超级电容器、DC/AC、M、DC/DC、能量管理系统策略）	较少，大型 UC 单体，几个 CONN 高输入电流变换器 稳定的直流连接	1 低电压半导体	1 变换器仅在需要时工作 高带宽控制	+ 最好的选择，并考虑整体 PE 技术的进步
降压变换 （电池、超级电容器、DC/AC、M、DC/DC、能量管理系统策略）	更多、更小的 UC 单体，更多 CONN 更低的输入电流 稳定的直流连接	0 低电压半导体	1 变换器仅在需要时工作 高带宽控制	0 太多的互连，电压管理，更高的电压 UC 系统

（续）

架构	鲁棒性	成本	性能	总结
电池变换器 超级电容器 — DC/AC M 电池 — DC/DC ← 能量管理系统策略	更多、更小的 UC 单体，更多的 CONN 高动态直流连接电压 困难的逆变器 PWM 控制	-1 100% 变换器操作热问题	0 不能承受变换器故障较高的热负荷	— 需要超强的变换器和高性能逆变器控制以及更高的电流逆变器开关

DC-DC 变换器可能的位置有两个：①超级电容器；②电池。在缓冲超级电容器的变换器的情况下，存在两种配置：①超级电容器电位总是小于电池（即，直流侧电压），②超级电容器的电位总是高于电池（直流侧）。对于超级电容器上的变换器这两种情况，因为控制策略和实现方法为其升压和降压模式会根据超级电容器相对直流侧的电压自动切换，因此具有相同的能量管理策略。这已付诸实施。对于电池的 EMS 算法进行了修订，以适应不同的目标函数：动态切换到超级电容器。

更为详细的相关描述请见 2.4.2 节。下面将以表 2-9 中配置的一些建议结束本节。

- 超级电容器的电压低于直流侧（即电池电压）时，变换器必须向上变换以匹配超级电容器电压与固定的直流连接的变量。这意味着车辆加速时变换器工作在升压模式，车辆再生过程时变换器工作在降压模式。
- 超级电容器电压大于固定直流侧的情况正好相反。车辆加速时变换器工作在降压模式，车辆再生过程时变换器工作在升压模式。
- 变换器在电池上的情形与之前大为不同，直流侧电压不再是固定电位而是一个浮动值。直流侧电位是超级电容器的电压，其变化与负载一致。这意味着车辆上的牵引逆变器增加了额外的负担，不仅要满足所有推进动力的要求，也要同时处理一个高度变化的直流侧输入电压。

2.4.1　无源并联结构

在本节中，将详细研究超级电容器与铅酸电池的直接并联组合。使用 ANSYS/Ansoft 模型库对铅酸电池进行建模，用户自定义的几个关键参数包括电解液比重（SOC）、内阻、额定 Ah 和 C 倍率（A）。直接并联组合使用超级电容器是 34S×2P×2000F 组合，额定参数为 $87V_{max}$，118F，124Wh，93Wh（可用能量）。BEV 中的能量主存储部件是一种阀控密封铅酸电池，150Ah，36 单体，$76V_{max}$ 和 11kWh。在这种情况下，BEV 是一个 900kg 的车辆（$A_f = 2.2m^2$，$C_d = 0.26$），评价驱动周期是 UDDS。图 2-36 归纳了 UDDS 周期和 BEV 推进功率要求。BEV 的加速峰值推进功率为20kW，制动峰值推进功率为15kW。UDDS周期的推进功率作为ESS负载功率，如图2-37所示。

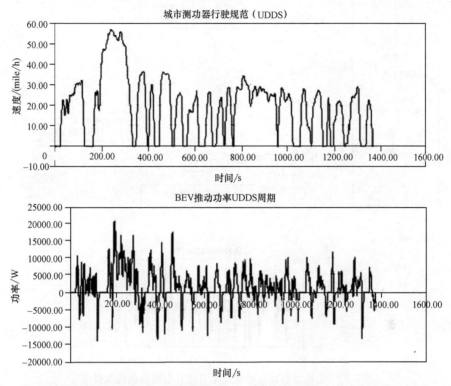

图2-36 电池电动汽车驱动周期速度随时间变化曲线和由此产生的推动力

对于这种架构，目的是确定超级电容器和电池直接并联组合下，电池电流有效值减少的可能性。BEV的阀控密封铅酸电池被设定为完全充电（sg（比重）=1.27），内部电阻 $R_i = 50\text{m}\Omega$，额定单体为2.1V，150Ah。在深入讨论ESS性能的细节前，应当指出，相比这样一个小的乘用车（900kg），超级电容器模块显得较大，因此所得到的结果是11kWh铅酸模块对应93Wh可用的超级电容器能量，这个结果是合理的。

下面的一组仿真结果总结了铅酸电池无源并联配置时的性能增强。

必须要指出的是，在这个从给定驱动周期分离出的车辆仿真输入功率驱动周期，其推动功率可以由车速随时间的变化推导出。这种推进力文件导入到Ansoft/Simplorer仿真作为车辆ESS功率负载。要做到这一点，配置图2-37中的模型，使负载电流源将命令文件的功率变换为取决于直流侧电位瞬时幅值的电源电流。利用这种方式，ESS存储的功率型和能量型组成部分，其各自电流在源 I_1 的节点满足基尔霍夫电流定律。阀控密封铅酸电池和超级电容器组活跃时的响应如图2-39所示。

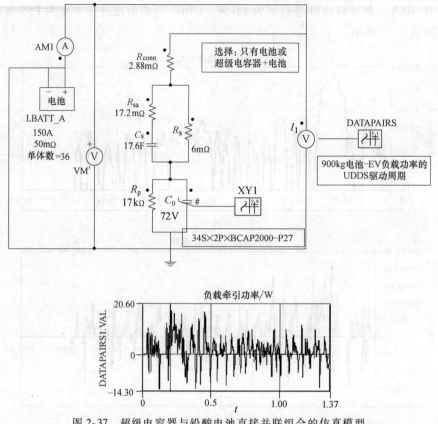

图 2-37　超级电容器与铅酸电池直接并联组合的仿真模型

在无源并联架构下，可以得出以下由图 2-38 和图 2-39 检验的结论：

> • 电池电流得到了平滑，具有较低的速率（dI/dt）和接近平均值的响应，稳态需求比动态需求更多。
> • 超级电容器电流是全动态，高速率，而且基本上为零均值。
> • 电池电压，直流侧电位，具有高脉冲并在车辆应用中呈现相当大的噪声问题。
> • 超级电容器的存在显著降低了电池的电压纹波，产生更平滑和更低速率的电压曲线。

这些结果在表 2-10 中进行了量化，包括 ESS 的电流和电压的峰峰值、平均值和有效值。减少的百分比值显示了无源并联组合可降低的关键指标的程度。表 2-10 显示了电池的有效电流和超级电容器的高有效电流显著减少，主要是因为较低的超级电容器组阻抗与阀控密封铅酸电池直接并联，从而分流了流经电池的动态电流。

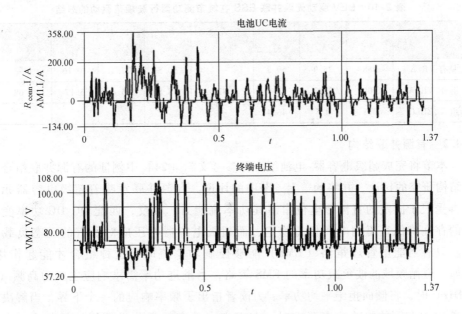

图 2-38　直接并联组合 ESS 在小型电池电动汽车中的应用：只有电池

（72V 额定直流侧，车重 900kg，UDDS 驱动周期）

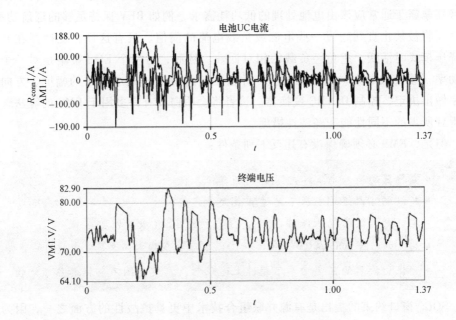

图 2-39　直接并联组合 ESS 在小型电池电动汽车中的应用：串联模式

（72V 额定直流侧，900kg 车重，城市测功机驱动周期驱动）

表 2-10 BEV 驱动无源并联 ESS 在城市测功器行驶规范驱动的总结

模式	I_{pp} /A_{pp}	I_{avg} /A_{dc}	I_{rms} /A_{rms}	减少量 (%)	U_{pp} /V_{pp}	U_{avg} /V_{dc}	U_{rms} /V_{rms}	减少量 (%)
只有 VRLA	488	25.9	59.8	—	50.5	77.3	10.16	—
组合, VRLA	200	22.2	34.9	42	18.8	75.4	3.17	68
组合, EDLC	371	0.5	46.4					

2.4.2 有源并联结构

本节将完成超级电容器-电池组合和参考文献［24］中例证的有源并联组合体系结构研究的讨论，并将涵盖上一节中的评论。有源并联意味着超级电容器元件不再受限于固定的直流侧电位钳制其功率流能力。相反，匹配 DC-DC 功率变换器的存在确保直流侧电压保持稳定，而超级电容器电压应对所有的动态负载功率。只有当能量管理策略（EMS）能够控制功率流时，这种组合才能起作用。例如，遵循频域滤波负载功率的 EMS 策略，当推进功率需求响应主要为高频（> 5MHz）时，将倾向拒绝平均功率。为读者指出了频率响应的一个下界，当解决轿车或 SUV 车辆的驱动功率要求时，在现实中动态频率分量幅值较低，功率水平较高。

另一个 EMS 策略，例如，限制有源 DC-DC 变换器的功率工作频段。为了限制变换器暴露于通常应该由电池处理的低功耗需求，例如 BEV 保持足够的巡航功率，变换器将被禁止直到越过一些电源或负载电流的阈值。只有这样，变换器在升压或降压模式时活跃，避免轻负载的相对低效。然而，另一个 EMS 策略是对一个负载功率（或负载电流）衍生的响应，并根据负载功率（或电流）的幅度、方向和速率做出决定，控制 DC-DC 变换器。读者将会明白，有许多用于 EMS 的算法，可以得到所需的不同性能和经济性措施。

但是，EMS 必须确保没有违反下列条件：

- 变换器的输入电流不超过最大额定输入值。
- 超级电容器终端电压不超过其最大额定值。
- 超级电容器的电压保持在 U_{mx}，$U_{mn} = U_{mx}/2$（或其他要求）。
- 超级电容器 SOC 在 25% < SOC_{uc} < 100% 的带宽范围内，这是重申前面的警告。
- 确保变换器的额定功率不超过上述限制，扩展范围不包括其热额定值。

SOC_{uc} 窗口约束的提出是有源并联组合技术中更具挑战性的方面之一，因为它意味着未来 ESS 功率需求的先验知识。对于一个标准的驱动周期来说这是可能的，因为功率需求的未来发展趋势是已知；但基于这方面的知识实施 EMS，基本上是一个循环跳动策略，在现实世界中的应用价值为零。在现实中，EMS 的开发策略必

须能够跟踪 SOC_{uc} 变化并使其约束在规定的界限内。这最后的办法将用在随后的车辆和 ESS 评价中。

图 2-40 概略地展示出，不论超级电容器电压额定值是否大于或小于直流母线（即电池）的电压 U_d，超级电容器的有源并联结构都具有变换器的配置。能量管理系统的策略将组合控制在一个较高的水平。当超级电容器电势低于直流侧电位时，变换器将控制策略变换成向上变换升压模式下的 S_1-D_2 对占空比命令；当超级电容器电势低于直流侧电位时，变换器将控制策略变换成降压模式下的 S_2-D_1 对占空比命令。反向开关二极管对降频变换的情况进行了定义。

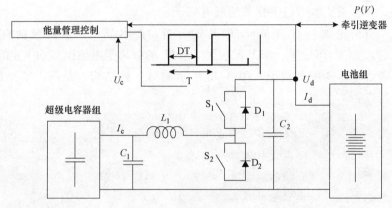

图 2-40　DC-DC 变换器和待评估的 ESS 结构

图 2-41 是图 2-40 的等效，表示有源并联配置的计算机建模版本。在此模型中，超级电容器建模的基础是电池串所使用的特征参数；但这些参数从单体到组级的标定是依据组级的额定值 $NS \times MP \times F$。例如，N 个单体串联和 M 个串级并联定义为一组。回想一下，当从单体到模块/组进行标定，$C_{equiv} = C_{cell}（M/N）$，$ESR_{equiv} = ESR_{cell}（N/M）$，因此，时间常数实际上是恒定的，$\tau = C_{equiv} \cdot ESR_{equiv} = C_{cell} \cdot ESR_{cell}$。

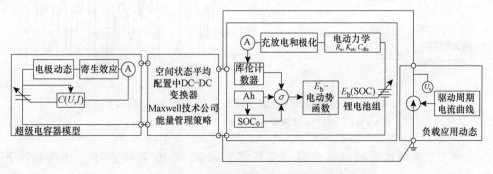

图 2-41　ESS 结构有源并联的仿真模型

双向非隔离 DC-DC 变换器在计算机模型中实现其状态空间平均。变换器本质上是一种变结构控制电路（VSC），依据交换状态运行在离散的配置。通过对其行为建模，而非独立开关和二极管动作，变换器仿真的平均运行速度非常快。控制变换器的 EMS 策略通常是制造商或应用设计师知识产权的核心部分。本书给出了变换器的模型，但没有给出管理 EMS 的细节。

图 2-41 中展示的电池模型是一种启发式的说明以下内容：依赖于 SOC 的电化学电势，电极反应动力学（电荷迁移和双层电容器效应），充放电极化效应和寄生参量。由于大多数驱动周期仿真的需要从电池获取显著的电荷迁移，其模型需配置一个简单的库仑计数器来跟踪 SOC。一阶近似方法为遇到的大多数仿真提供了足够的精度，并覆盖了本书以下章节的所有例子。

在上一节讨论的马自达 Miata BEV 的分析，在本节中扩展到包括有源并联 ESS。在后续所有的例子中，BEV 配置了 28kWh 的锂离子电池组和 58Wh 的超级电容器，不考虑单体的配置情况。图 2-42 所示的第一种结构，是向上变换的模式，具有以下特点：

- 固定直流链→超级电容器向上变换到电池。
- 可以最大限度地减少直流侧电压失真。
- 驾驶模式是指变换器处于升压模式。
- 电池电流，变换器被禁用，$I_b = 68.7A_{rms}$。
- 变换器可用，$I_b = 44.4A_{rms}$。
- 电池 I_{rms} 减少 35.3%。
- 电池发热减少 58%。

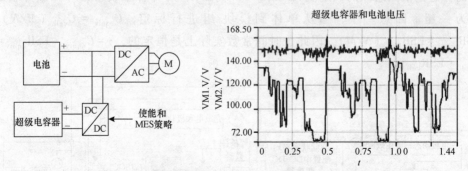

图 2-42 向上变换模式下有源并联 ESS（UDDS 时的 Miata BEV）
（VM1，超级电容器电压；VM2，电池/直流侧电压）

向下变换模式下超级电容器的变换器方案 2，如图 2-43 所示，并具有以下特点：

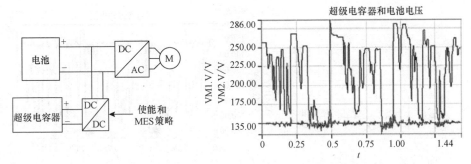

图 2-43 向下变换模式下有源并联 ESS（UDDS 时的 Miata BEV）
（VM1，超级电容器电压；VM2，电池/直流侧电压）

- 固定直流链→超级电容器向下变换到电池。
- 通过超级电容器功率流控制，可以最大限度地减少直流侧电压失真。
- 驾驶模式是指变换器处于降压模式。
- 电池电流，变换器被禁用，$I_b = 68.9 \text{A}_{rms}$。
- 电池电流，变换器可用，$I_b = 45.2 \text{A}_{rms}$。
- 电池 I_{rms} 减少 34.4%。
- 电池发热减少 57%。

向下变换模式下电池的变换器方案 3，如图 2-44 所示，并具有以下特点：

- 浮动直流链→电池的变换器。
- 主要由超级电容器支持变换器匹配电池到可变直流侧电压。
- 由于驱动周期随机电源的加载导致直流侧电压极度变形。
- 电池电流，变换器被禁用，超级电容器无法支持负载，电压控制亏损。
- 电池电流，变换器可用，$I_b = 44.8 \text{A}_{rms}$。
- 电池 I_{rms} 不变。
- 电池发热减少 58%。

当变换器在电池上时情况是有趣的：变换器输出功率与超级电容器相连的直流侧相互响应，如图 2-44 所示。也就是说，当超级电容器功率衰落且低于所需要功率响应（低 SOC_{uc}）时，变换器输入直流侧电流逐步提高，以支撑直流侧和防止超级电容器电压崩溃。这是很容易明白的，少量的超级电容器可用容量，即 58Wh，是不足以支持任何显著时间长度的车辆推进电力需求的。

总结一下有源并联配置的显著特征。首先对 BEV 进行建模和仿真，在上述情况中，根据期望的驱动曲线速度与时间 $V(t)$，UDDS 循环仿真其推进功率。在这个

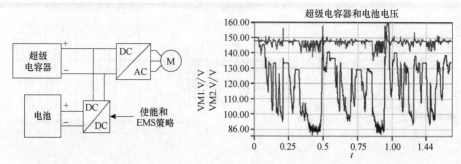

图 2-44 电池中变换器在向下变换模式下有源并联 ESS（UDDS 时的 Miata BEV）

（VM1，超级电容器电压；VM2，电池/直流侧电压）

仿真中，如式（2-42）给出的推进功率函数 $P(V)$ 被用于 ESS 仿真器中。

$$P(V) = M\dot{V}V + gM_V\left\{C_{rr} + \sin\left[\arctan\frac{\% gr}{100}\right]\right\}V + 0.5\rho_{air}C_dA_f(V - V_W)^3 \qquad (2-42)$$

图 2-41 中的仿真器根据 EMS 的应用，直流侧的电流与车辆功率需求 $P(V)$ 和直流侧电压 U_d 成正比。图 2-45 表示 BEV 及其电驱动系统组件。

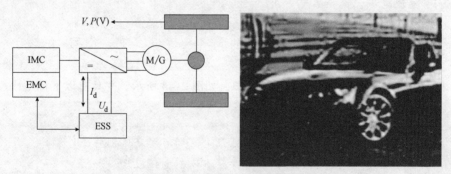

图 2-45 有源并联 ESS 情况下的车辆仿真及代表车辆

（V，速度（m/s）；IMC，逆变器电动机控制器；EMC，

电机控制器；ESS，能量存储系统，M/G，电动机-发电机组件）

需注意在图 2-46 中，两例具有固定直流侧电位（变换器在超级电容器上）运行的 EMS 策略相同。在这种情况下 SOC 的变化是非常相似的，并且表现出大致相同的限制。对于浮动直流侧的情况，EMS 的策略可以设计成更加积极以更充分利用超级电容器，但是，这将意味着更大的直流侧电压波动。

总结本节，我们用一个表说明有源并联架构，DC-DC 变换器输出端的功率，以及快速傅里叶变换（FFT），变换器的输出功率以显示固定的直流侧的情况下是如何接近，以及这些与浮动直流侧之间的差异。检查表 2-11 可以看到，固定直流侧情况下具有非常类似的变换器功率和 FFT 的频谱，但浮动直流侧的情况单独不同，原因如前面所列举。

表 2-11 有源并联 ESS 性能概要（重点为变换器）

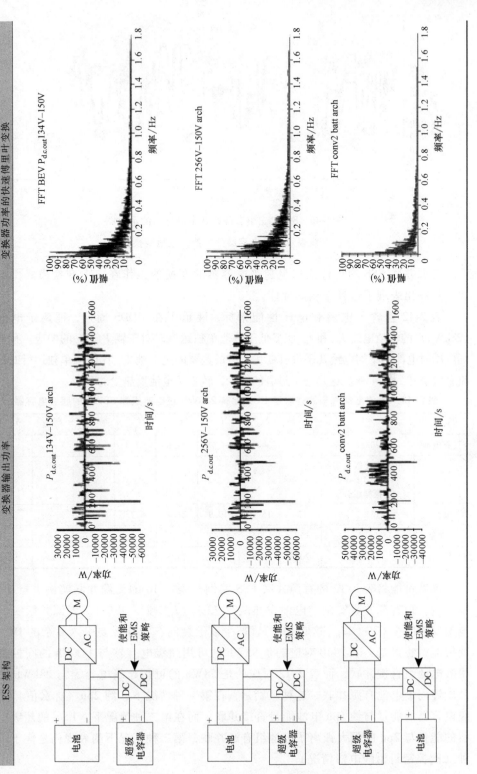

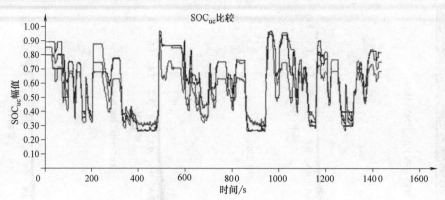

图 2-46　SOC_{uc} 三个有源并联案例评估的示意图

（曲线表示超级电容器变换器，电池变换器）

有源并联 ESS 的首选架构是超级电容器的变换器工作在向上变换模式。汇总表已经突出表现了这种架构的性能。

表 2-12 包含了电流和电压性能指标，展示了在 UDDS 周期，锂离子电池组（28kWh）的峰值电流 I_{mx} 和 I_{mn} 明显低于电池单独运行时对车辆 $P(V)$ 的响应。预期车辆应用时电池的平均电流几乎没有变化，但最重要的是电池 I_{rms} 比电池单独运行时的电流有效值减少了 48%。这是一个显著的减少，转移了电池发热量的 73%。

表 2-12　电池电动汽车的并联型 ESS 配有 28kWh 锂电池组和 58Wh 的超级电容器

元件	I_{mx}	I_{mn}	I_{pp}	I_{avg}	I_{rms}	U_{b_pp}	U_{b_rms}	U_{c_pp}	U_{c_rms}
只有电池	208.2	−136	344.3	11.77	41.8	17.4	3.5	—	—
有源	电池与超级电容器通过 DC-DC 变换器组合								
电池	133.7	−24	157.9	10.9	21.7	8.75	1.5	—	—
变换器	96.7	−129.4	226	0.47	25.7	—	—	—	—
超级电容器	156.8	−204.2	361	0.57	38.3	—	—	90.6	98.5

读者可能将表 2-12 的有源并联 ESS 实例与表 2-10 的无源并联实例进行比较，也许会发现有源并联实例中电池发热减少 73%（I_{rms} 减少 48%），无源并联实例中电池发热减少 67%（I_{rms} 减少 42%），产生以下疑问：为什么要引入复杂的 DC-DC 变换器？答案是：表 2-10 对应的是 93Wh 的可用超级电容器与 11kWh 的阀控密封铅酸电池组直接并联，而表 2-12 对应的是 58Wh 的可用超级电容器与 28kWh 的高品质锂离子电池有源并联。这种区别是，在第一种情况下，约 2pu（标幺值）的超级电容器的能量与约 1pu 电池能量直接并联；而在第二种情况下，1pu 的超级电容器的能量与 2pu 的强大锂离子电池组有源并联，第二种情况下的表现仍是优于第一种（阀控密封铅酸电池情况）。

练 习

2.1 利用式（2-4）和表1-1，列出起始精密电阻为$10^5\Omega$的E12元件值。

答案：100k，120k，等。

2.2 计算2000F、2.7V的碳-碳超级电容器的碳负荷，以1s、600A用于发动机的起动应用程序。

答案：300mA/F。

2.3 计算通过分离器流向碳电极面区的电流密度，其中3000F超级电容器的双面电极膜尺寸为110mm宽，2.5m长。终端电流为500A。令电流密度等于面区密度J_{fA}。

答案：$J_{fA} = 909A/m^2$。

2.4 计算练习2.3给出的内部碳薄膜的电流密度，其表面积$A = 115000m^2$，假设流入超级电容器单体终端的电流为500A。令电流密度等于碳面积密度J_{cA}。

答案：$J_{cA} = 4.35mA/m^2$。

2.5 存在于多孔隔板的3000F单体的电解液电导率$\sigma_{el} = 4.54mS/cm$。对于在练习2.2计算的面区电流密度，计算在电解质中的功率消耗，电极尺寸由练习2.3给定，隔板厚度为$40\mu m$。

提示：计算分离体积（注意单位），由下式积分：

$$P_i = \iiint \frac{J_f^2 A}{a_{el}} dV \qquad (2.5.1)$$

答案：$P_i = 40W$。

2.6 将练习2.5中得到的电解液功耗值与3000F单体总功耗相比较，其中应用电流为500A。

答案：$P_d = 72.5W$。

2.7　一个典型的乙腈溶剂基电解质的体积电导率为 $\sigma_{el} = 56mS/cm$，利用式（2.7.1），通过隔板的孔隙率对其进行修正，其中隔板的孔隙率 $\rho = 35\%$。使用此值可以得到结果，并重复计算练习 2.5 中得到的离子功耗值 P_i。

$$\sigma_{sep} = \sigma_{el}^{(1-\rho)} \qquad\qquad (2.7.1)$$

答案：当 $\sigma_{sep} = 13.68mS/cm$，$P_i = 13.29W$（因子降低 3 倍）。

2.8　考虑单体时间常数和放电脉冲驻留时间，导出在恒流条件下如式（2-28）所示的 EDLC 放电效率的表达式。

提示：从能量的角度来看，输出能量 E_0 等于存储的能量 E_{sto} 和消耗能量 E_d 之间的差。需要注意的是，在恒定电流条件下的内部功耗不随时间变化，因此，E_d 随时间线性变化。

2.9　3000F 单体使用表 2-3 中提供的热数据，计算最大连续电流 I_{rms}，最大允许值为 $\delta T = 15℃$。

答案：$I_{rms} = \sqrt{\dfrac{\delta T}{ESR_{dc}R_{th}}} = 127$。

2.10　计算 34S×1P×3000F 超级电容器组的额定能量，并将此与 34S×3P×650F 超级电容器组相比较。电池组的电压是相同的，假设单体的最大工作电压为 2.55V，找到当电池组输出功率为 15kW，SOC = 50% 时的碳负荷（CL）。应用本章所学内容对超级电容器从单体到模块进行标定。

答案：$W_{3000} = 92.7Wh$，$W_{650} = 80.4Wh$，$CL_{3000} = 115mA/F$，$CL_{650} = 133mA/F$。

参 考 文 献

1.　J.M. Miller, P.J. McCleer, M. Cohen, 'Ultracapacitors as energy buffers in a multiple zone electrical distribution system', *Global Powertrain Conference*, Crowne Plaza Hotel, Ann Arbor, MI, 23–25 September 2003

2.　J. Schindall, J. Kassakian, D. Perreault, D. New, 'Automotive applications of ultracapacitors: characteristics, modeling and utilization', *MIT-Industry Consortium on Advanced Automotive Electrical-Electronic Components and Systems, Spring Meeting*, Ritz-Carlton Hotel, Dearborn, MI, 5–6 March 2003

3.　M. Rosu, J.M. Miller, U. Deshpande, 'Parameter extraction for ultracapacitor high power modules', *Power Electronics Technology Conference*, Dallas, TX, 30 October–1 November 2007

4. A.B. Kahng, S. Muddu, *Optimal Equivalent Circuits for Interconnect Delay Calculations Using Moments*, Association for Computing Machinery, ACM 0-89791-687-5/94/0009, 1994

5. S. Buller, E. Karden, D. Kok, R.W. De Doncker, 'Modeling the dynamic behavior of supercapacitors using impedance spectroscopy', *IEEE Transactions on Industrial Applications*, November/December 2002

6. E. Surewaard, M. Tiller, 'A comparison of different methods for battery and supercapacitor modeling', *SAE Future Transportation Technology Conference*, Hilton Hotel, Cosa Mesa, CA, 23–25 June 2003

7. R. Kotz, M. Hahn, R. Gallay, 'Temperature behavior and impedance fundamentals of supercapacitors', *Journal of Power Sources*, vol. 154, pp. 550–5, 2006

8. T. Funaki, T. Hikihara, 'Characterization and modeling of the voltage dependency of capacitance and impedance frequency characteristics of packed EDLC's', *IEEE Transactions on Power Electronics*, vol. 32, no. 3, pp. 1518–25, 2008

9. J. Schiffer, D. Linzen, D.U. Sauer, 'Heat generation in double layer capacitors', *Journal of Power Sources*, vol. 160, pp. 765–72, 2006

10. IEC62391-1, *Fixed Electric Double Layer Capacitors for use in Electronic Equipment – Part I: Generic Specification*, IEC 40/1378/CD

11. IEC62391-2, *Fixed Electric Double Layer Capacitors for use in Electronic Equipment – Part II: Sectional Specification: Electric Double Layer Capacitors for Power Applications*, IEC 40/1379/CD

12. EUCAR, *Specification of Test Procedures for Supercapacitors in Electric Vehicle Application*, prepared by EUCAR Traction Battery Working Group, April 2003

13. J.M. Miller, 'Ultracapacitor efficiency: device in constant current and constant power applications', *Bodo's Power Magazine*, pp. 30–32, 2008

14. IEC62576, *Electric Double Layer Capacitors for Use in Hybrid Electric Vehicles – Test Methods for Electrical Characteristics*, ISO/IEC Directives, Part 3, 2010

15. J.M. Miller, M. Prummer, A. Schneuwly, 'Power electronic interface for an ultracapacitor as the power buffer in a hybrid electric energy storage system', Published in Power Systems Design, Automotive Electronics Series Editorial Article, July/August/September 2007

16. J.M. Miller, B. Maher, U. Deshpande, J. Auer, M. Rosu, 'Requirements for a d.c.–d.c. converter buffered ultracapacitor in active parallel combination with an advanced battery', *Power Electronics Technology Conference*, Dallas, TX, 30 October–1 November 2007

17. J.M. Miller, U. Deshpande, 'Ultracapacitor technology: state-of-technology and application to active parallel energy storage systems', *The 17th International Seminar on Supercapacitors and Hybrid Energy Storage Systems*, Deerfield Beach, FL, 10–12 December 2007

18. J.M. Miller, U. Deshpande, T.J. Dougherty, T.P. Bohn, 'Combination ultra-

81

capacitor-battery performance dependence on drive cycle dynamics', *The 18th International Seminar on Supercapacitors and Hybrid Energy Storage Systems*, Deerfield Beach, FL, 8–11 December 2008

19. J.M. Miller, U. Deshpande, T.J. Dougherty, T.P. Bohn, 'Power electronic enabled active hybrid energy storage system and its economic viability', *The 24th IEEE Applied Power Electronic Conference*, APEC'09, Marriott Wardman Park Hotel, Washington, DC, 15–19 February 2009

20. J.M. Miller, M. Everett, P. Mitchell, T.J. Dougherty, 'Ultracapacitor plus lithium-ion for PHEV: technical and economic analysis', *The 26th International Battery Seminar and Exhibition, Broward Convention Center*, Ft. Lauderdale, FL, 16–19 March 2009

21. B. Chen, Y. Gao, M. Ehsani, J.M. Miller, 'Ultracapacitor boosted hybrid fuel cell', *IEEE Vehicle Power and Propulsion Conference*, VPPC'09, Ritz Carlton Hotel, Dearborn, MI, 7–9 September 2009

22. J.M. Miller, 'Energy storage system technology challenges facing strong hybrid, plug-in and battery electric vehicles', *IEEE Vehicle Power and Propulsion Conference*, VPPC'09, Ritz Carlton Hotel, Dearborn, MI, 7–9 September 2009

23. J.M. Miller, 'Active combination of ultracapacitor-battery energy storage systems gaining traction', *The 19th International Seminar on Supercapacitors and Hybrid Energy Storage Systems*, Deerfield Beach, FL, 7–9 December 2009

24. J.M. Miller, 'Engineering the optimum architecture for storage capacitors', *Advanced Automotive Battery Conference*, AABC2010 Large EC Capacitor Technology and Application, ECCAP, Omni Orlando Resort, Orlando, FL, 18–21 May 2010

第3章 功率和能量

在过去的 30 年里，由于使用现有电解质的单体电势和活性炭纯度的双重限制，对称电化学电容器（EC）比能量的发展日新月异。从图 3-1 中可以看出，有机电解质的电位从 2.3V 升至 2.7V，说明单体能量与电压密切相关。如果不是可用材料的变化，超级电容器不会出现平均每年 20mV 的电势增量以及电势的革命性变化。若使用高品质的活性炭，预计单体电池电位可提高到 2.85V 或 3.0V 甚至高达3.1V。例如，松下公司对额定参数为 470F、2.3V、3.9mΩ 的超级电容器进行商业化，性能持续增加，单体电压在 1999 年提升至 2.5V，到 2006 年提升至 2.7V。另一方面，功率的革新越发引人瞩目，预计将随着材料、制造工艺和单体电势等方面的改进而进步。有人预测到 2015 年超级电容器比功率将达到 20kW/kg。

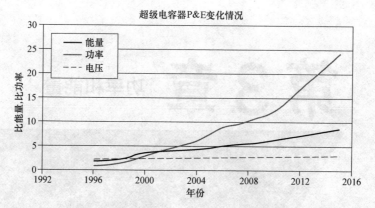

图 3-1　对称碳-碳超级电容器电压、能量和功率的改进

人们对电化学电容器在汽车动力系统中应用的兴趣日益浓厚，因为它具备高功率循环能力、高效率、大温度范围内性能稳定以及理想的能量吞吐能力。下面的讨论将更加深入。在图 3-2 中，电池和超级电容器的循环能力以每个周期放电深度函数的形式对比。例如，为了满足 10 年的寿命标准，电池电动汽车的储能设备必须 1500 次深度放电至 90%。对于一个插电式混合动力电动汽车（PHEV），在 SOC 为 70% 的情况下循环次数需增至 4000 次，对于强混合动力电动汽车主要靠 10% 或更低的循环深度，循环次数增至数十万次。相比之下，一个微混合动力电动汽车相反需要一个能够大于 600000 次的浅循环动力电池，SOC 在 2% 左右。如图 3-2 所示，同一规格的超级电容器在 75% 的放电深度下可以使用 100 万次。

储能元件必须在低温下提供充足的电力，这是电动车的基本要求，然而受低温下电解液性能的影响，这项要求很难满足。电子电阻在低温下可以正常工作，因为金属具有正温度系数，即随着温度的降低，总电阻也逐步降低。这个理论已经通过泰勒展开式 ESR（T）的前两项证明，并指出该线性项的系数是电阻对温度的敏感度 γ。对于离子电阻，相应的函数逼近形式是 Arrhenius 型，这里指数系数

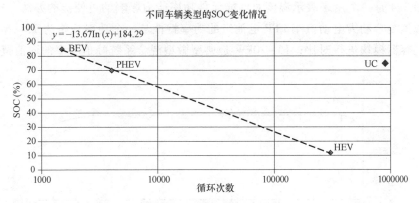

图 3-2　不同储能电动汽车类型的 SOC 窗口

k_T 表明与温度变化相反的乘数效应，其灵敏度是一个负温度系数。这些效果通过观测电解液的电阻随着温度的降低而增加这一现象得到很好的验证。例如，在超级电容器单体和锂离子电池中（这里以功率型的磷酸铁锂（LFP）为例），整个 ESR 中的电子电阻和离子电阻的相对比例分别约为 40% 和 60%。

图 3-3 说明了超级电容器和磷酸铁锂（LFP）电池的电解质电阻与温度的关系。两者的 ESR（T）都归一化至室温 20℃，纵坐标单位为 pu，随着温度降低而改变。注：当温度下降到 0℃ 以下时，LFP 的电阻比超级电容器的电阻增加要明显，尤其在超级电容器使用乙腈（AN）作为电解质时。

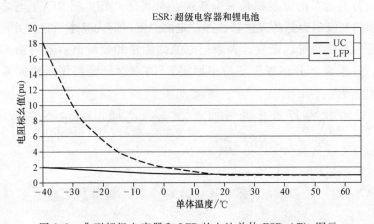

图 3-3　典型超级电容器和 LFP 的电池单体 ESR（T）图示

言下之意，储能元件低温下的功率输出能力依赖于它的 ESR（T）。例如，在 −20℃ 时如果 LFP（磷酸铁锂）的 ESR（T）增加 5 倍，那么它的功率能力将从 1C 降至 C/5，减少明显。另一方面，在同样温度下超级电容器的 ESR（T）只增加 1.5pu，因此超级电容器在低温下的性能只是适度降低。

图 3-4 是一个用来表示温度对储能元件功率能力影响的更便捷的办法。在此图中，微型混合动力电动汽车 LFP 电池组的功率特性与一个功率规格为 15~20kW 的超级电容器模块进行对比，15~20kW 是典型微型混合系统峰值功率的取值范围。

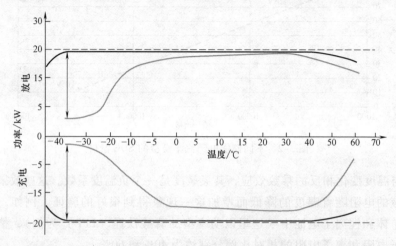

图 3-4 LFP 和 UC 的功率-温度特性（LFP 内置跟踪，UC 外置跟踪）

从图 3-4 中可以看出当 LFP 电池组的温度下降到 0~-5℃ 时，它的充放电功率能力急剧下降；当温度下降到 -20℃ 时，LFP 组的功率能力则不足剩余部分的 20%。无论从工程性能还是经济效益的角度来看，这对于高度依赖电池功率的任何类型混合动力电动车的发展都是一个瓶颈，尤其是 PHEV 和 BEV。与之相对，如图 3-4 所示的超级电容器的充放特性在一定的温度区间内基本恒定，并且充电和放电的特性是对称的。可以断言，如果把电池的能量和超级电容器的功率两种技术结合起来，效果会十分理想。"折中原则"⊖的理念已经应用于协同系统。这个"折中原则"的含义如下：

- 解耦功率和能量。
- 电力电子来控制管理能量流。
- 电池循环电流转移到超级电容器以提高系统寿命。
- 电池的散热转移到具有更强存储能力和更高效控制能力的超级电容器中。

3.4 节将论述两者结合的技术。现在，我们重点讨论超级电容器的效率以及比能量和能量密度。

⊖ 此词组由 Dan Coffey, San Diego Daily Transcript 于 2010 年 7 月 9 日创建，用以描述对功率和能源进行最佳整合的能量存储系统。

3.1　比能量和能量密度

超级电容器的数据表通常会指定比能量，一些数据表还会指定能量密度，然而所有数据表都会列出单体的质量和尺寸，利用这些数据就可以计算出能量密度。作为电压存储设备，超级电容器具有特定的比能量（J/kg，Wh/kg）和能量密度（J/L，Wh/L）。如式（3-1）和式（3-2）所示，用单体质量（M）和尺寸（$\times L$）计算容量。

$$SE = \frac{CU_{mx}^2}{2M}(J/kg) \; ; = \frac{CU_{mx}^2}{7200M}(Wh/kg) \tag{3-1}$$

$$ED = \frac{CU_{mx}^2}{2Vol}(J/L) \; ; = \frac{CU_{mx}^2}{7200Vol}(Wh/L) \tag{3-2}$$

把圆柱形单体的直径和长度代入式（3-2）可以很方便地计算出单体 ED 值，如式（3-3）所示，直径 ϕ 和长度 L 给定。

$$ED = \frac{2CU_{mx}^2}{\pi\phi^2 L}(J/L) \; ; = \frac{CU_{mx}^2}{1800\pi\phi^2 L}(Wh/L) \tag{3-3}$$

> **例 3-1**：计算 Maxwell K2 型超级电容器的 SE 和 ED。超级电容器参数如下：3000 F，2.7 V，$\phi60.4\times L138$mm 圆柱形，$M = 0.51$kg。给出使用 J 和 Wh 的结果。
>
> **解**：
>
> $$SE = \frac{CU_{mx}^2}{2M} = \frac{3000\times2.7^2}{2\times0.51} = 21441J/kg \; ; = \frac{CU_{mx}^2}{7200M} = \frac{3000\times2.7^2}{7200\times0.51}$$
>
> $$= 5.96Wh/kg \tag{3-4}$$
>
> 计算能量密度时，利用给定的单体直径和长度并结合式（3-3）：
>
> $$ED = \frac{2CU_{mx}^2}{\pi\phi^2 L} = \frac{2\times3000\times2.7^2}{\pi\times0.604^2\times1.38} = 27655J/L \; ; = \frac{CU_{mx}^2}{1800\pi\phi^2 L}$$
>
> $$= \frac{3000\times2.7^2}{1800\pi\times0.604^2\times1.38} = 7.68Wh/L \tag{3-5}$$

前面对比能量和能量密度的讨论印证了对称超级电容器单体的可行性。接下来需要讨论的是这种能量被提取和替换时的效率。这里采用恒流条件下的能量效率。恒流充电时，每个电极上的 DLC 层以恒定的速率累积电荷。因为电流恒定，所以表现为内部散热的单体损耗速率也是恒定的。只有 ESR_{dc} 内部没有被散热显著影响的范围内，这个现象才存在。图 3-5 给出了终端先以恒流 I_0 充电而后恒流 I_0 放电的单体电容（DLC）和电阻（ESR$_{dc}$）。

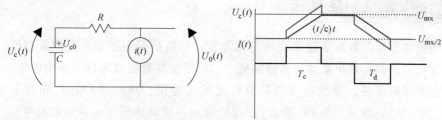

图 3-5　恒流充电条件下的超级电容器（DLC 电容 C 有初始条件：$t=0^+$ 时 $U_{c0}=0$，

$U_c(t)$ 是 DLC 内部电势关于时间的函数，$R=\text{ESR}_{dc}$，$U_0(t)$ 是终端电压）

图 3-5 显示了一个准方波图形，充电时时间参数为 T_c，放电时时间参数为 T_d。如果充放电的容量相等，那么 $T_c=T_d=T$。恒流充电时，DLC 的内部电势基本和时间呈线性关系，终端电压在接通电流和切断电流时表现为阻态阶梯。此现象出现于监视恒流充电的单体电势时。图 3-5 中的两条电压轨迹与式（3-6）中的内部电压 U_c 和式（3-7）中的终端电压 $U_0(t)$ 相符（见图 3-6）。

$$q = CU_c = I_0 t \tag{3-6}$$

$$U_0(t) = U_{c0} + I_0 R + \frac{I_0}{C} t \tag{3-7}$$

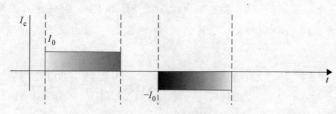

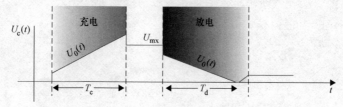

图 3-6　根据式（3-6）和式（3-7）的充放电特性图示

在此阶段，式（3-7）中的 $U_0(t)$ 乘以终端电流 I_0 便可以得到充电时的输入功率 $P_i(t)$。而后在输入功率已知的条件下，结合 $[0, T_c]$ 区间内的 $P_i(t)$（见图 3-7）以及能量效率的定义，即存储能量除以输入能量，可以得到向单体传递的能量。式（3-8）～式（3-11）展示了其数学关系，这里的能量用 W（见图3-8）表示。

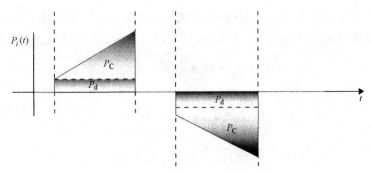

图 3-7　根据式（3-9）的充放电功率图示

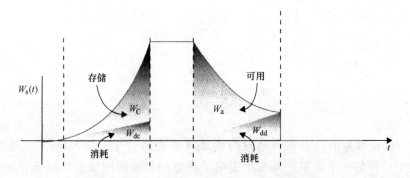

图 3-8　根据式（3-17）的充放电能量图示

$$P_{i}(t) = U_{0}(t)I_{0} = U_{c0}I_{0} + I_{0}^{2}R + \frac{I_{0}^{2}}{C}t \qquad (3\text{-}8)$$

$$W_{i}(t) = \int_{0}^{T_{c}} P_{i}(\xi)\,\mathrm{d}\xi = \int_{0}^{T_{c}}\left(U_{c0}I_{0} + I_{0}^{2}R + \frac{I_{0}^{2}}{C}\xi\right)\mathrm{d}\xi \qquad (3\text{-}9)$$

$$W_{i}(t) = U_{c0}I_{0}T_{c} + I_{0}^{2}RT_{c} + \frac{I_{0}^{2}}{2C}T_{c}^{2} \qquad (3\text{-}10)$$

$$\eta_{c} = \frac{W_{sto}}{W_{i}} = \frac{U_{c0}I_{0}T_{c} + \dfrac{I_{0}^{2}}{2C}T_{c}^{2}}{U_{c0}I_{0}T_{c} + I_{0}^{2}RT_{c} + \dfrac{I_{0}^{2}}{2C}T_{c}^{2}} \qquad (3\text{-}11)$$

充电时 $U_{c0} = 0$，因此式（3-11）可以化简为式（3-12），说明超级电容器在恒流充电时的能量效率是由单体 RC 时间常数以及总时间 T 决定的。

$$\eta_{c} = \frac{\dfrac{I_{0}^{2}}{2C}T_{c}^{2}}{I_{0}^{2}RT_{c} + \dfrac{I_{0}^{2}}{2C}T_{c}^{2}}\Bigg|_{U_{c0}=0} = \frac{1}{1 + 2\dfrac{RC}{T_{c}}} = \frac{1}{1 + 2\dfrac{T}{T_{c}}} \qquad (3\text{-}12)$$

放电时的情况与上述唯一不同的是耗散项的符号以及能量效率的形式。恒流放电时能量效率的推导由式（3-13）~式（3-17）给出。利用 $I_0 T_d = CU_{c0}$ 进行化简。

$$P_0 = U_0(t)I_0 = U_{c0}I_0 - \frac{1}{C}\int_0^t I_0^2\,\mathrm{d}\xi - I_0^2 R \tag{3-13}$$

$$P_0 = U_{c0}I_0 - \frac{I_0^2}{C}t - I_0^2 R \tag{3-14}$$

$$W_0(t) = \int_0^{T_d} P_0(\xi)\,\mathrm{d}\xi = \int_0^{T_d}\left(U_{c0}I_0 - I_0^2 R - \frac{I_0^2}{C}\xi\right)\mathrm{d}\xi \tag{3-15}$$

$$W_0 = CU_{mx}^2 - \frac{CU_{mx}^2}{2C} - RI_0^2 T_d\bigg|_{U_{c0}=U_{mx}} = CU_{mx}^2 - RI_0^2 T_d \tag{3-16}$$

$$\eta_d = \frac{\dfrac{CU_{mx}^2}{2} RI_0^2 T_d}{\dfrac{CU_{mx}^2}{2}} = 1 - \frac{2\tau}{T_d} \tag{3-17}$$

往返能量效率由充电和放电时的能量效率得到［见式（3-18）］。式（3-12）和式（3-17）的一个重要意义在于表明了指定的脉冲时间即是恒流条件下超级电容器满充（时间常数为 T_c）和满放（时间常数为 T_d）的时间。只有在这个条件下，单体时间常数与脉冲时间之比才可以计算能量效率（见式（3-19））。

$$\eta_{rt} = \eta_c \eta_d = \left(\frac{1}{1+2\dfrac{\tau}{T_c}}\right)\left(1 - \frac{2\tau}{T_d}\right) \tag{3-18}$$

$$\eta_{rt} = \frac{1-2\dfrac{\tau}{T_d}}{1+2\dfrac{\tau}{T_c}}\bigg|_{T=T_c=T_d} = \frac{1-2\dfrac{\tau}{T}}{1+2\dfrac{\tau}{T}} \tag{3-19}$$

式（3-19）所示的化简结果并不具有普适性，因为单体电容 C_{up} 不等于 C_{bn}，由第 2 章可知 T_d 不等于 T_c。总而言之，恒流（Constant Current，CC）条件下超级电容器效率可以表示为它的 RC 时间常数与脉冲时间 T 之比。获得高效率需要具备长的循环时间 T，约为 40τ，因此电流相对较低。相反，小时间常数（低 ESR_{dc}）会产生更高效率（$\tau \to 0$，$\eta \to 1$）。

3.2 比功率和功率密度

超级电容器在每个应用场景下的功率特性都很重要，因为超级电容器应用于存在脉冲功率的场合。近来，可循环储能已被用来表征超级电容器功率循环时的高效率。最常用的功率度量是匹配负载功率 P_{ML}，相应的比功率定义如式（3-20）和式（3-21）所示：

$$P_{ML} = \frac{U_{mx}^2}{4ESR_{dc}} \tag{3-20}$$

$$SP_{ML} = \frac{U_{mx}^2}{4ESR_{dc}M} \tag{3-21}$$

作为一种表征超级电容器特性的度量，匹配负载功率并未得到广泛应用，因为它只有在电势改变前的充放电瞬间才有意义。只要上述两个公式中电势变化，匹配负载功率的值就会改变。因此，度量功率更好的一种方法是采用第 2 章中 IEC 的概念，或者使用与效率有关的功率等级。作为比较，由美国汽车工程师学会（SAE）[1,2] 指定的峰值功率等级在式（3-22）中给出。

$$P_{pk} = \left(\frac{2}{9}\right)\frac{U_{oc}^2}{R_i} \tag{3-22}$$

上式中的 2/9 比式（3-20）中的 1/4 稍小，所以因此超过 10s 电池的峰值功率定义与匹配负载功率等级很相似，即便假设终端电压跌至开路电压 U_{oc} 的 2/3。SAE 的混合电池研究小组指出，此峰值功率测试的目的是确定该电池维持当前 30s 的峰值功率电平超过预定使用的放电容量范围的能力。

脉冲持续时间 30s，适用于可再生能量存储系统（RESS），由于混合动力电动汽车、插电式电动汽车、电动汽车的电池必须在暂态工况具有足够的扩展峰值功率以维持加速上坡档位以及满足超车需要。SAE 提出的针对 RESS 组件和模块的标准测试制度与美国先进电池联盟（USABC）提出的规格是一致的。图 3-9 给出了电池采用恒定电流来表征电池的峰值功率性能的标准操作。在大多数应用情况下，高突发功率的要求是恒定功率运行。例如，混合动力电动汽车的增强模式是为满足恒定功率发动机功率增大、变道、通行和档位操作的要求。

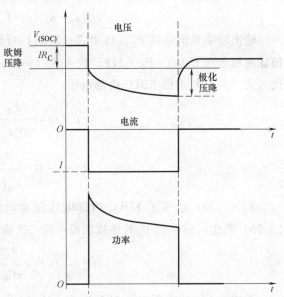

图 3-9　30s 功率脉冲下的 SAE J1798 电池模块峰值功率波形（SAE J2758 重新定义脉冲持续时间为 10s）

由于电池系统的电压是相对恒定的，尤其是动力电池，因此使用恒定电流是可以的。然而，对于恒定功率负载下的超级电容器储能系统，电压和电流都不是恒定的，事实上两者是高度非线性的，我们接下来将对其讨论。

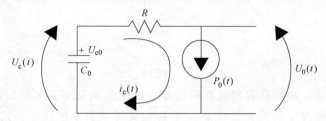

图 3-10　恒定功率负载下的超级电容器

在图 3-10 中的超级电容器是带有线性电容 C_0 和内部电阻 R 的最简模型。理想的双层电容 C_0 在 $t = 0^+$ 有初始电压 U_{c0}，恒定功率放电脉冲，$P_0(t) = P_0$。首先分析 EDLC 内部电压 $U_c(t)$ 和终端电压 $U_0(t)$ 的响应机理。在这个推导中，EDLC 放电时的电流值依赖于 EDLC 内部电压 $U_c(t)$ 的变化程度，并与图 3-10 中的电流具有一致性，如式（3-23）所示。我们的下一步是在图 3-9 中应用基尔霍夫电压定律（KVL），从而推出式（3-24）。

$$i_c(t) = -C_0 \frac{\mathrm{d}U_c(t)}{\mathrm{d}t} = \frac{P_0}{U_0(t)} \tag{3-23}$$

$$U_c(t) = Ri_c(t) + U_0(t) \tag{3-24}$$

输出功率是恒定值 P_0，利用式（3-23）所给的超级电容器电流 $i_c(t)$ 的定义描述终端电压 $U_0(t) = P_0/i_c(t)$，代入式（3-24）。然后把式（3-23）和式（3-25）代入式（3-24）求得 EDLC 内部电压。

$$U_0(t) = -\frac{P_0}{C_0 \dot{U}_c} \tag{3-25}$$

$$U_c = -\tau \dot{U}_c - \frac{P_0}{C_0 \dot{U}_c} \tag{3-26}$$

式（3-26）给出了 EDLC 内部电压随着恒定负载功率 P_0 变化的表达式。式（3-26）两边同时乘以 U_c 的导数求得一阶二次微分方程（3-27）。

$$\dot{U}_c^2 + \frac{1}{\tau}U_c\dot{U}_c + \frac{P_0}{\tau C_0} = 0 \tag{3-27}$$

考虑到 EDLC 内部电压 $U_c(t) > 2\sqrt{RP_0}$ 以及在 $P_0 > 0$ 的放电状态下维持功率恒定时的截止电压，式（3-27）可以化为带有 λ_1、λ_2 的式（3-28）。式（3-28）的根如式（3-29）所示，式（3-30）给出了完整的表达式。

$$\dot{U}_c^2 + \frac{1}{\tau} U_c \dot{U}_c + \frac{P_0}{\tau C_0} = (\dot{U}_c + \lambda_1)(\dot{U}_c + \lambda_2) \tag{3-28}$$

$$\lambda_{1,2} = -\frac{U_c}{2\tau} \pm \frac{1}{2} \sqrt{\left[\left(\frac{U_c}{\tau} \right)^2 - \frac{4P_0}{\tau C_0} \right]} \tag{3-29}$$

$$(\dot{U}_c - \lambda_1)(\dot{U}_c - \lambda_2) = \left(\dot{U}_c + \frac{U_c}{2\tau} - \sqrt{\left[\left(\frac{U_c}{2\tau} \right)^2 - \frac{P_0}{\tau C_0} \right]} \right) \left(\dot{U}_c + \frac{U_c}{2\tau} + \sqrt{\left[\left(\frac{U_c}{2\tau} \right)^2 - \frac{P_0}{\tau C_0} \right]} \right) \tag{3-30}$$

令 $a = 2\sqrt{RP_0}$，$u = U_c$，那么式（3-30）中的第一个根可以化简如下：

$$\dot{U}_c + \frac{U_c}{2\tau} - \sqrt{\left[\left(\frac{U_c}{2\tau} \right)^2 - \frac{P_0}{\tau C_0} \right]} = \frac{du}{dt} + \frac{u}{2\tau} - \sqrt{\left[\left(\frac{u}{2\tau} \right)^2 - \frac{P_0}{\tau C_0} \right]} \tag{3-31}$$

$$\frac{du}{dt} + \frac{u}{2\tau} - \sqrt{\left[\left(\frac{u}{2\tau} \right)^2 - \frac{P_0}{\tau C_0} \right]} = \frac{du}{dt} + \frac{u}{2\tau} - \frac{1}{2\tau}\sqrt{u^2 - a^2} \tag{3-32}$$

然后简化式（3-32）为如下的微分方程：

$$\frac{du}{dt} = \frac{-u + \sqrt{u^2 - a^2}}{2\tau}; dt = \frac{-2\tau du}{-u + \sqrt{u^2 - a^2}} \tag{3-33}$$

时域微分方程式（3-33）可以重写为式（3-34），两个表示 du 的式子可以整合为式（3-35）。

$$\frac{dt}{2\tau} = \frac{-u}{a^2} du - \frac{\sqrt{u^2 - a^2}}{a^2} du \tag{3-34}$$

$$\int \frac{dt}{2\tau} = \int \frac{-u}{a^2} du - \int \frac{\sqrt{u^2 - a^2}}{a^2} du \tag{3-35}$$

在继续处理式（3-35）中的积分前必须说明"u"的初始条件。考虑到定义 $u = U_c(t)$ 以及 U_c 在 $t = 0^+$ 的初值 U_{c0}，令 $u_0 = U_{c0} = U_{mx}$。应用了这些概念和定义，式（3-35）就可以直接化为 RHS 的第一项，不能化为第二项是因为它涉及变量减去常数的开方问题。

$$\int_{0^+}^{t} \frac{d\xi}{2\tau} = \frac{\xi}{2\tau} \Big|_{0^+}^{t} = \frac{1}{2\tau} t = -\int_{u_0}^{u} \frac{\xi}{a^2} d\xi - \int_{u_0}^{u} \frac{\sqrt{\xi^2 - a^2}}{a^2} d\xi \tag{3-36}$$

$$\frac{1}{2\tau} t = \frac{u_0^2 - u^2}{2a^2} - \frac{1}{a^2} \int_{u_0}^{u} \sqrt{\xi^2 - a^2} d\xi \tag{3-37}$$

进一步对变量变化，可以估算 RHS 定积分。令 $u = a\cosh\eta$，$du = a\sin\eta d\eta$ 所以，这个积分可以变换为式（3-38）。

$$\frac{1}{a^2} \int_{u_0}^{u} \sqrt{\xi^2 - a^2} d\xi = \frac{1}{2a^2} \left(\xi\sqrt{\xi^2 - a^2} + a^2 \ln\{ \xi + \sqrt{\xi^2 - a^2} \} \Big|_{u_0}^{u} \right) \tag{3-38}$$

$$\frac{1}{a^2}\int_{u_0}^{u}\sqrt{\xi^2-a^2}\,\mathrm{d}\xi = \frac{1}{2a^2}\left[u\sqrt{u^2-a^2}+a^2\ln\{u+\sqrt{u^2-a^2}\}\right.$$

$$\left.-u_0\sqrt{u_0^2-a^2}-a^2\ln\{u_0+\sqrt{u_0^2-a^2}\}\right] \tag{3-39}$$

把式（3-39）代入式（3-37）的 RHS，并化简，得到超级电容器恒定功率放电的全解。

$$\frac{1}{2\tau}t = \frac{u_0^2-u^2}{2a^2}+\frac{1}{2a^2}\left(u_0\sqrt{u_0^2-a^2}-u\sqrt{u^2-a^2}\right)+\frac{1}{2}\ln\left\{\frac{u_0+\sqrt{u_0^2-a^2}}{u+\sqrt{u^2-a^2}}\right\} \tag{3-40}$$

式（3-40）两边同时乘以 2τ，回代 $u_0=U_{mx}$，$u=U_c$ 以及 $a^2=4RP_0$，得出：

$$t = \frac{C_0}{4P_0}\left[U_{mx}^2-U_c^2\right]+\frac{C_0}{4P_0}\left[U_{mx}\sqrt{U_{mx}^2-4RP_0}-U_c\sqrt{U_c^2-4RP_0}\right]+$$

$$RC_0\ln\left\{\frac{U_{mx}+\sqrt{U_{mx}^2-4RP_0}}{U_c+\sqrt{U_c^2-4RP_0}}\right\} \tag{3-41}$$

> **例 3-2：** 现有一个 Maxwell 技术公司 3000F 电容单体，$\mathrm{ESR_{dc}}=R=0.29\mathrm{m\Omega}$，$C_0=3150\mathrm{F}$，$U_{mx}=2.7\mathrm{V}$。该超级电容器在恒定功率 $P_0=600\mathrm{W}$ 下放电，直到内部电压 $U_c=2.0\mathrm{V}$。注：$U_{c0}=U_{mx}=2.7\mathrm{V}$。
>
> **解：** 这个超级电容器的时间常数 $\tau=RC_0=0.913\mathrm{s}$，截止电压需要满足 $U_c>2\sqrt{RP_0}=0.834\mathrm{V}$，$U_c>U_{mx}/2$。把上述结果代入式（3-41），结果是当 $U_c=2.0\mathrm{V}$ 时 $t=8.94\mathrm{s}$。
>
> 仿真结果 $t_{sim}=8.523\mathrm{s}$ 与计算值非常吻合。如果功率电平减少了一半，结果仿真时间会变成 $t_{sim}=17.168\mathrm{s}$。在相同的半功率放电的情况下，分析得出的 $t=17.56\mathrm{s}$ 与数值解一致性良好（见图 3-11）。

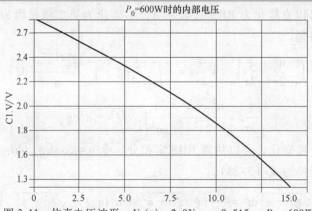

图 3-11　仿真电压波形，$U_c(t)=2.0\mathrm{V}$，$t=8.515\mathrm{s}$，$P_0=600\mathrm{W}$

恒功率负载下超级电容器端电压可由式（3-42）确定。

$$U_0(t) = U_c(t) - Ri_c(t) \tag{3-42}$$

根据例 3-2 所得结果可知，$U_c(t)$ 与 $i_c(t)$ 都是与功率和时间密切相关的函数。此外，由在此练习中的超越方程，不能得到 $U_c(t)$ 和 $i_c(t)$ 的明确表达式。因此单体的电势和时间也不明确，只能从指定的电压区间分析得出。例 3-3 检查恒定功率放电的超级电容器的波形。

例 3-3：已知例 3-2 的超级电容器，使用数值仿真得到 EDLC 的内部电压 $U_c(t)$；电流 $i_c(t)$；终端电压 $U_0(t)$。设 EDLC 电压 $U_c(t) = 1.35\text{V}$。

解：使用 Ansys/Ansoft Simplorer V7 处理作为时间的函数的指定变量，负载功率 $P_0(t) = 600\text{W}$（见图 3-12）。

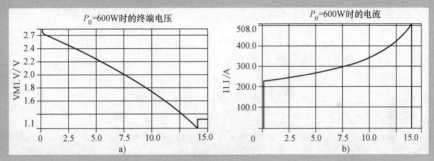

图 3-12　$P_0(t) = 600\text{W}$ 时的终端电压 $U_0(t)$ 和 $i_c(t)$

恒定功率放电开始时，超级电容器的放电电流应该是 227.8A，在 15s 时非线性地提高到 508A 来维持终端的功率恒定。图 3-13 中初始压降是 66mV，功率脉冲终止时增至 144mV（见练习 3.14）。这种差异清楚地显示在图 3-13 中的放电电流增大和式（3-42）所示的终端电压下降。

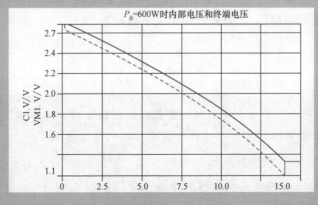

图 3-13　终端电压（下部曲线，虚线）与 EDLC 的电压（上部曲线，实线）的比较

可以看出恒定功率下 EDLC 的电流 $i_c(t)$、终端电压 $U_0(t)$，可以直接从式（3-23）~ 式（3-41）计算求得。把 EDLC 的内部电压变化率替换为式（3-33），那么式（3-23）中电路电流的表达将会更加清晰，是超级电容器电流 $i_c(t)$ 的一种非常简洁的表达形式。

$$i_c(t) = -C_0 \dot{U}_c(t) = \frac{C_0}{2\tau} U_c(t) - \frac{C_0}{2\tau} \sqrt{U_c^2 - 4RP_0} \tag{3-43}$$

$$i_c(t) = \frac{1}{2R} U_c(t) - \sqrt{\left(\frac{U_c}{2R}\right)^2 - \frac{P_0}{R}} \tag{3-44}$$

把式（3-44）代入式（3-42）可以得出恒定功率下的终端电压 $U_0(t)$。

$$U_0(t) = U_c(t) - Ri_c(t) = \frac{1}{2} U_c(t) + \sqrt{\left(\frac{U_c}{2}\right)^2 - RP_0} \tag{3-45}$$

$$\Delta U_0(t) = -\frac{1}{2} U_c(t) + \sqrt{\left(\frac{U_c}{2}\right)^2 - RP_0} \tag{3-46}$$

EDLC 的内部电压和终端电压是式（3-46）给出的 U_0，负号代表电压降。

超级电容器在恒定功率下的效率是所有应用领域中最值得讨论的问题。例如，一个船厂起重机或用来移动船舶集装箱以及从码头拖运卡车的橡胶轮胎门式（RTG）起重机都在不断经历储能系统恒定功率负载（即以恒定的速度和恒力起重一定的质量）。Burke 在参考文献［3-5］中讨论了用一个指定效率下的功率，作为与储能系统比较的更好度量。他得出了一个恒定功率下效率的近似表达式，其假设是在恒定功率效率 P_η 下从 U_{mx} 到 $U_{mx}/2$ 一次完全放电。取电压近似一半，指定的电压摆幅，或者 $U = 3/4 U_{mx}$，得到效率定义下的功率。

$$P_\eta = \frac{9}{16}(1-\eta)\frac{U_{mx}^2}{R} \tag{3-47}$$

例 3-4： 对于例 3-3 中的超级电容器，结合放电功率与时间对仿真进行修改以获得输出能量以及基于此的放电效率。超级电容器从 $U_{mx} = 2.7\text{V}$ 到 $U_{mx} = 1.35\text{V}$。求解 EDLC 的内部电压 $U_c(t)$。

解： 图 3-14 展示了此例中的电压效率。$U_0 = 1.35\text{V}$，图 3-14 中曲线穿过 $\eta = 0.95$ 时，EDLC 电压 $U_c(t = 13.44\text{s}) = 1.47\text{V}$（注意纵坐标单位尺度是毫）。

应用式（3-47）这个例子表明，当 $\eta = 95\%$，$R = 0.29\text{m}\Omega$ 时，$P_\eta = P_{95} = 707\text{W}$。对于一个更实际的电阻 $R = \text{ESR}_{dc} + R_{conn} = 0.34\text{m}\Omega$，$P_\eta = 603\text{W}$，与本章的案例研究是一致的。注意式（3-41）在这个例子中的应用结果，当 $\eta = 95\%$，$U_0 = 1.35\text{V}$ 时，$t = 14\text{s}$。

要完成这个例子，还需计算存储能量、能量消耗和能量输出，脉冲持续时间 $T = t_f - t_i = 13.02 - 0.21 = 12.81\text{s}$（由仿真得到，用于完善图3-14）。

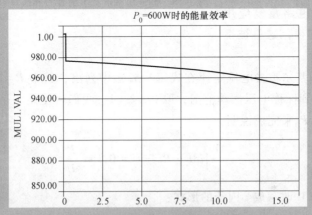

图 3-14 恒定 600W 放电功率下超级电容器的能量效率

$$W_{sto} = \frac{C_0}{2}(U_{mx}^2 - U_{cf}^2) = \frac{3150}{2} \times (2.7^2 - 1.47^2) = 8078\text{J} \tag{3-48}$$

$$W_0 = P_0 T = 600 \times 12.81 = 7686\text{J} \tag{3-49}$$

$$W_{disp} = W_{sto} - W_0 = 392\text{J} \tag{3-50}$$

利用式（3-48）和式（3-49）可以得出能量效率为

$$\eta = \frac{W_0}{W_{sto}} = \frac{7686}{8078} = 0.9515 \tag{3-51}$$

在 $t = 13.02\text{s}$ 时，图 3-14 中显示的效率是 $\eta = 0.9568$，由于四舍五入误差和图形跟踪的偏差，与式（3-51）中的值比对结果是合理的。计算恒定功率运行消耗的能量比较困难，因为电路中的电流是高度非线性的。消耗的能量可以简单近似为 T 秒内的电流平均值，依此做法可得：$\text{ⓒ } i_c^{\text{TM}} = (444.8 + 227.8)/2 = 336.3$，基于 $P_{disp} = 32.8\text{W}$ 以及 $P_{disp} \times T = 420\text{J}$，这与式（3-50）中的结果很接近。

加利福尼亚大学戴维斯分校交通研究学院 Burke 教授讨论了另一种获得恒定功率下超级电容器或一般电容器分析结果的方法[6]。这个处理将主要概述一个有用

的方法，此方法旨在阐明推导终端电压和时间之间模糊关系的方法。该方法不具

有前面介绍的演算方法的特
点，特别是获得短路电流更加
容易以及基于此的终端电压
降。在这里，终端电压为分析
变量，给定一个规定的起始条
件 $U_0(t) = U_{mx}$。该方法开始之
前在图 3-15 中电路重复应用
基尔霍夫电压定律，这将被视
作变化的方法。

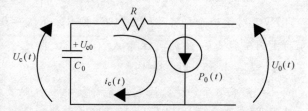

图 3-15　恒定功率负载下的理想超级电容器的等效电路

定义关系和基尔霍夫电压定律在式（3-52）中列出，其中 $R = ESR_{dc}$，$C = C_0$，
$z = U/U_{c0}$，考虑到标称电压摆动范围，取 $0.5 < z < 1$。我们将使用一个变量代换并且
定义 $U = U_0$，$P = P_0$ 来完成说明。

$$U_0 - \frac{1}{c}\int i\mathrm{d}t - Ri - U = 0, i \equiv \frac{P}{U} \tag{3-52}$$

把式（3-52）改写成 z 因子的形式：

$$U_0 - U = R\frac{P}{U} + \frac{P}{C}\int \frac{\mathrm{d}t}{U} \tag{3-53}$$

$$(1 - \frac{U}{U_0}) = \frac{RP}{U_0^2(U/U_0)} + \frac{P}{C}\int \frac{\mathrm{d}t}{U_0^2(U/U_0)} \tag{3-54}$$

$$1 - z = \frac{v_1}{z} + v_2\int \frac{\mathrm{d}t}{z}, v_1 = \frac{RP}{U_0^2}; v_2 = \frac{P}{CU_0^2}, z = 1 - v_1 \tag{3-55}$$

区分式（3-55）与其化简为 z 的形式，注意 $t = 0$ 时 $z = z_0$。结果是如式（3-56）
中给出的微分方程。当式（3-56）得到了验证，把结果整合为一个定积分，结果
见式（3-57）。

$$-z\mathrm{d}z + \frac{v_1}{z}\mathrm{d}z = v_2\mathrm{d}t \tag{3-56}$$

$$\frac{1}{2}(z_0^2 - z^2) + v_1\ln z - v_1\ln z_0 = v_2 t \tag{3-57}$$

完成这一过程，把参量 z 回代并化为时间的隐函数，定义常量 v_1、v_2。结果如
式（3-58）所示，形式与式（3-41）相似。

$$t = \frac{1}{2v_1}\left[(1 - v_1)^2 - \left(\frac{U}{U_0}\right)^2\right] + v_1\ln\left\{\frac{U/U_0}{(1 - v_1)^2}\right\} \tag{3-58}$$

例3-5：用式（3-58）重解例3-2，并把这里计算的时间与例3-2的作比较。

解：P 为放电功率，已知：$U_0 = 2.7V$，$U = 2.0V$，$z = 2/2.7 = 0.7407$，$P = 600W$，$R = 0.29m\Omega$，$C = 3150F$，$\tau = 0.913s$，$v_1 = 0.02387$，$v_2 = 0.02613$。

把这些值代入式（3-58），$t = 8.4665 - 0.006011 = 8.4604s$。例3-2中 $t = 8.94s$，这与计算结果有很好的一致性。$U_0 = 2.0V$ 时与恒定功率分析方法的比较结果由表3-1给出。

表3-1　$U_0 = 2.0V$ 时与恒定功率分析方法的比较结果

$z = 0.7407$	微积分方法	变分方法
计算时间 t_{cal}/s	8.94	8.4604
仿真时间 t_{sim}/s	8.523	8.523
时间差/s	0.417	-0.063

当电压摆幅很窄时（$z = 0.7407$），变分法所得结果与数值解更加接近。如果 $U_0 = 1.35V$ 而其他条件不变，变分法（$z = 0.5$）所得结果预计为 $t_{var} = 14.707s$，演算方法所得结果预计为 $t_{cal} = 14.03s$，数值解 $t_{sim} = 14s$（见表3-2）。

表3-2　$U_0 = 1.35V$ 时与恒定功率分析方法的比较结果

$z = 0.500$	微积分方法	变分方法
计算时间 t_{cal}/s	14.03	14.707
仿真时间 t_{sim}/s	14	14
时间差/s	0.03	0.707

由此看出，恒定功率放电脉冲浅放电或者电压摆幅小时，变分法做了更好的预测；而随着电压摆幅（即SOC变化）变宽，微积分方法精度提高。

有兴趣的读者可以参考 Verbrugge 和 Liu[7] 的著作，该著作把终端电压表示为恒定功率的函数以及 EDLC 电压的初始条件。这种方法只是比较，而不是解决，与本章式（3-41）十分相似，只是涉及终端电压而不是 EDLC 电压。作者的贡献在于表明恒定功率充放电时的超级电容器可以转化为可解的 Lambert 函数形式。Lambert 函数的表达式见式（3-59），它的应用在于计算诸如恒定功率瞬间接通时的超级电容器终端电压等不连续变量。

$$z = W(z)e^{W(z)} \tag{3-59}$$

诸如 Mathsoft 公司的 MathCAD 和 Wolfram Research Mathematica 等数值模拟软件包都含有 Lambert 函数库。

3.3　Ragone 关系

恒定功率响应的推导会直接引出能量存储系统，尤其是电动和电化学存储组件的 Ragone 关系基础。为了说明这个问题，我们在式（3-41）两边同时乘以功率 P_0 来获得输出能量 W_0，如式（3-60）所示。

$$P_0 t = \frac{C_0}{4}\left[U_{mx}^2 - U_c^2 \right] + \frac{C_0}{4}\left[U_{mx}\sqrt{(U_{mx}^2 - 4RP_0)} - U_c\sqrt{(U_c^2 - 4PR_0)} \right]$$

$$+\tau P_0 \ln\left\{ \frac{U_{mx} + \sqrt{(U_{mx}^2 - 4PR_0)}}{U_c + \sqrt{(U_c^2 - 4PR_0)}} \right\} \tag{3-60}$$

当功率等级比负载功率低时，式（3-60）的前三项简化为超级电容器中存储的能量。当 $4RP_0 \perp U_{mx}$ 时此处理可行，那么方程式可被简化，如式（3-61）所示。进一步的细化是变换自然对数的自变量，并改变其乘数的符号。已知存储能量 $W_{sto}(U)$ 和耗散能量 $W_d(U)$，这样做是可以表明与输出能量 $W_0(P)$ Ragone 关系式（3-62）的一致性。因此能量和功率之间的函数含有了一个超级电容器电压作为参数。

$$P_0 t = \frac{C_0}{2}\left[U_{mx}^2 - U_c^2 \right] - \tau P_0 \ln\left\{ \frac{U_c + \sqrt{(U_c^2 - 4RP_0)}}{U_{mx} + \sqrt{(U_{mx}^2 - 4PR_0)}} \right\} \tag{3-61}$$

$$W_0(P) = W_{sto}(U) - W_d(U) \tag{3-62}$$

为了更好地说明 Ragone 关系，式（3-1）已被应用于解决不同放电等级下的 3000F 超级电容器的能量和功率问题以及对数坐标图的绘制问题。Ragone 关系是能量 W 与功率 P 的关系，两者的比值是时间，恒定时间曲线如图 3-16 所示。

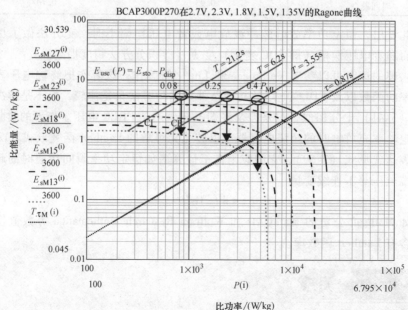

图 3-16 放电电压等级作为参数的 3000F 超级电容器 Ragone 图

图 3-16 中，SE 和 SP 分别为纵坐标和横坐标。顶部曲线 $U_c = U_{mx}$（顶部曲线与特征时间线相交（斜线）），$\tau = 0.87s$，$SP_{ML} = 11.6kW/kg$（或 6.28kW 单体等级）。在 U_{mx} 的 Ragone 曲线与特征时间曲线的交点，横轴的投影是 SP_{ML}，纵轴的投影是 $SE_{ML} = SE/2 = (5.6Wh/kg)/2 = 2.8Wh/kg$，如图所示。一组斜的时间曲线分别表示运行在 8%、25% 以及 $40\% P_{ML}$ 时的恒定功率。

例如，$0.08 P_{ML} = 0.08(6280) = 502W$，放电至 $U_c = U_{mx}/2 = 1.35V$ 的时间 t 约为 17s（注意：圆环点右移，斜线交点在 $t_{1.35} = 7s$ 至 $t_{2.7} = 24s$）。其他的功率水平按照相似的过程获得恒定功率下的放电时间图形。

如图 3-16 所示，Ragone 的相应图形所表明的是实际上 $W_0(P)$ 函数是一个反映 $SOC = 100\%$ 到 $SOC = 25\%$ 的带域。表明把 Ragone 表示为一条单线不合理，除非目的是简单地勾勒出最大的可用能源包络线。

> **例 3-6**：$P = 600W$，参考图 3-16 的 Ragone，计算当 $U_{mx} > U > U_{mx}/2$ 时的可用能量、输出能量、耗散能量。
>
> **解**：可用能量是式（3-61）等号右边的第一项，计算方法依照式（3-63）。放电能量是式（3-61）等号左边的一项，计算方法依照式（3-64）。耗散能量依照差分计算。
>
> $$W_{avail} = \frac{C}{2}(U_{mx}^2 - U_c^2) = \frac{3C}{8}U_{mx}^2 = 8201J \tag{3-63}$$
>
> $$W_0 = P_0 t = 600 \times 12.75 = 7650J \tag{3-64}$$
>
> $$W_d = W_{avail} - W_0 = 551J \tag{3-65}$$
>
> 注意到式（3-65）中的结果可以表示为与式（3-61）等号右边的第二项十分接近的形式是很有意义的，即 $\tau P_0 = 0.87(600) = 522J$。

有兴趣的读者可以参照练习 3.15 和练习 3.16，作为例 3-6 超级电容器模块的扩展。例如，一个 N_c 单体模块包含 $N_c \times W_{avail\_cell}$，功率是 $N_c \times P_{\eta\_cell}$。在 Ragone 关系方面，E 轴和 P 轴被 N_c 标度。由于 E/P 的比值不变，图表的特征和时间线保持不变。

3.4　超级电容器和电池

近年来对于混合储能系统的关注与日俱增[8-16]。Gonder 等在参考文献［8］中阐述了一个带有 48V 超级电容器模块的中度混合动力电动车与 42V 的 NiMH 电池在 UDDS 工况下的运行周期作用相同，并好于 US06 运行周期的作用。Verbrugge 和 Liu 在参考文献［9］中探究了超级电容器直接并联的要求，或是串联一个锂离子电池以扩展应用车辆范围。他们发现用电池温度作为电池寿命（即质保）的替代，串联可以提高寿命。Schupbach 和 Balda 在参考文献 [10, 11] 中评估 DC-DC 变换器的要求以及能量管理系统如何应用于混合储能系统电池和电容器之间的活跃能量流管理。Miller 和 Smith 在参考文献 [12] 中把超级电容器考虑为机车配电系统分布模块，以稳定和平滑电网负载干扰和高功率驱动器的要求。基于超级电容器分布式电源模块作为动力缓存汽车设计师的新工具，可以应对不断增加的电力负载，清洁配电和本地化能量存储的迫切需求。Guidi 等在参考文献 [13] 中对早期 DC-DC 变换器工作进行的拓展表明了将更小的变换器应用于超级电容器管理，只需选择适当单体和变换器尺寸，可以节省成本。Lee 等在参考文献 [14] 中开发了一种新型开关装置，将超级电容器组和电池组结合为一个混合的能量系统并根据系统需求利用能量管理策略来选择适当的存储组件。最近，Miller 在参考文献 [15] 中及 Miller 和 Sartorelli 在参考文献 [16] 中对混合技术领域中的 DC-DC 变换器最佳结构进行了调查。他们发现超级电容器与 DC-DC 变换器连接方式是最好的，因为它保留了固定的直流电压链；这种方式也是能量管理策略最易控制的；在变换器空置的低功率运行时，例如车辆在高速公路巡航，这种方式对系统有益。在使用电池时，带变换器缓冲的超级电容器结构通过设置电池组件的电流阈值，延展了能量管理策略特性，然后电池配上超级电容器或只有超级电容器。

发展混合储能有两个主要目的：第一，超级电容器是一种非常高效的能量缓冲装置，对任何类型的电池都有益处，因为它可以把能量循环提高到百万次以上，10s 持续时间，从而超过电池的循环寿命。第二，通过对电池功率循环部件的补偿，实现运行寿命的提高，电流变化的降低，整体热负荷的降低（即电池有效电流是当前运行寿命的替代）。这些是发展结合技术的重要动机，该结合技术是优化功率结合优化能量，或更好的解耦功率以及能量存储系统结合。

表 3-3 总结了各种超级电容器与电池结合的存储系统中的变换器位置。当选择为半-H 变换器结构（更准确地说，是中点变换器）的 DC-DC 变换器被放置于超级电容器和直流链之间时，其作用优于用于缓冲电池的变换器。此外，当超级电容器配置变换器时，在固定电压的条件下，这组的电压可以比直流链高或低。这为以优化能量储能组为目的单体大小配置以及串并联的组合提供了很大的选择余地。

表 3-4 总结 DC-DC 变换器的占空比控制参数，电感输入中点变换器中升压模式的 d_1 以及降压模式的 d_2。无论哪种储能组合技术，必须坚持两个原则：直流链基尔霍夫电流定律和在变换器的输入和输出端口功率不变（在理想情况下）。

现在已经有几个示范和概念车，它们带有混合储能系统，具体而言，是超级电容器与锂离子结合并带有能量管理 DC-DC 变换器的储能元件。在 2008 年年末，AFS Trinity 公司在利弗莫尔的 AFS Trinity 工程中心附近展示了 XH-150 插电式混合动力电动 SUV。之所以命名为 XH-150 是因为据称它用发动机和混合储能系统可以达到

表 3-3　混合储能系统变换器的帕累托估值

结构	鲁棒性	成本	性能	总况
向上变换	+	1	1	+
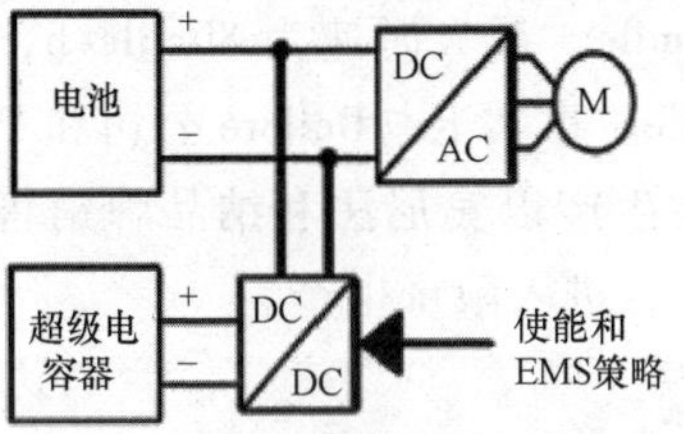 [电池—DC/AC—M；超级电容器—DC/DC—使能和EMS策略]	更少,大型 UC 单体,连接少	电压更低的半导体	变换器只运行于需要的状态	最佳总况,并且考虑了 PE 技术优势
	变换器输入电流高 直流链稳定		宽频带控制	
向下变换	0	0	1	0
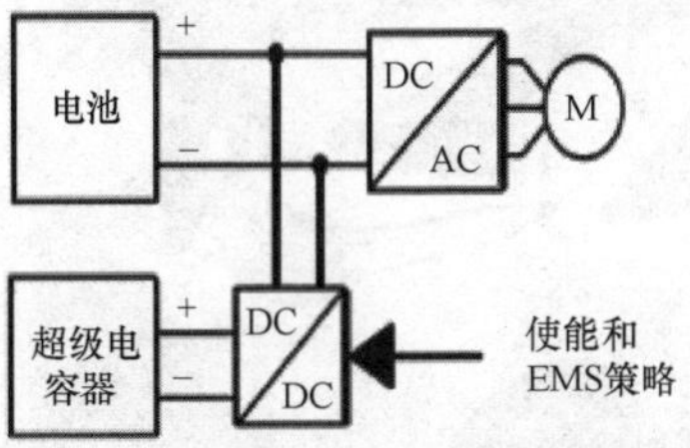 [电池—DC/AC—M；超级电容器—DC/DC—使能和EMS策略]	更多,更小的 UC 单体,更多连接	高电压半导体	变换器只运行于需要的状态	互相连接部分过多,电压管理,电压更高的 UC 系统
	输入电流更低 直流链稳定		宽频带控制	
电池上的变换器	−1	−1	0	−1
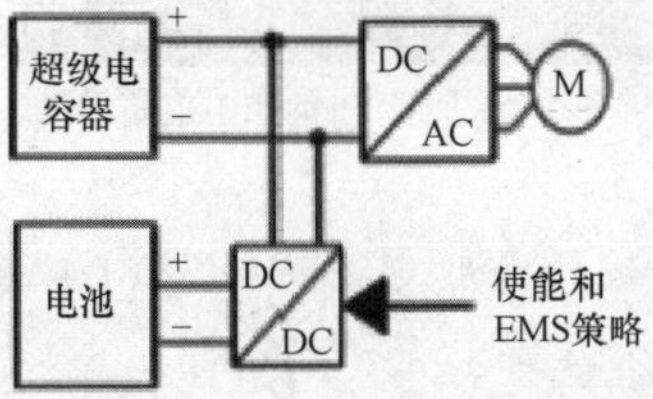 [超级电容器—DC/AC—M；电池—DC/DC—使能和EMS策略]	更多,更小的 UC 单体,更多连接	变换器一直运行	变换器不能出现错误	需要鲁棒性更好的变换器和高性能的逆变器以及电流更大的逆变开关
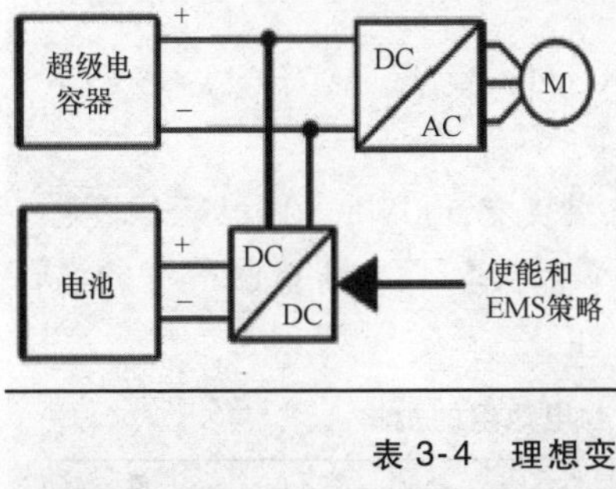 [超级电容器—DC/AC—M；电池—DC/DC—使能和EMS策略]	高动态的直流电压 逆变器脉冲宽频调节控制困难	涉及热量	更高的热负荷	

表 3-4　理想变换器在输入功率不变时的输出参数

变换模式	超级电容器 U_c	超级电容器电流 I_c	输出功率 $P_0 = U_c I_c$
下降	$d_2 U_d$	$\dfrac{1}{d_2} I_0$	$U_d I_0$
上升	$(1-d_1) U_d$	$\dfrac{1}{1-d_1} I_0$	$U_d I_0$

注: I_c = 逆变器输入电流, i_0 = 变换器输出电流, U_d = 牵引逆变器的直流侧电压, I_1 = 牵引逆变器输入电流。

150mile/gal。能量存储系统的具体细节尚不清楚，但假设为一个或多个超级电容器模块 48 V 的高电压锂离子电池组的有机结合。另一个例子是 2008 年巴黎车展上的宾尼法利纳 B0 Blue 轿车。B0 Blue 轿车采用了由 30kWh 锂聚合物电池和超级电容器存储的混合储能系统。估计这辆汽车能行驶 153mile，最大时速为 80mile/h，它的电池在超级电容器的功率辅助下能达到 125000mile。事实上，Bolloré 公司和 Pininfarina 公司联手创造一个 50/50 的合资企业，主要生产以宾尼法利纳品牌销售的全电动汽车。如图 3-17 所示，目前还不清楚此车是否进入限量生产。

例 3-7： 把储能系统应用于实际很有意义。这里我们假设一台 Nissan Leaf BEV 的规格见表 3-5。此例可以把储能系统和电池做比较，同时与一块强劲的 HEV 电池形成对比。HEV 包括 Prius、Ford Escape、Mariner，或者 $P/E > 15$ 的 GM2 型汽车。例如，Escape HEV 有一个容量为 1.8kWh 的电池组，放电峰值功率为

图 3-17　2008 年巴黎车展上的宾尼法利纳 B0 Blue 轿车

39kW，$P/E = 39/1.8 = 21.7$。（a）计算 Nissan Leaf 锂聚合物电池 P/E，（b）确定单体的额定 Ah，单体的 C_b，（c）由单体额定 C_b 确定单体的 N_s 和 M_p。

解：

（a）对于这个 BEV，锂聚合物电池 $P/E = 90/24 = 3.75$。这符合 $1 < P/E < 8$ 的电动汽车电池组的特性。

（b）$E = 24$kWh，共有 48 个模块，那么每个模块有 500Wh。把锂聚合物电池的单体电压设为 3.5V，那么每个模块有四个单体，即 14V 的电压（常规汽车电压）。每个单体额定 $C_b = 500$Wh/14V $= 35.7$Ah。

表 3-5　Nissan Leaf BEV 和锂聚合物电池组的规格

属性	单位	值	属性	单位	值
长度	mm	4445	全电动范围（AER），依据美国 LA4 模型	km/mile	160/100
宽度	mm	1770	最大速度	(km/h)/(mile/h)	144/900
高度	mm	1550	牵引电动机功率和转矩	kW/Nm	80/280

（续）

属性	单位	值	属性	单位	值
电池系统	层叠的锂离子		电池容量	kWh	24
尖峰功率	kW	>90	比能量	Wh/kg	140
比功率	kW/kg	2.5	模块编号和质量	#/kg	48/约200
电池充电器:快充模式	kW	50	充电时间小于30min, 0~80%容量（19.2kW, L2型充电器）		
电池充电器:慢充模式	kW	1.94	200V_{ac}, 充电时间少于8h （L1型充电器）		

（c）进一步假设在整个 Leaf 电池组，一排中 $N_s = 24$，因此电池组电压 $U_b = 24 \times 14 = 336V$。为了达到能量要求，$M_p = E/(U_b \times C_b) = 2$。因此这个电池组的构成可以表示为 24S×2P×35.7Ah。

如果这个组以 35.7A 的电流放电，即 $C_b/4 \cdot$（C/4倍率），它将传送给汽车传动系统 12kW 的功率，这足以维持这种轿车的高速巡航。在这个 C 倍率下，满充状态的电池组有 70%δSOC 窗口的可用能量，BEV 电池的特征，于是 24kWh 的 70%（16800Wh）是可以获取的。12kW 的恒定功率对于 16800Wh/12000W = 1.4h 的高速巡航是足够的。由于 12kW 的推进功率可以使这种轿车维持在 60mile/h 的速度，因此它不符合表 3-5 中 100mile 的 AER 规格。在 AER = 100mile、16.8kWh 的能耗情况下，每英里的能量使用变为 16800/100 = 168Wh/mile。这与最近修订的 Chevy Volt PHEV 经济指标（340Wh/mile）相比似乎非常低。

为了说明电池的功率和能量情况，尤其是那些正在开发的电动汽车（BEV，PHEV 和 REV），考虑电池生产厂的年产量为 50000 组（APV），这与 24kWh 的 Nissan Leaf 电池组容量相同，电池组的成本上限为 14000 美元。对于 48 个模块，每个模块 4 个单体，共有 192 个 35.7Ah 锂聚合物电池，每个单体代表 24000Wh/192 = 125Wh。此外，可以取单体 70% 部分，那么成本变为 0.7（14000）/192 = 51 美元。这等同于一个特定的成本，SC = 51 美元/125Wh = 40.8 美分/Wh。此单体的成本正好等于笔记本电脑锂电池的成本（约 50 美分/Wh），与笔记本电脑存储能量的电池单体相似，但规模小，不适合在大规模电池需求的汽车牵引中应用。

Biden 在关于 2009 年美国复苏和再投资法案（约 7870 亿美元）的研究中显示，汽车电池是发展的重中之重，预计会大幅降价[17]。图 3-18 显示了电动车电池的价格点学习曲线。短期内的电池成本会比上述高，因为图 3-18 不是大容量电池组产品（50000APV），而是 5000 组/年。图 3-18 中值得注意的是，平均能耗为

1kWh/3mile＝333Wh/mile，恰好等于 CM 公司为 Volt PHEV 做的宣传数据。

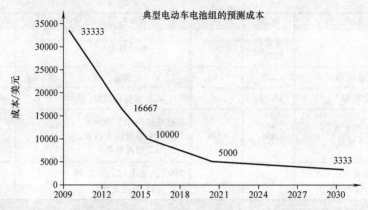

图 3-18　基于 3mile/kWh 和 100mile 区间的 BEV 24kWh 电池组成本图

图 3-18 说明了这个 24kWh 组在 2021 年将花费 5000 美元，或者一个 18 美元的单体等同于特定成本 SP＝14.4 美分/Wh，远低于任何今天在市场上可见的锂离子电池。这些组在实际运行要求至少满足 4000 次深循环，足够 14 年的车辆寿命。温度是未知因素，因为锂离子电池组在寒冷气候下有着极不理想的低功率运行状态。温度的限制再次提出了对混合储能系统的需求。

本章的结尾将简单介绍车辆和运输领域里的电池化学，并与超级电容器加以比较。表 3-6 显示了主流的嵌入式化学的锂离子电池情况。这些锂离子的区别在于阴极材料。

表 3-6　锂离子化学在交通应用中的好处

锂离子型	风险	应用	寿命
LNCA	HV、热和可燃电解质导致有火灾危害的 w/o 热控制	梅赛德斯 S 级宝马 7 系，丰田和福特 PHEVAzure 面包车	10^{-9}
LMnO（尖晶石）	尖晶石阴极在 SOC 更高时可以释放氧气 需要 SRS 和寿命添加剂	适用于雪佛兰 PHEVEnterl/EnerDel for Th！nk 的 LG 小型化学电源	锰金属溶解到有机电解液会使容量衰减，从而导致尖晶石寿命受损
LFP（纳米磷酸盐）	磷酸铁导电性不是很强，所以电压低	戴姆勒公司混合动力电动公交车，Th！nk EV 公司的迈凯伦一级方程式赛车 KERS	良好的寿命和单体技术正在优化以得到超高功率（在 KERS 中介绍）
LTO（钛酸锂）	低，使用 LTO 阴极降低了热失控的可能性。由于结构变化，石墨体积变化了 9%	Protora 定制摆镀车	因为结构的变化，高寿命和高循环能力得到了最小化

例如，Saft LNCA 阴极的组合，是 80% 的镍、15% 的钴和 5% 的铝（加导电剂的附加粘合剂）。由于 LNCA 放热的化学状态活跃，因此它在高 SOC 状态下是最难控制的材料。被称为插层的插入化学的基本原则是，锂离子能容易地移入和移出

电池电极而不会引起分子结构（体积）的变化。引起电极结构变化的化学成分的恶化更加迅速，有满足运行寿命要求的问题。"所有锂离子化学成分是安全的"这一说法是不严谨的，这些单体中的电解液溶剂可以燃烧。未加精心设计和单体管理的所有可燃因素如下：高电压（>4V），燃料（阳极碳），氧（由阴极释放）和热量。

表3-7扩展了锂离子化学更详细的属性、电气额定值、优点和存在的问题。

与电池相比，超级电容器的功率密度较大（>10kW/L）（见表3-8）。锂聚合物电池的能量密度大（约350kW/L）。下面的属性适用于超级电容器和电池的组合（见图3-19）。

表3-7 锂离子电池化学成分比较

类型	化学成分	额定值（PHEV）	优点/问题
LCO	$LiCoO_2$	4.4V,140mAh/g	成本和安全问题
NCA	$LiNi_{0.08}Co_{0.15}Al_{0.05}O_2$	3.9V,180mAh/g	安全问题，寿命和性能提高<3.9V时的性能
NMC	$LiMn_{1/3}Co_{1/3}Ni_{1/3}O_2$	3.7V,200mAh/g	性能优于NCA，但寿命仍有问题
LMO	$LiMn_2O_4$	4.2V,120mAh/g	低容量，输出良好，低成本，但一定温度下的寿命仍有问题
LFP	$LiFePO_4$	3.4V,>170mAh/g	来自于纳米粒子的功率高，安全性好，但寿命状况不理想
New	AlF_3	4.3V,>200mAh/g	层状氧化物的表面涂层

表3-8 各种电池性能的理论和实践

系统	负电极	正电极	OCV/V	理论值/(Ah/kg)	理论值/(Wh/kg)	实际值/(Wh/kg)
铅酸	Pb	PbO_2	2.1	83	171	20~40
镍-镉	Cd	NiOOH	1.35	162	219	40~60
镍-金属氢化物	MH	NiOOH	1.35	178	240	60~80
钠硫	Na	S	2.1→1.78 (2.0)	377	787	80~100
钠-金属氯化物（300℃）	Na	$NiCl_2$	2.58	305	787	80~100
锂离子	Li_xC_6	$Li_{1-x}MO_2$ $M=Co,Ni,Mn$	4.2→3.0 (4.0)	95 当$x=0.6$	380	150~200
锂聚合物	Li	VO_x	3.3→2.0 (2.6)	340	884	150

- 超级电容器和锂离子电池互补（功率与能量）。
- 优势和劣势是互补的（低温条件下的功率，中温范围的能量）。

107

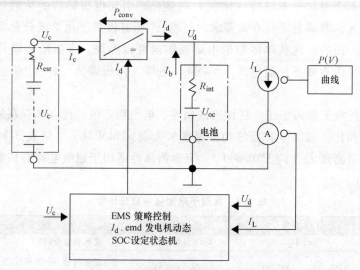

图 3-19　超级电容器和电池的并联运行

● 超级电容器减少或消除高倍率尖峰放电有助于提高 SOC 窗口和运行寿命（电池温度降低）。

表 3-9 给出了超级电容器和电池的属性。

表 3-9　各种电池性能的理论和实际特性

属性	单位	超级电容器	锂	超级电容器相对于锂
功率密度	kW/L	10	3	+
能量密度	Wh/L	6	200	−
低温	℃	<40	约为 −20	+
高温	℃	+65	+40	+
倍率特性	C/x	>1800	<40	+
SOC 窗口	%	100	/ ~50	+
40℃时的效率	%	→98%	/ ~95%	+

　　双向 DC-DC 变换器可以使超级电容器与电池有机结合。变换器响应 EMS 的命令。EMS 命令依次由分区电池和电容功率流确定，以维持 SOC 合理区间内超级电容器的运行。例如，尽量使混合储能系统中超级电容器的 $SOC_0 = 80\%$，以便接受可再生能源和有充足的能量来提升功率。

　　超级电容器和电池并联的真正好处是电池的输送能量可能会增加。这意味着，BEV、PHEV、REV 的应用将使 ESS 组能量得到最佳利用。购买成本包括车上的储能系统，充分利用储能系统获得的效益十分可观。图 3-20 显示了实现这项组合技术的办法，有关实验证据表明，这是可能实现的。

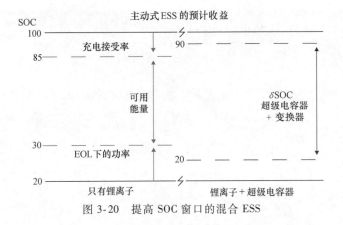

图 3-20 提高 SOC 窗口的混合 ESS

练　习

练习 3.1~练习 3.9 均给定一个大型超级电容器单体，参数为 $C_0 = 3000\text{F}$，$U_{\text{mx}} = 2.7\text{V}$，$R = 0.29\text{m}\Omega$，时间常数 $\tau = RC_0 = 0.87\text{s}$。在恒流（CC）充电时，理想电流源直接与超级电容器 RC_0 并联放置。恒压（CV）充电时，理想电压源 V_s 也与超级电容器 RC_0 并联放置。超级电容器的理想存储能量 $E_{\text{sto}} = 10935\text{J}$。

3.1 推导短路电流 $i_c(t)$ 的解析表达式，以及 CC 和 CV 情况下的超级电容器电压 $U_c(t)$。

答案：$i_c^{\text{cv}}(t) = \dfrac{V_s}{R}\text{e}^{-t/\tau}$，$V_c^{\text{cv}}(t) = V_s\left[1 - \text{e}^{-t/\tau}\right]$

$i_c^{\text{cc}}(t) = I_c^{\text{cc}}$，$V_c^{\text{cc}}(t) = \dfrac{I_c^{\text{cc}}}{C}t$

3.2 根据练习 3.1 的结果，使用超级电容器电池参数指定的条件，根据 CV 计算充电时间。考虑 $V_c(t) = 0.99U_{\text{mx}}$ 时超级电容器充电的情况。

答案：$V_c^{\text{cv}}(t = T) = U_{\text{mx}}\left\{1 - \text{e}^{-t/\tau}\right\} = 0.99U_{\text{mx}}$

$T = -\tau\ln 0.01 = 4.6052\tau = 4.0065\text{s}$

3.3 使用练习 3.2 的结果，计算应用超级电容器的恒流充电电流，以便满足完全充电时间：$T = 4.0065\text{s}$。

答案： $I_c^{cc} = \dfrac{CU_{mx}}{T} = \dfrac{3000 \times 2.7}{4.0065} = 2021.7A$

3.4 利用以上条件和计算结果计算超级电容器在 CC 和 CV 条件下充电的所需能量。

答案： $E_s^{cc} = \left\{ \dfrac{I_c^{cc}T^2}{2C} + I_c^{cc}RT \right\} = 10934.84 + 4748.94 = 15683.8J$

$E_s^{cv} = \displaystyle\int_0^T \dfrac{V_s}{R} e^{-\xi/\tau} d\xi = \dfrac{V_s^2 \tau}{R} [1 - e^{-T/\tau}] = 21651J$

3.5 在 CC 和 CV 条件下计算耗散能量，充电时间与 CV 充电时间相同，$T = 4.0065s$。

答案： $E_d^{cc} = I_{cc}^2 RT = 2021.7 \times 0.29 \times 10^{-3} \times 4.0065 = 4748.94J$

$E_d^{cv} = \dfrac{U_{mx}^2 \tau}{2R} [1 - e^{-T/\tau}] = 10934J$

3.6 利用练习 3.4 的计算结果，计算输入能量和存储能量在 CV 和 CC 情况下的比值。

答案： CV 情况下： 输入能量/存储能量 = 21651/10935 = 1.98。

CC 情况下： 输入能量/存储能量 = 15683.8/10935 = 1.434。

因此，CC 与 CV 情况效率比较： (1.98/1.434) = 1.38，即 CC 是 CV 情况效率的 1.38 倍。

3.7 超级电容器在 CV 情况下充电未到 100%，计算 99% 时的存储能量。

答案： $E_{sto}^{cv} = \displaystyle\int_0^T P_{sto} d\xi = \int_0^T \dfrac{V_s^2}{R} [e^{-\xi/\tau} - e^{-2\xi/\tau}] d\xi = \dfrac{V_s^2}{R} \left\{ \dfrac{1}{2} + \dfrac{1}{2} e^{-2T/\tau} - e^{-T/\tau} \right\} = 10717.4J$

3.8 计算在 CC 和 CV 方式下充电的能量效率。附加说明：CC 方式下使用 E_{sto}，CV 方式下使用 E_{sto}^{cv}。

答案： $\eta_{ch}^{cc} = \dfrac{E_{sto}}{E_{sto} + E_d^{cc}} = \dfrac{10935}{10935 + 4748.94} = 0.697$

$$\eta_{\mathrm{ch}}^{\mathrm{cv}} = \frac{E_{\mathrm{sto}}^{\mathrm{cv}}}{E_{\mathrm{sto}}^{\mathrm{cv}} + E_{\mathrm{d}}^{\mathrm{cv}}} = \frac{10717.4}{10717.4 + 10935} = 0.5$$

3.9 对比超级电容器在 CC 和 CV 方式下的充电特点，可以得出什么结论？

答案：CV 方式下的输入能量比 CC 方式多，即 1.38 倍；CC 方式下的效率更高，即 1.394 倍。此外，CV 方式下的内部耗散能量比 CC 方式高 2.3 倍。综上，建议使用 CC 方式，至少采用超级电容器的半控充电方式。

3.10 已知 Saft VL12V，高能量锂离子单体 $U_{\mathrm{oc}} = 3.6V$，内部电阻 $R_{\mathrm{i}} = 0.55\mathrm{m\Omega}$。应用式（3-22）。假设 $P/E > 100$ 需要 2s（见图 3-9 的波形图），那么求可得到的尖峰功率。

答案：$P_{\mathrm{pk}} = 5.75\mathrm{kW}$。

3.11 遵循与练习 3.10 同样的步骤，现有参数为 $U_{\mathrm{oc}} = 12.8V$，峰值电流 $I_{\mathrm{pk}} = 200A$，持续 10s，$P_{\mathrm{pk}}(10s) = 2.275\mathrm{kW}$ 的 Valence Epoch 锂离子模型。确定模型的内部电阻以及给定 $E = 538\mathrm{Wh}$ 时的 P/E 值。

答案：$R_{\mathrm{i}} = 16\mathrm{m\Omega}$，$P/E = 4.2$。

3.12 现有参数为 3000F，$R = 0.29\mathrm{m\Omega}$ 的超级电容器。按例 3-3 计算 $U_{\mathrm{c}} = 1.35V$ 时的线路电流 $i_{\mathrm{c}}(t = 0^+)$，脉冲结束时的 $i_{\mathrm{c}}(t = 8.94s)$。恒定功率 $P_0 = 600W$。

答案：$i_{\mathrm{c}}(t = 0^+) = 227.8A$，$i_{\mathrm{c}}(t = 15.1s) = 497.64A$。

3.13 使用练习 3.12 的结果确定同样时刻的终端电压 $U_0(t)$。

答案：$U_0(t = 0^+) = 2.63V$，$U_0(t = 15.1s) = 1.206V$。

3.14 对于练习 3.12 中的超级电容器，利用式（3-46）确定各自在恒定功率脉冲时的电压降。

答案：$\Delta U_0(t = 0^+) = 0.066V$，$\Delta U_0(t = 15.1s) = 0.144V$。

3.15 再次回到例 3-6，现有超级电容器模块参数 48V，165F，8mΩ，确定可用能量，耗散能量，恒定功率 W_0 下的输出能量（单位均为 Wh），以及 $P_0 = 600\text{W}$ 时的效率。

答案： $W_{\text{avail}} = \dfrac{18 \times 8201}{3600} = 41\,\text{Wh}$; $W_\text{d} = \dfrac{18 \times 551}{3600} = 2.755\,\text{Wh}$;

$$W_0 = N_c P_0 t = 38.25\,\text{Wh} ;$$

$$\eta = \frac{W_0}{W_0 + W_\text{d}} = \frac{1}{1 + W_\text{d}/W_0} = 0.933$$

3.16 对于练习 3.15 中的超级电容器模块，应用式（3-47），计算在练习 3.15 中所求效率下的 P_η。提示：不要忘了适当地缩放参数。

答案： $P_{93} = 10854\text{W}$ ，或者 $N_c \times 603\text{W}$ ，在此效率下这个结果与练习 3.15 中指定的 P_0 有很好的一致性。

参 考 文 献

1. SAE Hybrid Committee, *Surface Vehicle Recommended Practice for Performance Rating of Electric Vehicle Battery Modules*, SAE J1798, SAE Hybrid Committee, 2008. Available from http://www.sae.org [accessed July 2008]
2. SAE J2758, *Determination of the Maximum Available Power from a Rechargeable Energy Storage System on a Hybrid Electric Vehicle*, SAE Hybrid Battery Task Force of the Hybrid Technical Committee, Recommended Practice, 26 June 2006
3. H. Zhao, A.F. Burke, 'Optimum performance of direct hydrogen hybrid fuel cell vehicles', *The 24th International Battery, Hybrid and Fuel Cell Electric Vehicle Symposium & Exposition, EVS-24*, May 2009
4. A.F. Burke, M. Miller, 'The power capability of ultracapacitors and Lithium batteries for electric and hybrid vehicle applications', *Journal of Power Sources*, 2009
5. A.F. Burke, M. Miller, 'Testing of electrochemical capacitors: capacitance, resistance, energy density, and power capability', *Electrochemical ACTA*, Nantes, FR, June 2009
6. A.F. Burke, 'Electrochemical capacitors', *Handbook on Batteries*, 2010
7. M.W. Verbrugge, P. Liu, 'Analytic solutions and experimental data for cyclic voltammetry and constant power operation of capacitors consistent with HEV applications', *Journal of Electrochemical Society*, vol. 153, no. 6, pp. A1237–45, 2006
8. J. Gonder, A. Pesaran, J. Lustbader, H. Tataria, 'Hybrid vehicle comparison

testing using ultracapacitors vs. battery energy storage', *SAE 2010 Hybrid Vehicle Technologies Symposium*, Double Tree Hotel, San Diego, CA, 10–11 February 2010

9. M. Verbrugge, P. Liu, S. Soukiazian, R. Ying, 'Electrochemical energy storage systems and range-extended electric vehicles', *The 25th International Battery Seminar & Exhibit*, Broward County Convention Center, Ft. Lauderdale, FL, March 2008

10. R.M. Schupbach, J.C. Balda, '35 kW ultracapacitor unit for power management of hybrid electric vehicles: bi-directional dc–dc converter design', *The 35th IEEE Power Electronics Specialists Conference, PESC2004*, Aachen, Germany, 2004

11. R.M. Schupbach, J.C. Balda, 'Comparing dc–dc converters for power management in hybrid electric vehicles', *IEEE International Electric Machines and Drives Conference, IEMDC'03*, Madison, WI, vol. 3, pp. 1369–74, 1–4 June 2003

12. J.M. Miller, R.M. Smith, 'Ultracapacitor assisted electric drives for transportation', *IEEE International Electric Machines and Drives Conference, IEMDC'03*, Madison, WI, vol. 3, pp. 1369–74, 1–4 June 2003

13. G. Guidi, T.M. Undeland, Y. Hori, 'An interface converter with reduced VA ratings for battery-supercapacitor mixed systems', *IEEE Power Conversion Conference, PCC07*, Nagoya, Japan, April 2007

14. B-H. Lee, D-H. Shin, B-W. Kim, H-J. Kim, B-K. Lee, C-Y. Won, *et al.*, 'A study on hybrid energy storage system for 42 V automotive PowerNet', *IEEE VPPC'06*, Windsor, UK, September 2006

15. J.M. Miller, 'Engineering the optimum architecture for storage capacitors', *Advanced Automotive Battery Conference, AABC2010*, Large EC Capacitor Technology and Application, ECCAP, Session 3, EC Capacitor Storage System Applications, Omni Orlando Resort, 18–21 May 2010

16. J.M. Miller, G. Sartorelli, 'Battery and ultracapacitor combinations—where should the converter go?', *IEEE Vehicle Power and Propulsion Conference, VPPC2010*, University, Lille, MEGEVH Network, Lille, FR, 1–3 September 2010

17. J. Biden, *The Recovery Act: Transforming the American Economy Through Innovation*, Office of the Vice President of the United States, Update on ARRA funding, August 2010

第4章 商业应用

在本章中，我们关注的重点将从电化学的基本原理和等效电路模型转移到超级电容器产品的商业应用。对相关非运输的应用进行讨论（在将被讨论的非运输类相关应用中），其工作电压和功率水平会很高，达到从 kW/100s 到 MW/10s 的规模。例如，一个商业的不间断电源供应可能由等效额定超级电容器组支撑的 900V 的电池组组成，这个不间断电源可以支撑负载 15s 到 15min。为了强调在满足应用过程中储能设备容量配置和规划方法的重要性，在本章中将介绍大量的案例。

4.1　不间断电源

不间断电源（UPS）包括储能单元、功率变换器以及用于保护敏感负载的自动转换开关。例如，医院、计算机中心或者金融中心都必须为重要设备配置可靠的不间断电源。UPS 的储能部分可以是电池组、飞轮、燃料电池或其他可独立应用的电源。以飞轮为例，模块单元以额定功率输出至少 15s，为关键设备提供平均功率。在电源中断事件发生时，如电网电压瞬间跌落，短期中断，或较长期的功率损耗，UPS 能迅速地将关键负载从电网切换到备用储能。在许多关键应用场合，在 UPS 短时支持负载的过程中，起动备用发电机，发电机起动后，代替 UPS 向关键负载供电，并保持规定的功率水平直至电网恢复正常供电。

由于能量在半导体转换开关、电源接触器、电源线路保护熔断器及配套的变压器中将产生损耗，UPS 的效率为 96%。一旦 UPS 的旁路开关被激活，储能设备就会通过逆变器和常用的 △-丫 型变压器向负载供电。功率逆变器在满负荷时的标称效率为 94%，在 50% 负荷时下降到 92%，所以对于任何 UPS 来说热管理都是必要的。UPS 的动态性能要求在标称功率因数范围之上运行，但不能超出逆变器的额定容量，动态电压在 50ms 内恢复到额定线电压的 ±5%，并小于 3% 的总谐波失真（THD）。表 4-1 中列出了关键参数和耐受性的额外标准[1,2]。

表 4-1　Eaton UT3220 220kVA 三相 UPS 系统参数

参　　数	符　　号	标称值	公　　差
线路输入电压	$U_{in}(V)$	480	+10%/−15%
输入功率因数	PF_{in}	<0.8（滞后）	未修正
输出功率因数	PF_o	0.4（滞后）→0.9（超前）	逆变器可控
输出电压调节	$U_o(V)$	480	±1%
输入电流	$I_{in}(A)$	265	150%超负荷能力
输出电压	$U_o(V)$	480	±5%
输出电压瞬态响应	δU_o	U_o	±5%
输出频率	$f_o(Hz)$	60	±6%

（续）

参数	符　号	标称值	公　差
工作温度范围	$T_{op}(\,^\circ\!C\,)$	$0^\circ\!C \rightarrow +40^\circ\!C$	
电池电压	$U_b(V)$	408	204 铅酸电池
电池充电电压	$U_{float}(V)$	467	2.29V/单体

UPS 的运行时间 t_{run}，取决于储能系统的可存储能源 W_{bd} 和平均负载功率 P_{avg}，如式（4-1）所示。例如，一个典型 UPS 装置，在平均功率 P_{avg} 超过 1MW 时将要求 $t_{run} = 15s$。一个已投用的案例将有助于解释和支持这些规定。

$$t_{run} = \frac{W_{bd}}{P_{avg}} \tag{4-1}$$

对于一个典型的铅酸电池储能系统，总容量 W_b 是由单体容量 C_b（单位为 Ah）、单体开路电压 U_{oc} 和单体串联数 N_c 决定。

$$W_b = N_c C_b U_{oc} \tag{4-2}$$

为了满足一些电池寿命要求，电池组不能放电至荷电状态（δSOC）小于 50%，否则其放电率将会受到限制，从而保证温升最低，$d_{mx} = 0.9$ 以及接口逆变器效率 η_c 为 0.94。因此，式（4-2）给出的由 UPS 提供给关键负载可使用或可转移的能量变为

$$W_{bd} = (\eta_l d_{mx} \delta SOC) W_b \tag{4-3}$$

图 4-1 给出了一个由飞轮和电池储能组成的 UPS 装置，首先三个额定容量为 225kVA 的飞轮储能（FES）单元并联，再连接一个电池储能，以满足对装置的运行时间要求。

在图 4-1 的装置中，通常静态旁路开关处于 ON 状态，主 UPS 充电接触器也处于 ON 状态。因此，市电直接供给负载，此时飞轮及其变换器作为主备用。主备用意味着对由飞轮和电池组组成的直流电源供电的 DC-AC 逆变器进行控制以匹配应用负载的电压和频率。因此，一旦出现供电中断，主逆变器处于激活状态，并能瞬时通过从飞轮和电池组获得能量向负载供电。

在待机状态，图 4-1 所示的 UPS 不仅可为负载供电，而且还可以通过整流器利用市电补偿 FES 的待机损耗和向电池组涓流充电。

超级电容器可替代飞轮。在这种情况下，在图 4-1 所示的装置中，将飞轮更换为超级电容器组，得到图 4-2 所示修改后的图。

如图 4-2 所示，UPS 装置是通过麦克斯韦技术将四个重型运输模块 HTM125 进行串联，三个这样的 HTM 串再进行并联。因此，该配置是 4S×3P×HTM125。下面的例子将通过说明超级电容器组需像图 4-1 中的 FES 单元一样向相同的负载供电来更好地认识这个 UPS 单元，即 3×225kVA = 675kVA、15s，或者 $W_{bd} = 10.125MJ$。

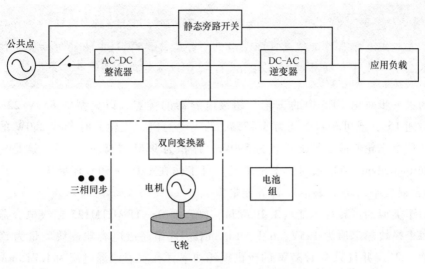

图 4-1 飞轮储能单元并联电池组构成的 UPS 装置

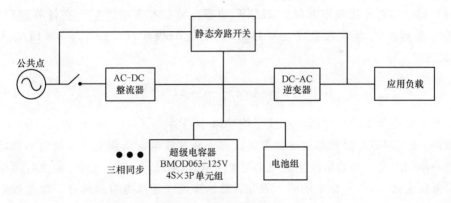

图 4-2 超级电容器和电池组构成的 UPS 装置

例 4-1：确定图 4-2 中 UPS 装置的可转移电能，假定 HTM125 模块容量为 65F，等效串联电阻为 14.8mΩ，额定电压为 125V。假设 HTM 电压可在 U_{mx} ~ $U_{mx}/2$ 的范围内波动，4S×3P×HTM125 可替换为图 4-1 中的 3 个 FES 单元吗？

解：在这个例子中，我们用超级电容器的存储能量关系式替换式（4-2）。

$$W_{uc} = 0.5 C_{uc} U_{mx}^2 = 0.5 \times 3 \times 65 \times (4 \times 125)^2 = 24.375 \text{MJ} \tag{4-4}$$

根据式（4-4），超级电容器存储的能量足够满足 10.125MJ 的需求。为完成此解决方案，有必要修改式（4-3）括号里由超级电容器的 δSOC 和逆变器效率决定的可转移电能。主要的区别为由于超级电容器充放电过程中不像铅酸电池受到约束，其能量系数 $d_{mx} = 1$。因此，用式（4-4）得到可转移电能为

$$W_{\text{ued}} = (\eta_1 \delta \text{SOC}) W_{\text{uc}} = 0.94 \times 0.75 \times 24.375\text{MJ} = 17.18\text{MJ} \qquad (4\text{-}5)$$

在超级电容器寿命结束（EOL）中，由式（4-5）计算出的可转移电能将降低 25%，或者可转移电能为 12.88 MJ，足以满足应用的能量要求。

为进一步对比 UPS 中的飞轮与超级电容器的优点，以典型的 850V/225kVA，运行时间 15s，或可转移电能为 3.375MJ 的飞轮为例，飞轮此时会有 250W 的待机损耗。这个飞轮储能系统的质量为 590kg，体积为 956L（接近 1m³）。这是一个典型的如 Pentadyne GTX 系列的飞轮单元，可工作在 -20 ~ +50℃ 环境下[3]。采用式（4-1），对应平均功率 225kW 计算能量。

对于类似的可转移电能（3.295MJ），则需要 9S×1P×HTM125 超级电容器模块组，每个模块额定值为 125V，63F，14.8mΩ。这组超级电容器模块质量为 522kg，体积为 722L，并且只有 1.37W 的待机损耗功率（在室温泄漏电流为 1.215mA 情况下）。应用超级电容器组的 UPS 的工作温度范围为 -40 ~ +65℃，并且可以在如式（4-6）所示的百分比效率下释放 225kW 功率，见参考文献 [4]。在计算过程中，超级电容器组的额定参数 $U_{\text{mx}} = 1125\text{V}$，$C_o = 63/9 = 7\text{F}$，$\text{ESR}_o = 9 \times 14.8\text{m}\Omega = 0.1332\Omega$。

$$P_{\eta} = \frac{9}{16}(1-\eta)\frac{U_{\text{mx}}^2}{\text{ESR}_o} = 225\text{kW} \qquad (4\text{-}6)$$

对于平均功率的规定值，在该平均功率下可将式（4-6）变形为式（4-7）得到效率，式（4-7）是指超级电容器组以功率脉冲放电，从额定电压放电到额定电压的一半。因此，初始阶段超级电容器组效率非常高（>99%），在脉冲时间结束时降低到由式（4-7）给出的值。因此，总的来说，超级电容器的充、放电效率都很高。

$$\eta = 1 - \frac{16(\text{ESR}_o)}{9(U_{\text{mx}}^2)}P_{\eta} \qquad (4\text{-}7)$$

将 HTM125 的参数代入式（4-7）中，计算结果表明一个 1125V 的超级电容器组在运行时间 $t_{\text{run}} = 14.64\text{s}$ 范围内将释放功率 $P_{\text{avg}} = 225\text{kW}$，它非常接近标准的飞轮产品，而具有更低的待机损耗（1.37W 对比 250W），其效率为 95.7%。另一方面，超级电容器模块配备了 24V 的散热风扇，只有当模块温度超过用户定义的一定阈值时才使用。在这种情况下，24V、1.5A、36W 的风扇，每个 HTM 配备 2 个风扇或总共 18 个风扇会消耗 648W 的功率。由于超级电容器在 225kW 时效率足够高（>95%），所以风扇只需要在温度高的环境中使用。图 4-3 显示的 HTM125 模块仅供参考，表 4-2 总结了飞轮和超级电容器作 UPS 应用的属性。

练习可以让我们进一步深入了解超级电容器在 UPS 系统中的应用。

a)   b)

图 4-3   超级电容器模块

a）HTM125 模块   b）HTM125 单体包与连接 ［来源于 Maxwell 技术公司

HTM125，授权复制］

表 4-2   UPS 中超级电容器与飞轮应用对比

属性	符号	飞轮储能	超级电容器储能
可转移能量	$W_{del}(MJ)$	3.375	3.292
平均功率	$P_{avg}(kW)$	225	225
运行时间	$t_{run}(s)$	15	14.64
额定电压	$U_{mx}(V)$	850	1125
当功率为 P_{avg} 时的工作效率	$\eta(\%)$	—	>95.7
工作温度	$T_{op}(℃)$	$-20 \sim +50$	$-40 \sim +65$
单位质量,总存储系统	$M_{sys}(kg)$	590	522
单位体积,总存储系统	$V_{ol}(L)$	946	722
待机功率损耗（额定/风扇功率）	$P_{sb}(W)$	250	1.37/648

4.2 电网稳压器

  引进储能对于电网的稳定变得至关重要。预计到 2020 年，33% 的可再生能源并网将会提高系统对稳定设备的需求，如静态伏安无功（VAR）补偿器（SVC），静止同步串联补偿器（SSSC），静止同步补偿器（STATCOM）和晶闸管投切电容器（TSC）。尤其是在可再生能源的远距离传输过程中，比如大型风电场和光伏电站，通常距离负荷较远。伴随可再生能源在电网中渗透率的增长，引入储能对于电网的调频调压是必要的。

  优化电网输送能力的新方法是控制发电与负荷节点之间的能量流动，如 Kreikebaum 等在参考文献 ［5］ 中所提议的。对于遏制电网某些地区的超载这是一个很好的临时措施。然而，如 Makarov 等在参考文献 ［6］ 中所讨论的一样，需要大量的能量未参与短时间尺度内的调压调频等辅助服务，比如在电压下降时需要大量的抽水蓄能或压缩空气储能作用于电网。即使是新的方法，如 V2G（汽车到电网）技术将大量插电式混合动力电动汽车（PHEV）接入电网提供辅助服务，可通过使用车辆电池实现 10s 的低电压穿越（LVRT）。这是 Rogers 等在参考文献 [7] 中所提到的。同时，Rogers 等更关心 V2G 技术对汽车电池的影响，需要使用高性能的通信网络进行计时和结算，来确保用户不会产生负面情绪[8]。

要理解储能对电网的作用，首先必须看一下从发电站到远程用户通过传输线的功率流。在这种情况下，假定线路短，只有 10km，因此其阻抗可以仅由线路阻抗表示。用户位置处的母线电压作为零相位的参考。图 4-4 描述了这种情况，发电机电压 V_s，角度 θ，线路阻抗 X_s，线电流 I_s，远程负载母线在角度为 0 时的参考电势为 V_r。

发动机侧输入的总伏安 $S = P + jQ$ 由有功功率 P 与支持线路和负载阻抗的

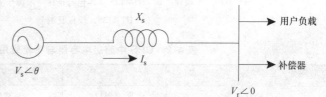

图 4-4　发电站到远程负载的输电图

无功功率 Q 组成。我们的目的是了解向负载母线添加静态无功补偿器（SVR）抵消发动机的部分无功功率负担的影响。要做到这一点，我们首先看一下用系统电压和电流表示的坡印亭矢量 S，如下：

$$S = P + jQ = V_s I_s^*\qquad(4\text{-}8)$$

式中，用星号和使用共轭 $j = \sqrt{1}$ 的复数书写方式表示电流的共轭，式（4-8）中所有的变量均为矢量。在矢量表示法中，线电流在考虑到有关矢量的幅度与角度下，通常以式（4-9）进行计算：

$$\overrightarrow{I_s} = \frac{\overrightarrow{V_s} - \overrightarrow{V_r}}{jX_s} = \frac{V_s \angle \theta - V_r \angle 0}{X_s \angle 90}\qquad(4\text{-}9)$$

取式（4-9）的共轭并消除表达式中以 I_s^* 表示的分母：

$$I_s^* = \frac{V_s \angle (-\theta + 90)}{X_s} - \frac{V_r \angle 90}{X_s}\qquad(4\text{-}10)$$

将式（4-10）代入式（4-8），并计算输入到传输线的总伏安（VA）以及有功与无功功率。

$$S = V_s I_s^* = \frac{V_s^2 \angle 90}{X_s} - \frac{V_s V_r \angle (\theta + 90)}{X_s}\qquad(4\text{-}11)$$

$$S = \frac{V_s^2}{X_s}(j) - \frac{V_s V_r}{X_s}(-\sin\theta + j\cos\theta)$$

$$= \frac{V_s V_r}{X_s}\sin\theta - j\left(\frac{V_s V_r}{X_s}\cos\theta - \frac{V_s^2}{X_s}\right) \tag{4-12}$$

$$P = \frac{V_s V_r}{X_s}\sin\theta \tag{4-13}$$

$$Q = \left(\frac{V_s^2}{X_s} - \frac{V_s V_r}{X_s}\cos\theta\right) \tag{4-14}$$

由式（4-13）可以明显看出，有功功率可以通过电抗为 X_s、达到稳定极限即 $\theta=90°$ 的线路传输，与信号源和负载母线电压成正比，与线路阻抗 X_s 成反比。在现实中，架空输电线路的特性阻抗大约是 300Ω。根据式（4-14），无功功率在很大程度上取决于线电流的相位角。当线电流角度接近稳定极限时，通过传输线路上总 VA 将全部转化为无功功率。因此，必须采取一些措施补偿线路与负载阻抗。

最简单的补偿器是在负载母线端接入一个固定的无功功率源。实际中是在负载母线上增加一个并联电容以补偿无功功率，从而限制了线路无功功率的传输。这样做不仅降低了传输线热损耗，也起到了保持负载电压在调节范围之内的作用。下面的例 4-2 和例 4-3 说明了增加储能对电网的重要性。

例 4-2：在图 4-5 中，监控和数据采集（SCADA）模块用于监控发电机和负载侧的电压、电流和相位角。在未补偿的情况下，线电流 I_s 是由电压源 V_s 与传输线阻抗 Z_s 加负载阻抗 Z_L 之和的比，如下式：

$$I_s = \frac{V_s}{(Z_s + Z_L)} = \frac{115k \angle 0}{((0.0149 + 165) + j(0.149 + 96.1))}$$

$$= \frac{115k \angle 0}{190.983 \angle 30.228} = 602 \angle (-30.228) \tag{4-15}$$

如图 4-6 所示，根据式（4-15），$602A_{pk}$ 的源电流滞后于发电机电压。当开关负载，$Z_{sw}=(330+j84.8)\Omega$ 在 $t=71ms$ 切换时，源电流增大到 $920A_{pk}$，代表固定负载和可切换负载的阻抗之和。在固定负载作用下线路输入从 64MVA 至 -5MVA，然后当增加额外负载时过渡到 102MVA。

在图 4-7 中，固定的负载电流（$597A_{pk}$，由于电源电压 $V_s=114.9kV$，此值略小于式（4-15）给出的结果）是传输线上开关负载应用之前的电流。此时，向固定负载电流 $597A_{pk}$ 的矢量方向增加负载 $335.6A_{pk}$。

其矢量数学公式为式（4-16）~式（4-18）。

$$I_L + I_{sw} = 597 \angle (-30.2) + 335.6 \angle (-14.4) \tag{4-16}$$

$$I_L + I_{sw} = [597(0.8643) + 335.6(0.9685)] - j[597(0.503) + 335.6(0.2486)] \tag{4-17}$$

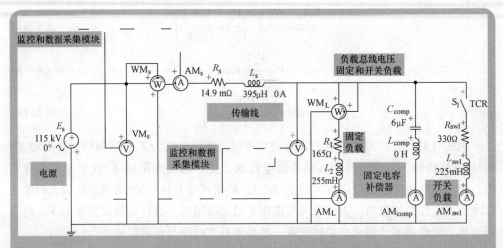

图 4-5   接入固定 VAR 并带有固定和开关负载的传输线

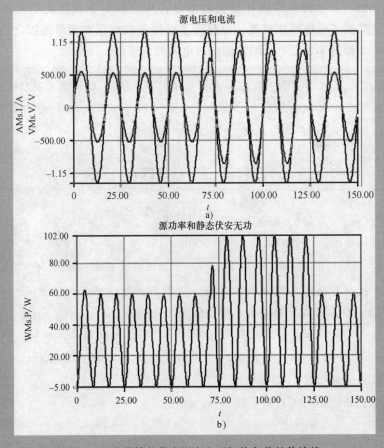

图 4-6   未补偿的带有固定和可切换负载的传输线

a) 源电压（115kV）和电流   b) 源输入 VA（在固定负载时为 64MVA, 可切换负载时为 102MVA）

$$I_L + I_{sw} = 924.7 \angle (-24.4) \tag{4-18}$$

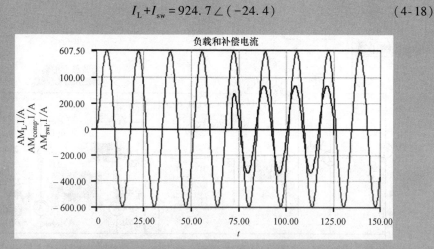

图 4-7 固定负载、可切换负载和无功元件的未补偿网络电流

式（4-18）的结果如图 4-6a 所示，其中 71ms<t<125ms。式（4-18）的含义是发电站能"看到"的由式（4-19）定义的有效负载 $S = V_s I_s^*$，其表明大量无功功率（Mvar）必须由发电机按式（4-20）输出。

$$S = 115k(924.7 \angle (-24.4))$$

$$= 106.34MVA(0.911) - j106.34MVA(0.413) \tag{4-19}$$

$$S = (96.87 - j43.92)MVA \tag{4-20}$$

如前所述，无功功率的需求增加了线电流和额外热量，以及对发电机通过现场控制提供无功功率的要求。在下一个例子中描述通过并联电容器来增加固定的无功补偿到电网中的情况。

对于例 4-2 的后续例子，我们将考虑在负载母线上增加一个固定的无功补偿器。这种补偿设备可以是固定电容器、STATCOM 或静止无功补偿器。这里要考虑的是最简单的情况，即考虑将固定电容器作为无功补偿设备。测试的例子与例 4-2 相同，除了具有非零的电容元件。

例 4-3：参考图 4-8 和图 4-9c 以及电流矢量相加得到的传输线电流 I_s。计算与式（4-16）~式（4-18）是相同的，所以只有式（4-18）将在这里重复介绍。

$$I_L + I_{sw} + I_{comp} = 597 \angle (-30.2) + 335.9 \angle (-14.4) + 260 \angle (+90)$$

$$= 850.2 \angle (-8.37) \tag{4-21}$$

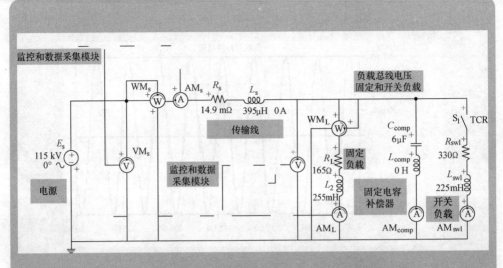

图 4-8 在负载母线（6μF，115kV）电容器带有固定无功补偿的输电线路

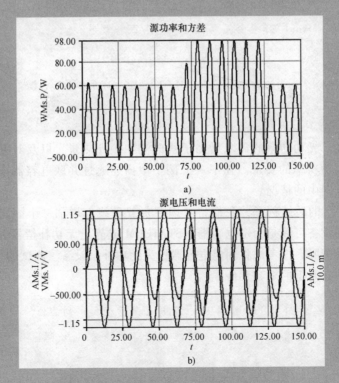

图 4-9 源功率、线电压、线电流、补偿电流

a）输入功率（MVA） b）源电压和传输线电流

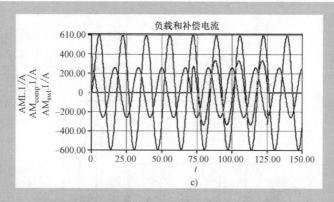

图 4-9　源功率、线电压、线电流、补偿电流（续）

c）负载电流 I_L、I_{sw}、I_{comp}

这里，滞后角度为 8.37° 的源电流为 $850A_{pk}$，接近单位功率因数。结果如图 4-9b 所示，当 $71ms<t<125ms$ 时的电流曲线。接入固定 VAR 的好处在图 4-9b 中被再次印证，注意线电压和线电流的曲线几乎完全重叠。事实上，在这样的情况下，接入 6μF（29.9Mvar）的实际角度只有 8.37°。

对于在用户母线端相同的负载，其结果如例 4-2 传输线电流从 $920A_{pk}$ 减少到 $850A_{pk}$。考虑到相同的 100 MVA 负载功率支持的情况下，这时线电流将会大幅减小。

接下来将探讨无功补偿装置对调压的好处，因为对于这个功能来说储能系统是必要的。联想到 VAR 接入对于稳压母线的作用，能帮助理解用户负载母线的电网电压调节，如例 4-3 所示的固定电容器 VAR 支持，或如图 4-4 所示的一个静态无功补偿器（SVC），或者静态同步串联补偿器（SSSC）、静态同步补偿器（STAT-COM）。如图 4-10 所示，STATCOM 是基于电流控制功率逆变器在适当相位注入电流矫正 VAR 负载并联补偿器。流行的 VAR 校正方法是使用如图 4-11 所示的 SSSC，由与电压控制电压源变换器（VSC）电力电子逆变器独立的变压器构成。无论采用何种方法，得到的结果与例 4-3 所示的是相似的，即在动态系统中，线电流的相位可以被补偿到单位功率因数或者接近单位功率因数。

在没有 VAR 补偿的情况下和有 VAR 支持情况下，不同等级、类型的负载母线的电网电压可由式（4-13）和式（4-14）计算得出。对两个公式进行总结得到式（4-22），用参数 P、Q、X_s 和 V_s 表示参考电压。

$$P^2+\left(Q-\frac{V_s^2}{X_s}\right)^2=\left(\frac{V_s V_r}{X_s}\right)^2 \tag{4-22}$$

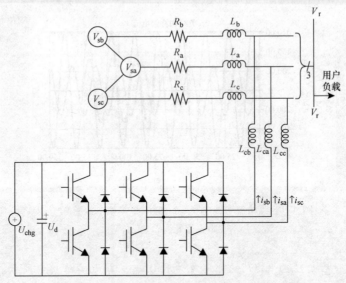

图 4-10　配有 CSC 功率逆变器的 STATCOM 示意图

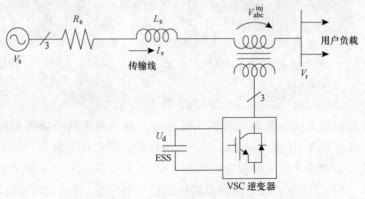

图 4-11　配有 VSC 功率逆变器的 SSSC 示意图

根据式 （4-22）， 有功功率 P 和无功功率 Q 的取值范围均被限定在以 $\dfrac{V_s V_r}{X_s}$ 为半

径的圆内， 并在 Q 轴偏移了 $\dfrac{V_s^2}{X_s}$。 传输线的电抗限制了负载母线的电压调节能力。

根据式 （4-23）， 在负载母线上考虑 P 和 Q 的幂律关系， 其中 P 和 Q 具有电压依

赖关系。 此外， 引入式 （4-22） 中每个单位上的固定补偿电容 B_c。 修改后， 式

（4-22） 可以表示为式 （4-23）， 其中包括取决于母线电压 V_r 的幂律依赖性。

$$(P_0 V^p X_s)^2 + [Q_0 V^q X_s - (1 + B_c X_s) V_s^2]^2 = (V_s V_r)^2 \tag{4-23}$$

在负载母线处由固定电容器提供一个固定的无功补偿， 作用为按固定的量补

偿负载的无功功率 Q_0。关于这一点上的更多详细信息，请参阅练习 4.4。如图 4-10 所示注入的可控无功功率的静止同步补偿器或者如图 4-11 所示的 SVC 一般均用于动态调整电网节点电压。为了观察这一点，将 VAR_{svc} 项加入到式（4-23）中的无功分量，得到如式（4-24）所示的电压公式。

$$(P_0 V^p X_s)^2 + [Q_0 V^q X_s - (1 + B_c X_s + B_{svc} X_s) V_s^2]^2 = (V_s V_r)^2 \tag{4-24}$$

从电网节点电压的角度来看，无论是由一个固定电容器提供还是从受控 VAR 源动态地注入无功功率支持都是为了实现 $P\text{-}Q$ 平面上圆心点的动态位移，使得无论 VAR 负载如何，都可以保持 V_r 稳定。

如图 4-10 和图 4-11 所示，目前的 SVC 直流侧通常采用直流铝电解电容器作为储能系统（ESS）单元。在使用静止同步补偿器（STATCOM）的情况下，电容器的电压由充电器保持。Xi 等在参考文献 ［9］ 中讨论了在额定功率为 125kVA 的静态同步补偿器中超级电容器作为储能元件的应用，工作电压等级为 480V，通过变压器接入在 12kV 的公共连接点（PCC）。在该系统中，额定电压 $U_d = 600V$ 的储能系统对静止同步补偿器进行电压控制。

在本节的剩余部分，我们探讨电网调压、调频的基本原理。众所周知，有功功率会影响电网频率。类似地，无功功率会影响电网的局部电压。为了进一步揭示这一点，我们将考虑如图 4-12 所示的相量图，其示出了与参考节点电压 V_r 成某个角度的电源电压 V_s。

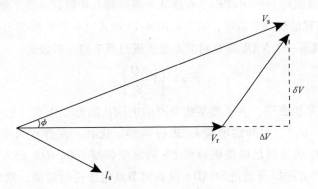

图 4-12　参考节点处电网电压和输入电压（V_s）的相量表示

输电线路的电压降 ΔV，在很大程度上是由于如例 4-3 所示的线路和负载阻抗需要传送高于常规的负载电流。式（4-25）是对线电压下降到一定的情况下进行相量分解，此时，$I_s^* Z_s$ 中的角度 θ 代替了角度 ϕ。

$$\overrightarrow{\Delta V} = (R_s + jX_s)(I_s \cos\phi - jI_s \sin\phi) \tag{4-25}$$

展开式（4-25）得到一个复杂的矩形形式。在该节点，将线电压压降乘以参考节点电压，推导出无功功率 Q 在节点处的影响。

$$\overrightarrow{\Delta V} = \left[R_s I_s \cos\phi + X_s I_s \sin\phi \right] + j \left[X_s I_s \cos\phi - R_s I_s \sin\phi \right] = \Delta V + j\delta V \tag{4-26}$$

$$R\left[V_r \Delta V \right] = V_r R_s I_s \cos\phi + V_r X_s I_s \sin\phi \tag{4-27}$$

$$J\left[V_r \Delta V \right] = V_r X_s I_s \cos\phi - V_r R_s I_s \sin\phi \tag{4-28}$$

由式（4-27）和式（4-28）可以得到两个重要结论。根据式（4-28），因为 R_s 垂直于 X_s，传输线的电压降是由无功部分决定的。类似地，线路电压降的正交分量是由有功功率流决定的，如下面由式（4-27）和式（4-28）所推导的公式。

$$V_r \Delta V = R_s P + X_s Q \cong X_s Q \xrightarrow{\Delta} \Delta V = \frac{X_s Q}{V_r} \tag{4-29}$$

$$V_r \delta V = X_s P - R_s Q \xrightarrow{\Delta} \delta V = \frac{X_s P}{V_r} \tag{4-30}$$

结果是无功功率影响 ΔV 的两部分，即直接线路压降和其正交分量。采用式（4-29），通过用节点电压 V_r 对 ΔV 进行标幺化，可以直接通过线电压压降表示输电线路短路额定容量 S_{sc}。结果如式（4-31）所示，其中，$\Delta V/V_r$ 表示为无功功率与线路短路功率之比。

$$\frac{\Delta V}{V_r} = \frac{X_s Q}{V_r^2} = \frac{Q}{S_{sc}} \tag{4-31}$$

因此，无功补偿器能够对节点电压有较广泛的影响，在很多的 SVC 和 STATCOM 应用中，PF 的范围约为 -0.9<PF<0.6 或 0.9 滞后到 0.6 超前。要了解如何通过 SVC 或 STATCOM 实现电压调节策略，请参阅图 4-12 和式（4-29）所指出的 $V_r \cong V_s - \Delta V$，带入替换，得到用一个 VAR 源 Q 对节点电压进行调节的近似公式。

$$V_r = V_s \left[1 - \frac{Q}{S_{sc}} \right] \tag{4-32}$$

图 4-13 清楚地表明，为了将某些节点的电压从动态工作点 (V, Q) 转移到额定工作点 (V_0, Q_0)，对补偿增益 k_Q 进行调整。比如，在静止同步补偿器，它的无功电流幅值 I_q 增加到足以提供超前 PF 的电流使得 $|Q_0 - Q|$ 归零。事实上，这就是系统的运作方法以及通过 SCADA 设备对节点电压进行监测，然后在 STATCOM

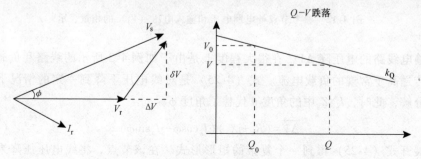

图 4-13　使用 VAR 源进行电网电压调节的示意图

注入适当水平的补偿 VAR 和电压值回到其标称值（可见参考文献［10，11］的详细讲解）。

4.3　风力发电系统

风能是一种快速增长的可再生能源，在全球范围内，截至 2008 年底，全球风电装机容量超过 121GW，大约每 3 年翻一番[12,13]。风电机组装机容量范围从

1.5MW 到 7.5MW，包括由齿轮驱动的异步发电机，通常是双馈感应发电机（DFIG）或直接驱动同步永磁发电机。大型风电机组的转速基值只有 11r/min，通常切入风速为 3m/s（约 7mile/h），切出风速为 25m/s（55mile/h）。从这个角度，考虑由风力机、发电机、功率逆变器互联组成的直驱 6MW 风能变换器（WEC）。在给定转速下，风力机轴的转矩是 6MNm！图 4-14 给出了一台典型的风能变换器研究设施，其主要是用于评估各种制造商制造的风力机的性能和经济性。

图 4-14　丹麦风能研究所提供的在测试条件下 1.5~4.6MW 风电机组性能的风能研究设施［IEEE 联合 IAS/PELS/IES 丹麦分会提供］

例如，一个维斯塔斯 4.5MW 海上风电机组在设计时，直径为 120m，轮毂高度为 90m，配有变速箱和变桨变速控制的高电压双馈电动机。如此大的风轮，其扫掠面积超过 $1hm^2$，或者有近 3 个美式足球场大小。风电机组的尺寸仍在不断上涨。在 2007 年，风电机组的安装基数是 750kW ~ 1.5MW 级的比例为 45%，1.5 ~ 2.5MW 级的为 47%，超过 2.5MW 级的为 8%。目前，已知最大的风电机组装机容量已达到 7.5MW，其能量等级约为我们已知的 1 百万桶原油当量，10MW 的风电机组正在被研究设计，其越来越接近风电机组塔架的承受极限。例如，对于 7.5MW 的风电机组，其总质量约 600t，其中顶部安装的发电机重 200t，高度相当于一座埃菲尔铁塔。本文中 1MBE 的概念表示为 1 台 7.5MW 的风能转换器在额定功率下连续运行 25 年的发电量。

风电机组控制需要考虑平衡有功功率输出和电网频率，以及 PCC 的无功功率注入和节点电压调节。Blaabjerg 和 Iov[14]用图介绍了一个联网的电压和频率的调节，以及风电机组是如何工作的。例如，如果电网频率高于 50.5Hz，3min 内不需要有功功率。如果电网频率在 49~50.5Hz 的范围内，并且节点电压的调节范围内从 U_{LF} 到 U_{HF}，此时风电机组以额定功率输出。

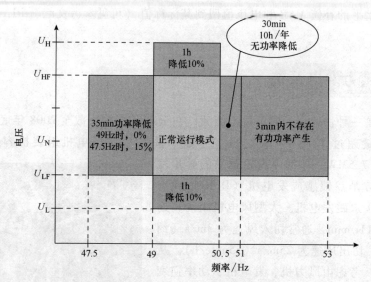

图 4-15 丹麦输电网中的风电规范

需要注意一阵强风吹过风电场的情况。有一个大风超过 55mile/h 经过风电场的例子，导致发电量在短短几分钟内就减少了 3000MW，造成了输电线路功率扰动。

风能变换器的机械功率输出正比于风力机的扫掠面积 A、风速 V_w、空气密度 ρ 和风力机的功率系数 C_p（也被称为贝兹系数）。风力机功率系数是风力机叶尖角速度和风速的函数，即 $\lambda = r\omega_m/V_w$，其中 r 是风轮半径，ω_m 为角速度。当 $4 < \lambda < 5$（见图4-15）时，典型的三叶片风力机（丹麦概念）其 C_p 约为 0.45。风功率的特点是它的统计分布通常是威布尔分布。

$$P_m = 0.5\rho C_p A V_w^3 \tag{4-33}$$

$$h(V_w) = \left(\frac{\beta}{\alpha}\right)\left(\frac{V_w}{\alpha}\right)^{\beta-1} e^{-(V_w/\alpha)^\beta} \tag{4-34}$$

对于风电机组，由于依据空气密度（1.22kg/m³）和叶片空气动力学而设计，输入轴机械功率（4-33）随风速比例因子变化而变化。风速的概率密度函数（4-34）给出了风速在 V_0 和 $V_0 + \Delta V$ 或 $V_0 < V_w < V_0 + \Delta V$ 范围内的分布情况。在风电场微观选址中，常用 α 表征风速大小，β 表征风速的分布情况。例如，当 β 较小时，风速呈现出更平坦的特性。β 值较大时，表征有更多可变性特点的风况。当 $\beta = 2$ 时，威布尔分布函数则变成瑞利分布，通常用于风电机组选址。图 4-16 给出了特征风速参数被设置为 10m/s，不同形状系数值下的威布尔分布概率密度函数。此风速是典型的高风速。请注意，当 $\beta = 1$ 时的分布是相当平坦的，当 $\beta = 6$ 时的曲线是特征风速的情况。当 $\beta = 3.44$ 时为近似高斯分布。

现在有很多方法表征和预测测试地点的风况，以便更好地预测风电场的可用能量。预测风速是一个具有挑战性的命题，所以开发商在宽敞的空间区域安装风

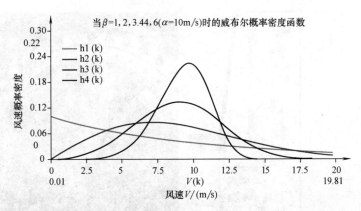

图 4-16　威布尔概率密度函数：指数 h1，$\beta=1$；瑞利分布 h2，$\beta=2$；
高斯分布 h3，$\beta=3.44$ 和强瑞利分布 h4，$\beta=6$

电机组，以使风速在机组阵列间的平均风速范围内变化。美国能源部做了这样的调查，并记录下一个风电场时长一个月的 1h 间隔的风电场输出功率。图 4-17 说明这些 1h 间隔的输出功率数据在一天的时间内在 550~50MW 范围内波动较大，不过月平均曲线是近似平坦的。在这个例子中风电场的容量因子接近 40%，这个数字对于风电场来说是一个典型值。

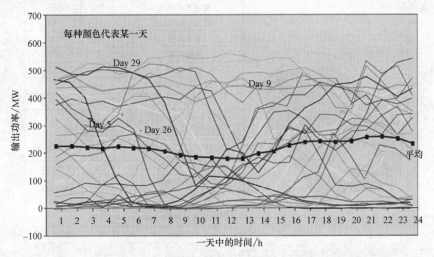

图 4-17　超过 1 个月的风电场每小时输出功率（美国能源部能源信息署）

目前在风电领域应用储能，其主要作用是变速风电机组叶片桨距调节和在变速恒频双馈感应发电机转子电子的直流连接线上用于调控 P 和 Q 的输出水平。图 4-18 是一个风电机组齿轮和发电机一体剖面图，并展示了交流驱动电子盒、电动机和储能单元的叶片的螺栓分布图。

131

图 4-18 风电机组透视和叶片桨距调节器电动驱动器特写，包括显示为浅灰色盒子的超级电容器能量存储单元（由 Maxwell 技术公司提供）

例 4-4： 图 4-19 所示的是超级电容器风电模块，该模块作为一个额定电

额定工作电压	V_{DC}	75
最大工作电压	V_{DC}	83
浪涌电压	V_{DC}	86
标称电容	F	94
电容公差	%	+20/-0
室温下的ESR	mΩ	15
可用电量	Wh	55
室温下30天内12h充电和保持的自放电	%	50
5s放电到U_{mx}/2最大电流	A	700
寿命，75V，室温	h	150000
室温下从75V到37.5V循环寿命	#	1000000
300V应用中的隔离电压	V_{DC}	1600
工作温度	℃	-40～+65

图 4-19 风电机组桨距调节的储能模块及其规范

压为 300V 的大型风力机叶片交流驱动的储能备用模块。假设该储能备用模块在三叶片风力机叶片通过塔影时被激活驱动叶片旋转 20°，同时假定该风力机旋转在 $n = 11r/min$ 并且能提供最大额定电流功率脉冲。需要多少电量模块充电器供电以保持 340° 来补充模块的 SOC？

要解决这样的设计和尺寸大小方法，首先计算激活每个模块需要从模块中吸取的能量，包括损耗。对于此应用，有 $N_m = 300V/75V = 4$ 个模块串联，每个模块额定为 94F、15mΩ，总计为 23.5F、60mΩ，$U_{pak} = 300V$。因此，超级电容器每次交流驱动共有 $E_{pak} = 0.5 \times 23.5 \times 300^2 = 1.057MJ$ 能量存储。然后计算风力机叶片的旋转特性，角速度 ω_m，叶片塔影通过频率 f_{tsh}，机械旋转超过 20° 的塔影通过时间 t_{tsh}。

$$\omega_m = \frac{2\pi}{60}n = 0.1047 \times 11 = 1.1518 \text{rad/s} \qquad (4-35)$$

$$f_{tsh} = \frac{3\omega_m}{2\pi} = \frac{3 \times 1.1518}{2\pi} = 0.55 \text{Hz} \qquad (4-36)$$

$$t_{tsh} = \left(\frac{20}{120}\right)\left(\frac{1}{f_{tsh}}\right) = 0.303\text{s} \qquad (4-37)$$

因此，模块在 300V 电压下以 $I_{mx} = 700A$ 放电，放电时间为 t_{tsh}，放电能量为 $E_{dch} = 63630J$。这仅仅只有 $63630J/(0.75 \times 1.057MJ) = 0.08$ 或者只有模块组可转移能量的 8%。然而，功率水平高达 210kW。在短时间脉冲内模块的功耗可视为常数，或者 $P_{disp} = I_{mx}^2 \cdot ESR_{pak} = 700^2 \times 0.06 = 29.4\text{kW}$，模块功耗是 $E_{disp} = t_{tsh}P_{disp} = 8908J$。结果是模块组充电时必须补偿 $E_{dch} + E_{disp} = 72538J$ 的能量。为了在 300V 的情况下提供必需的再充电能量，需要一个额定电流为 I_{chgr} 的充电器，充电时间为 $t_{ch} = t_{rot} - t_{tsh}$。

$$t_{rot} = \frac{2\pi}{\omega_m} = \frac{6.283}{1.1518} = 5.455\text{s} \qquad (4-38)$$

$$I_{chgr} = \frac{E_{dch} + E_{disp}}{U_{pak}(t_{rot} - t_{tsh})} = \frac{72538}{300 \times 5.15} = 46.95A \qquad (4-39)$$

前面的例子强调了这样一个事实，即超级电容器备用模块在提供非常高峰值的功率脉冲时只进行了浅层能量循环。在阵风模式下，风力机叶片调节会更加频繁，因此模块会连续工作，且随风力机叶片变化而连续充放电。当电机运行时放电，当风对叶片施加作用力而引起叶片反转时再充电。

在风电机组上使用储能代替叶片桨距调节器，将超级电容器应用于双馈感应发电机的转子变换器电路。Duan 和 Harley[15] 以及 Abbey 和 Joos[16] 讨论了在双馈感应发电机转子直流电链中使用 1200V，2.3F，1.66MJ 超级电容器储能的可能性。ESS 在 0.5MW 转子回路提供 833A 电源电流以增强低电压穿越能力。为了满足低电压穿越要求，风电机组必须始终保持连接并在整个电网故障期间提供输出。转子储能的大小必须达到弥补对双馈感应发电机定子电压降并且继续向电网提供电源的目的。以下部分分析了双馈感应发电机，我们的目标是证明在哪里应用超级电容器将具有最大的低电压穿越能力。

熟悉 Serbius 驱动的人逐步意识到现代双馈感应发电机通过电力电子接口并入电网。在这个系统中，在电网和转子之间的背靠背功率逆变器占双馈感应发电机约 30% 的额定输出功率。随着次同步或超同步速度运行，这是双馈感应发电机的主要优点之一。在超同步转速正常运行时，风电功率输入 $P_{wind} \rightarrow P_s + P_{REC}$ 且 $P_{ESS} > 0$，从而使 ESS 单元充电。在次同步转速时，ESS 放电且 $P_s + P_{FEC} \rightarrow P_{grid}$。图 4-20 给出了双馈感应发电机发电系统的主要组成部分和刚才提到的功率流。未显示的是监测和控制电路所需要提供适当的 i_d（无功功率 Q）和 i_q（有功功率 P）到相应的转子侧变换器（REC）和电网侧变换器（FEC）。

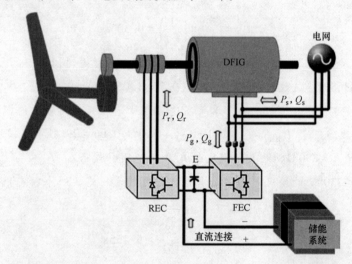

图 4-20　互联的双馈感应发电机和功率流［来源于 C. Abbey，G. Joos，"超级电容器储能系统在风电中的应用"，IEEE Transactions on Industry Applications，vol. 43，no. 3，pp. 769-76，2007］

为了介绍双馈感应发电机的瞬态模型，我们给出用各自电流和电机磁通表达的定子和转子电压表达式。接下来，定义用定子、转子和互感表示的电机磁通，然后将其带入电压的表达式并进行简化。简单地说，就是让具有一些电机背景的工程专业学生能够知道这个过程。以下的分析是对式（4-41）和式（4-42）进行说明，接下来的分析将会给出电压方程式（4-41）和磁链方程式（4-42），然后使用式（4-40）给出的导数算子、差频和电机瞬态电感的定义和公式，导出同步参考坐标系下定子与转子侧电压矩阵关系式[17]。

$$p = \left(\frac{d}{dt} \right) ; S\omega_s = (\omega_s - \omega_r) ; \sigma L_r = L_r \left[1 - \frac{L_m^2}{L_s L_r} \right] \qquad (4-40)$$

$$v_{ds} = R_s i_{ds} + p\lambda_{ds} - \omega\lambda_{qs}$$

$$v_{qs} = R_s i_{qs} + p\lambda_{qs} + \omega\lambda_{ds}$$

$$v_{dr} = R_r i_{dr} + p\lambda_{dr} - (\omega - \omega_r)\lambda_{qr} \tag{4-41}$$

$$v_{qr} = R_r i_{qr} + p\lambda_{qr} + (\omega - \omega_r)\lambda_{dr}$$

$$\lambda_{ds} = L_s i_{ds} + L_m i_{dr}$$

$$\lambda_{qs} = L_s i_{qs} + L_m i_{qr}$$

$$\lambda_{dr} = L_m i_{ds} + L_r i_{dr} \tag{4-42}$$

$$\lambda_{qr} = L_m i_{qs} + L_r i_{qr}$$

将上式代入并指出，在以下的 FEC［式（4-43）］和 REC［式（4-44）］侧电压的所有变量结果将通过上标 e 表示为在同步参照系下。式（4-43）中 RHS 的第二项由于它表示的是一种纯粹的振荡源而变得有趣。出现这种情况是因为在定子电压方程中电阻被忽略了，所以是无阻尼的情况。在更精细的分析中，这点是不能被忽略的。此外，同步角频率如所示的变为 ω_s。

$$\begin{bmatrix} v_{ds}^e \\ v_{qs}^e \end{bmatrix} = \begin{bmatrix} pL_s & -\omega_s L_s \\ \omega_s L_s & pL_s \end{bmatrix}\begin{bmatrix} i_{ds}^e \\ i_{qs}^e \end{bmatrix} + L_m\begin{bmatrix} p & -\omega_s \\ \omega_s & p \end{bmatrix}\begin{bmatrix} i_{dr}^e \\ i_{qr}^e \end{bmatrix} \tag{4-43}$$

$$\begin{bmatrix} v_{dr}^e \\ v_{qr}^e \end{bmatrix} = \begin{bmatrix} R_r + pL_r & -s\omega_s L_r \\ s\omega_s L_r & R_r + pL_r \end{bmatrix}\begin{bmatrix} i_{dr}^e \\ i_{qr}^e \end{bmatrix} + L_m\begin{bmatrix} p & -s\omega_s \\ s\omega_s & p \end{bmatrix}\begin{bmatrix} i_{ds}^e \\ i_{qs}^e \end{bmatrix} \tag{4-44}$$

求解式（4-44）中的 i_{dqr}^e，将其代入式（4-43），并重新排列 i_{dqs}^e。这里的符号 x_{dqs}^e 意味着定子（或转子）的矢量同步。该过程涉及式（4-44）中的 2×2 矩阵乘以 i_{dqr}^e 的逆。按照这一结果得到在定子（电网）侧的双馈感应发电机电流的表达式［式（4-45）］。

$$\begin{bmatrix} i_{ds}^e \\ i_{qs}^e \end{bmatrix} = \frac{1}{L_s(p^2 + \omega_s^2)}\begin{pmatrix} p & \omega_s \\ -\omega_s & p \end{pmatrix}\begin{bmatrix} v_{ds}^e \\ v_{qs}^e \end{bmatrix} - \frac{L_m}{L_s}\begin{bmatrix} i_{dr}^e \\ i_{qr}^e \end{bmatrix} \tag{4-45}$$

代入并计算式（4-40），得到转子瞬态电感：

$$\begin{bmatrix} v_{dr}^e \\ v_{qr}^e \end{bmatrix} = \begin{bmatrix} R_r + p\sigma L_r & -s\omega_s\sigma L_r \\ s\omega_s\sigma L_r & R_r + p\sigma L_r \end{bmatrix}\begin{bmatrix} i_{dr}^e \\ i_{qr}^e \end{bmatrix} + \frac{L_m}{L_s}\begin{bmatrix} \dfrac{(p^2 + s\omega_s^2)}{(p^2 + \omega_s^2)} & \dfrac{(p\omega_s - s\omega_s^2)}{(p^2 + \omega_s^2)} \\ \dfrac{(s\omega_s^2 - p\omega_s)}{(p^2 + \omega_s^2)} & \dfrac{(p^2 + s\omega_s^2)}{(p^2 + \omega_s^2)} \end{bmatrix}\begin{bmatrix} v_{ds}^e \\ v_{qs}^e \end{bmatrix} \tag{4-46}$$

$$
\begin{bmatrix} v_{\mathrm{dr}}^{\mathrm{e}} \\ v_{\mathrm{qr}}^{\mathrm{e}} \end{bmatrix} = \begin{bmatrix} R_{\mathrm{r}}+p\sigma L_{\mathrm{r}} & -s\omega_{\mathrm{s}}\sigma L_{\mathrm{r}} \\ s\omega_{\mathrm{s}}\sigma L_{\mathrm{r}} & R_{\mathrm{r}}+p\sigma L_{\mathrm{r}} \end{bmatrix} \begin{bmatrix} i_{\mathrm{dr}}^{\mathrm{e}} \\ i_{\mathrm{qr}}^{\mathrm{e}} \end{bmatrix} + \frac{L_{\mathrm{m}}}{L_{\mathrm{s}}} \begin{bmatrix} \dfrac{(p^2+s\omega_{\mathrm{s}}^2)}{(p^2+\omega_{\mathrm{s}}^2)} & \dfrac{(p\omega_{\mathrm{s}}-s\omega_{\mathrm{s}}^2)}{(p^2+\omega_{\mathrm{s}}^2)} \\ \dfrac{(s\omega_{\mathrm{s}}^2-p\omega_{\mathrm{s}})}{(p^2+\omega_{\mathrm{s}}^2)} & \dfrac{(p^2+s\omega_{\mathrm{s}}^2)}{(p^2+\omega_{\mathrm{s}}^2)} \end{bmatrix} \begin{bmatrix} v_{\mathrm{ds}}^{\mathrm{e}}=0 \\ v_{\mathrm{qs}}^{\mathrm{e}}=\omega_{\mathrm{s}}\lambda_{\mathrm{ds}}^{\mathrm{e}}=\text{常数} \end{bmatrix}
$$

控制目标是向式（4-46）添加一个新的变量，作为第二个表达式，以修改定子电压矢量 $v_{\mathrm{dqs}}^{\mathrm{e}}$，因此，当电网发生故障如三相短路时，双馈感应发电机低电压穿越能力可能持续 200ms。在这段时间内，故障仍然存在且定子侧的电压骤降，这意味着 $v_{\mathrm{dqs}}^{\mathrm{e}}$ 大幅度下降，然后双馈感应发电机的前馈控制器消除定子电压反馈，并在同一地方采用了新的控制原则，即将 q 轴电压置零，并保持 d 轴电压为与式（4-46）所示的 d 轴磁链成比例的一个常数项。式（4-46）中的第二项显示了这个变化，以便在故障期间转子的电压 $v_{\mathrm{dqr}}^{\mathrm{e}}$ 得以保持，并且在电网电压持续跌落的时间内双馈感应发电机继续发电。其创新点在于对转子电流调节器的解耦控制，使其免于电网电压瞬变的影响，如跌落和浪涌。当电网故障被清除了，双馈感应发电机控制器返回 $v_{\mathrm{dqs}}^{\mathrm{e}}$ 反馈模式并且开始使用由式（4-46）的第一个表达式表示的控制规则。在这一点上，请见参考文献［16］，在这篇文献中提到在 1200V 电压等级下应用 2.3 F 超级电容器提供 1.66MJ 的转子能量以支持渡过电网故障（强电压骤降）时的储能配置问题。因此，这个超级电容器 ESS 的可用能量为 1.25MJ，足以提供 0.5MW/2.5s。

调频是电网的另一项辅助服务，它可以由超级电容器来实现（电池或电池加超级电容器）。DeLille 在参考文献［18］中描述了通过对负载为 23GW 的 138kV 线路提供 5MW/10s 的储能，将 300Mvar 的 SVC 应用于补偿电网频率从 50Hz 到 47Hz 以下的跌落。只有 1Hz，持续时间为 10s 的电网频率被补偿了，而 3.5Hz，持续时间为 1min 的电网频率没有补偿。

4.4 光伏系统

地球上的总太阳能约是 120000TW。到 2007 年底，已安装并网的光伏（PV）阵列达 15GW，到 2009 年装机容量增加到 21GW。德国、美国以及日本占有光伏的最大装机容量，占全球装机总量的 89%。例如，2009 年仅德国一个国家就安装了 3.8GW 的光伏阵列。

在 2010 年，IEEE 电力能源协会（PES）与 EnerNex 公司合作建立了智能电网的信息交换网络门户网站（SGIC）。目前测试版已在美国弗吉尼亚理工大学[19]进行使用以公开征求意见。例如，其中的一个项目是内华达州拉斯维加斯大学，集成光伏、电池储能和具有先进测量的负载设备，其目的是在馈电变电站的 65%实现负载峰值功率的削峰。为了实现这一目标，示范项目将推动180座节能高效住宅的设计和建设。节能住宅将安装有 1.76~2.43kW 屋顶光伏、无箱式热水器、能源之星家电、低辐射窗户以及先进的计量设备。电池储能设备将安装在变电站。

与风能不同的是光伏的应用必须依靠面板或阵列输出，目前使用的示范只有超级电容器储能。一个了解光伏发电波动的很好例子是如 Mooney 在参考文献[20] 中提到的检测一个安装在科罗拉多州阿拉莫萨 8MW 光伏的作用。在这份报告中，光伏阵列输出功率产生的影响在 Xcel 能源公司（电力公司）和太阳爱迪生公司（光伏集成商）的协同努力下通过配电馈线进行了监测。图 4-21 显示了在考虑某月有云遮盖的情况下固定轴（即固定仰角，固定方位角）太阳能跟踪的光伏阵列的最大年发电量。图 4-22 是光伏阵列 1 天的输出波动图，当天开始时阳光明媚，在下午晚些时候天气开始变为晴间多云。由于云遮盖，光伏阵列产生了近 8MW 的功率波动。

图 4-21　位于科罗拉多州阿拉莫萨额定功率为 8MW 的太阳能光伏阵列

光伏阵列输出功率在上午约 6:30 至 9:00 时均匀上升，并最终以 850A 的直流平稳输出，并持续趋于平缓到下午 4:45。然后，伴随着夕阳云层覆盖的明显影响，表现出输出功率在短短的 5min 间隔内减少 81%。正是由于有这种输出的变化，此时储能将有助于平滑输出。

例 4-5：如图 4-22 所示是光伏电池板的输出图，计算能提供平滑 5min 功率波动的超级电容器容量需求。假设输出功率在 5min 内下降 81% 并在下降后的 5min 内以相同的速率恢复。

解决方案：依据题意，光伏阵列的功率可被视为梯形且在输出斜坡中在 5min 时有一个 6.48MW 的缺口并保持在 1.52MW，然后在接下来的 5min 又返

137

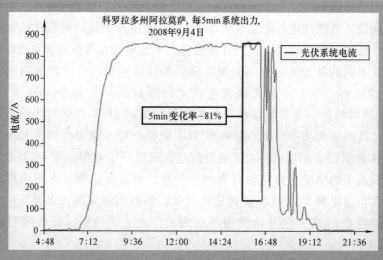

图 4-22 典型太阳能光伏阵列一天的输出功率

回到 8MW。

$$E_{stoPV} = (P_r - P_{mn}) t_{rt} = \frac{(8-1.52)}{6} \text{MWh} = 1.08 \text{MWh} \qquad (4-47)$$

使用现有的具有 100Wh 可转移电能的 HTM125 超级电容器模块，将需使用 N_m 个这样的模块。通过 E_{stoPV} 与 E_{delHTM} 的比值可计算得到所需的模块数量 N_m。

$$N_m = \frac{E_{stoPV}}{E_{delHTM}} = \frac{1.08 \times 10^6}{100} = 10800 \qquad (4-48)$$

这是一个很大的模块数，并且一个 HTM 的重量是 58kg、体积为 85.82L，这就意味着总的存储系统质量则为 626.4t 以及体积和为 9.269×10^5L（926m^3）。将这个量换角度来看，即考虑一个内部容积为 102m^3 的标准 53′容器（8′×8′6″×53′）。使用这个度量标准，ESS 可容纳九个这样的容器。

考虑以下电网的功能和它们的定义来总结本章储能系统的电网应用[一]。

• **传输缩减（TC）**：缓解由于传输容量不足所带来的电力输送约束。储能通过促进可再生能源（RER）并网，以增加的输送电能乘以电价来评价储能的价值。

• **时移（TS）**：在非高峰时段（下午 6:00 至次日上午 6:00）时存储可再

㊀ Mears，使用储能系统提高风力发电能力，美国能源部同行评审会议，2004 年 11 月 10 日~11 日。

生能源发出的电能，并在当可再生能源电能不够时从电网买电，在负荷高峰时段（上午6:00至下午6:00）放电。这种储能的价值是通过能量的时间转移和削峰填谷能量的市场价值来估算的。

• **预测收益（FH）**：降低可再生能源以1h为间隔，超前3h的功率预测误差（不足）。储能价值在于按市场价格提供的可再生能源的增量值。

• **电网频率支持（GFX）**：在可再生能源突然大幅度下降的15min的放电间隔期间内支持电网频率。储能价值在于替代解决方案的成本。

• **平抑波动（FS）**：通过抑制波动（在短时间内吸收和释放能量的变化）来稳定可再生能源的输出功率。储能价值在于替代解决方案的成本。

练　习

4.1 计算表4-2给出的超级电容器UPS模块的待机功耗。考虑两种情况，（a）单体漏电流恒定，确定全电压组的泄漏电流并以µA/F表示。（b）并联阻抗恒定，在室温下30天内模块电压降到一半。

答案：（a）使用状态方程 $Q_{sb} = C_o U_{op}/2 = I_{sd} T$，其中，HTM125的 $U_{op} = 100V$，$T = 30$ 天（24h/天）（3600s/h）$= 2.592 \times 10^6 s$，$I_{sd} = 1.215mA$ 或者 $73\mu A/F$。（b）指数自放电特性的解决方案：$U_{sd} = U_{op}\{\exp[-T/\tau_p]\} = U_{op}/2$，在 $\tau_p = 3.7395 \times 10^6 s$ 时间范围内，并联电阻的总功率为 $R_p = \tau_p/C_o = 59.356kW$。

4.2 通过式（4-7），在BOL和EOL条件下，使用4.1节中给出的HTM125参数，计算给出功率为225kW水平下超级电容器单元的精确效率。

答案：在寿命初期（BOL）时，超级电容器单元的内阻 $R_i = 9(ESR_o) = 9(14.8m\Omega) = 0.1332\Omega$。因此，BOL下的 $\eta = 0.958$（95.8%）。在EOL，内阻 $R_i(EOL) \leq 2(R_i(BOL))$，所以 $\eta = 0.9158$（91.6%）。

4.3 展开例4-2，当开关负载具有超前功率因数（PF）时。在考虑 $Z_{sw} = (330-j84.4)\Omega$ 的情况下，在负载切换的时间间隔内会对线电流产生什么影响？

答案：可从对源电压和线电流的仿真中看出。由图4-23b所示（练习4.3）的扩展轨迹可以看出，是对线电流滞后角的大幅回调以接近单位功率因数。

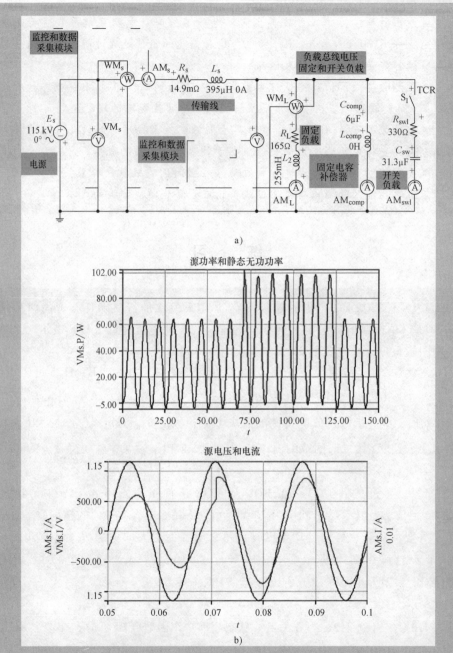

图 4-23 当切入超前功率因数负载时，用户负载母线上的线电流

a）切入超前功率因数负载后的输电线路 b）功率和电流（放大后曲线）

4.4 假设 115kV 的用户负载母线处的固定电容器无功补偿额定值如例 4-3 所示，约为 30Mvar。假设该应用希望通过使用工作在额定 4160V 的电容器

实现固定无功补偿的目的。计算接口变压器必要的一次侧电容有效值，忽略漏抗电容。

答案：公用变压器的匝数比小于 30:1，适用于这种情况。提示：在高电压母线上通过 6μF 的固定电容器实现 VAR 注入，该电压等于在 4.26kV 母线的 VAR。其结果是，在 4.26kV 侧的容量必须为 4.584mF。

4.5 为了得到线路总 VA，应用例 4-2 的结果，$|S| = 106.36$MVA，其中 $Q = 43.92$MVA 或 1pu VAR 的负载。表明在练习 4.4 讨论的固定电容器总达 0.681pu 和 SVC 必须注入 0.319pu［参考式（4-24）］。

答案：固定电容器 VAR 注入，$Q_c = B_c X_s V_s^2 = 29.9$Mvar 和 29.9/43.92 = 0.681pu。$Q_{svc} = B_{svc} X_s V_s^2 = (43.92 - 29.9)$Mvar = 14Mvar，或者 0.319pu。

4.6 找到如图 4-11 所示 SVC 的无功电流控制量，该无功电流控制量额定总无功功率 $Q_{svc} = 125$kvar，三相交流 480V。

提示：对于本系统三相星形联结，具有相电压 $U_{ph} = (480/\sqrt{3}) = 227V_{rms}$ 和额定相电流 $I_{ph} = 125k/277 = 150A_{rms}$。因此电源标称电压直流链接 $U_{d0} = (\sqrt[3]{6}/\pi) U_{ph} = 648V_{dc}$，通过设置 $I_d = 0$，忽略 VSC 有功功率控制。定义 VSC 无功电流控制变量 I_q，以便确定标称的 VAR 注入 $Q_{svc} = 35$kvar 和在三相故障 $Q_{svc} = 200$kvar 期间的动态 VAR。

答案：$I_q = \sqrt{2} Q_{svc}/3U_{ph} = \sqrt{2} \times 35000/(3 \times 277) = 60A$，$Q_{svc} = 35$kvar，以及当 $Q_{svc} = 200$kvar 时 $I_q = 340A$。

4.7 在练习 4.6 的基础上确定超级电容器的容量需求，以在 6 个周期内最大电流 $I_q = 340A$ 维持 600V 直流电压，给定故障为 100ms 的 648V 额定直流母线电压。

答案：在这种情况下，ESS 的电压降决定设计需求。串联超级电容器的额定电压 $U_{d0} = 648V$，$N_c = 240$ 个单元，每个单元额定电压是 2.7V。在 $I_q = 340A$ 时小于 48V 压降的串联电阻的最大值是 0.142Ω。为了满足这种要求，对称的碳-碳类型超级电容器电池的标称时间常数是 0.8s，即意味着在电压为 648V 时的 $C_0 = 5.6F$。因此单体容量 $C_{cell} = N_c C_0 = 1344F$，以及下一个可用产品的容量是 1500F 和标称 ESR 约为 0.45mΩ。

4.8 证明一个 7.5MW 的风电机组连续 25 年产生的能量相当于 100 万桶石油。

答案：使用标准的 42gal 桶为基准，并取石油的低位热值（LHV）。

4.9 比较风电机组（WTG）在以下额定值（750kW，1.5MW，3MW，4.5MW，6MW，7.5MW）的相对风轮直径。计算：（a）每个风轮的直径及（b）相邻的风电机组间的相对扫掠面积值。

答：通过式（4-33）并使用贝兹系数 0.45，空气密度为 $1.22 kg/m^3$，额定风速为 12m/s 计算。(a) 表的第 1 列是计算的风轮直径 D_r，及（b）第 4 列为扫掠面积的相对值 $A(i+1) : A(i)$，$i= 0$，1，2，…

D_r/m	A/m^2	P_m/kW	$A(i+1) : A(i)$
25	490.87	232.84	N/A
45	1590.43	754.40	3.24
65	3318.31	1573.99	2.09
90	6361.73	3017.60	1.92
110	9503.32	4507.77	1.49
127	12667.69	6008.74	1.33
142	15836.77	7511.95	1.25

参 考 文 献

1. *Three Phase Uninterruptible Power Supply Unity/I, Guide Specifications*, LTQ-1001C, product UT3220, December 1995. Available at: http://power-quality.eaton.com

2. *Three Phase Uninterruptible Power Supply Unity/I, Planning and Installation Manual*, LTM-0356A, Best Power Technology, product UT3220, December 1995. Available at: http://powerquality.eaton.com

3. *Specifications on 225kVA Unit*. Available at: www.pentadyne.com/site/fly-wheel-ups/specifications.html

4. A. Burke, 'Ultracapacitor technologies and applications in hybrid and electric vehicles, Research report supported by the ITS-Davis STEPS program', *International Journal of Energy Research*, July 2009

5. F. Kreikebaum, D. Das, D. Divan, 'Reducing Transmission Investment to Meet Renewable Portfolio Standards Using Controlled Energy Flows', *Innovative Smart Grid Technologies Conference*, NIST Conference Center, Gaithersburg, MD, 19–21 January 2010

6. Y. Makarov, P. Du, M.C.W. Kintner-Meyer, C. Jin, H. Illian, 'Optimal size of

energy storage to accommodate high penetration of renewable resources in WECC system', *Innovative Smart Grid Technologies Conference*, NIST Conference Center, Gaithersburg, MD, 19–21 January 2010

7. K.M. Rogers, R. Klump, H. Khurana, T.J. Overbye, 'Smart-grid-enabled load and distributed generation as a reactive resource', *Innovative Smart Grid Technologies Conference*, NIST Conference Center, Gaithersburg, MD, 19–21 January 2010

8. E. Pritchard, 'Plug-in hybrid electric vehicle/plug-in vehicle (PHEV/PEV)', *North Carolina State University Future Renewable Electric Energy Delivery and Management (FREEDM) Webnair*, 21 October 2009

9. Z. Xi, B. Parkhideh, S. Bhattacharya, 'Improving distribution system performance with integrated STATCOM and supercapacitor energy storage system', *IEEE Power Electronics Specialists Conference, PESC2008*, Island of Rhodes, Greece, pp. 1390–5, 15–19 June 2008

10. S. Falcones, X. Mao, R. Ayyanar, 'Simulation of the FREEDM green hub with solid state transformers and distributed control', *Proceedings of the FREEDM Systems Center Annual Review*, Florida State University Conference Center, Tallahassee, FL, 18–19 May 2010

11. R.K. Varma, 'Elements of FACTs controllers', *IEEE Power & Energy Society Transmission and Distribution Conference & Exposition*, Ernst N. Morial Convention Center, New Orleans, LA, 19–22 May 2010

12. The American Wind Energy Association. Available at: www.awea.org

13. The World Wind Energy Association. Available at: www.wwindea.org

14. F. Blaabjerg, F. Iov, 'Power electronics and control for wind power systems', *IEEE Power Electronics and Machines in Wind Energy Applications, PEMWA2009*, University of NE-Lincoln, 24–26 June 2009

15. Y. Duan, R.G. Harley, 'Present and future trends in wind turbine generator designs', *IEEE Power Electronics and Machines in Wind Energy Applications, PEMWA2009*, University of Nebraska-Lincoln, 24–26 June 2009

16. C. Abbey, G. Joos, 'Supercapacitor energy storage for wind energy applications', *IEEE Transactions on Industry Applications*, vol. 43, no. 3, pp. 769–76, 2007

17. J. Liang, W. Qiao, R. Harley, 'Direct transient control of wind turbine driven DFIG for low voltage ride-through', *IEEE Power Electronics In Wind Applications, PEMWA2009*, University of Nebraska-Lincoln, 24–26 June 2009

18. G. DeLille, 'Real-time simulation: the missing link in the design process of advanced grid equipment', EDF R&D Project RSSD (new ancillary services for distribution grid operators and connection of distributed generation), Department of EFESE (Economic and Technical Analysis of Energy Systems), internal research report, Site de Clamart, Clamart Cedex, France

19. Web portal platform for smart grid technologies, standards, rules and regulations, industry use case studies, public awareness and education. Available at: http://www.sgiclearinghouse.org

20. D. Mooney, 'Utility scale renewables: renewable and efficiency technology integration', Report NREL/PR-550-47146, National Renewable Energy Laboratory, NREL, Denver, CO, 4 November 2009

第5章 工业应用

　　储能在工业中的应用非常广泛，难以在简短的一章中对其进行充分的介绍。为了介绍储能多样化的应用领域，本章将重点介绍三个具有代表性的工业领域：①物料搬运卡车，如叉车和前端装载机；②吊车和起重机，如在船厂用于集装箱装卸的橡胶轮胎门式起重机；③推土设备，如挖掘机和传送带。

　　在介绍物料搬运卡车之前，先对燃料电池（FC）进行简短的介绍。了解燃料电池的能量变换器是很重要的，因为它是现代设备推进系统中的主要组件之一。图 5-1 是燃料电池的示意图，从图中可看出氢气流向左边的阳极（负极），而氧气或空气则流向右边的阴极（正极）。由中心带点的圆环（质子）所表示的氢气进入阳极。在中心膜催化剂的作用下释放电子到外部电路（图中未显示），使带正电的质子通过质子交换膜（PEM）迁移到阴极侧。

　　如图 5-1 所示，氧气（实心圆）从燃料电池的阴极侧进入，流经质子交换膜（PEM），在这里结合两个从阳极侧迁移而来的质子以及外部电路中的两个电子，从而形成水。空气通过电动压缩机被压入阴极，氢以 2.5~3 个大气压的压力进入。PEM 工作的标称温度范围为 65~80℃。质子交换膜可以进行质子传导和电子屏蔽，所以电池不会发生内部短路。一般来说，考虑到运行压缩机电动机和辅助设备的电力消耗，燃料电池系统的运行效率为 48%。30~55kW 的燃料电池可以以 3kW/s 的爬坡速度输出，但确实存在以秒计的爬坡延迟，这与环境温度有关。水以液滴

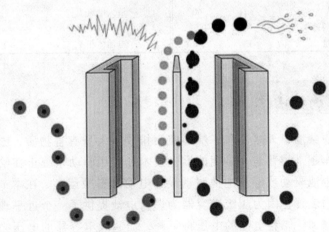

图 5-1　燃料电池的电极结构，左侧为阳极（-），右侧为阴极（+）；
水蒸气和雾滴从阴极排出，由阳极到阴极产生电势

和蒸汽的形式从阴极排出，并被再循环用来加湿气体流。根据式（5-1），PEM 燃料电池产生的电势代表了氢气到氧气的标准（能斯特）电势，其中，$E^0 = 1.23$，U_{act} 为活化电位，U_{Ohm} 为欧姆电位降，U_{con} 为浓差电势。燃料电池具有开路电位，$U_{FC} \sim 1V$，电流非常低。式（5-2）表示，燃料电池电流与氢的总摩尔质量流率 dn_{H_2}/dt、法拉第常数 F 以及电池的数量 N_C 成比例。式（5-3）表示，燃料电池的

热效率为燃料燃烧能量与输出电能之差[1,2]。其中，氢燃料燃烧功率为其低位热值 LHV_{H_2}。

$$U_{FC} = E^0 - U_{act} - U_{Ohm} - U_{con} \tag{5-1}$$

$$i_{FC} = \frac{2F}{N_c} \dot{n}_{H_2} \tag{5-2}$$

$$\dot{W}_{th} = \dot{W}_{comb} - \dot{W}_s = \dot{n}_{H_2} LHV_{H_2} - U_{FC} i_{FC} \tag{5-3}$$

燃料电池中，氢与氧的热力学反应释放的能量取决于氢的低位热值 120.1MJ/kg，以及氢的质量流率 dM_{H_2}/dt。在式（5-3）中堆栈中的热流被作为热功率给出。式（5-3）中的电能取代了式（5-1）中的电池电势和式（5-2）中的电池电流，这表明到达阳极的氢的质量流量控制反应速率，从而控制可用的电能。它还提供了对燃料电池响应相对较慢的解释，因此，必须考虑氢流过阳极开始燃料反应时的延迟。这就解释了为什么将超级电容器或电池与燃料电池相结合，从而在电源瞬变时提供一个缓冲，这个燃料电池本身是无法提供的。表 5-1 中列出了典型的 PEM 燃料电池的属性，其工作环境为 0~40℃，适用于仓库和其他环境。

表 5-1　Hydrogenics HyPM12 燃料电池

电池类型		PEM	峰值功率 P_{pk}	kW	12.7
电池数量 N_c	#	50	工作电压 U_r	V	37~58
内阻 R_i	mΩ	60	最大电流 I_{mx}	A_{mx}	350
峰值功率时的效率	#	0.53	响应时间 t_r	s	<4
电池质量	kg	98	电池体积 V_{ol}	L	154

5.1　物料搬运卡车

由于汽油、柴油、天然气和丁烷的使用排放出大量有害物质，影响人们身体健康，电动叉车越来越普遍。早期的推进技术和液压驱动系统正在给电力驱动让位，可以基于电池驱动或燃料电池驱动设计电动物料搬运车。在本节中，我们讨论燃料电池动力装置，因为超级电容器为燃料电池提供了一个近乎理想的储能元件。随着负载增加，燃料电池的电压将下降，而超级电容器的电压必须下降才能以电流为源。因此，两者是电力推进设备和升降机驱动系统中都应用到的理想组合。这是本田汽车公司的工程师们的主要发现，他们开发了一种 1350F、2.7V 和内阻功耗为 2.5mW 的超级电容器单体，80 个电池单体和 200V 模块组成，每两个超级电容器用于一辆 400V 燃料电池混合动力电动汽车[3]。这个系统中，燃料电池开路电压的额定值为 380V，工作范围为 216~432V，超级电容器组以 77% 荷电状态（SOC）运行。有关带燃料电池电力设备的超级电容器材料的选择以及超级电容器电池的发展的讲解，参见参考文献 [4,5]。

以上述内容为前提，我们在这里讨论燃料电池动力叉车，如图 5-2a 所示，它包括 HyPM12 燃料电池组和超级电容器，典型驱动曲线如图 5-2b 所示。

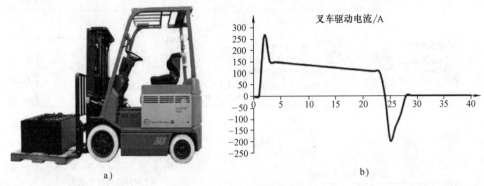

图 5-2　燃料电池动力叉车
a）叉车　b）驱动曲线（放电电流为正）

图 5-2 所示的车辆中超级电容器的初始电容和电流曲线，是用来计算一个周期总的可充电流。表 5-2 总结了图中所示的负载电流曲线的属性。

表 5-2　叉车驱动电流的属性

积分电流/As	2507	峰-峰值电流/A$_{pp}$	460	电流有效值/A$_{rms}$	85.5
初始电压/V$_{CO}$	88	荷电状态 SOC$_0$	0.82	周期/s	40

对于这种应用，电容单体的容量必须是 3000F，因为在最坏的情况下，高额定电流有效值会重复出现。下面对容量进行求解，通过对图 5-2b 中放电电流的观察，储能单元必须能够释放的电量为 $Q_{del} = I \cdot t = 150(20) = 3000C$。针对这个设计，初始能量需要 165F、48.6V 的超级电容器 2S×1P×48V 模块组成。因此在初始荷电状态 SOC$_0$ = $(88/97)^2$ = 0.82，初始内阻 $2 \times ESR_{dc} = 2 \times 8 = 16m\Omega$ 时，$C_0 = 82.5F$，$U_{mx} = 97V$。

其次，建立了 2S×1P×48V 模块的仿真模型，这种模块具有 80Wh 的可释放能量，$Q_{del} = 3000C = C_0(U_i - U_f)$。在初始电压 $U_i = 88V$ 的情况下，式（5-4）给出最终电压为 51.6V，意味着终端电压仍大于最小允许电压值，$U_{mx}/2 = 48.5V$。

$$U_f = U_i - \frac{Q_{del}}{C_0} = 88 - \frac{3000}{82.5} = 51.6V \tag{5-4}$$

这非常接近一个良好设计的最小电压，所以在商业应用中，要么用比较大的电池单体（在可行的情况下），要么基于 1500F 的电池配置 2S×2P×48V 模块电池组，得到 110Wh 的承载能量，远大于 3000F 电池配置 2S×1P×48V 的 80Wh 可承载能量。现在基于 3000F 的单体模型进行研究，其仿真结果如图 5-3 所示。

具有超级电容器储能系统的叉车研究结果总结如下：

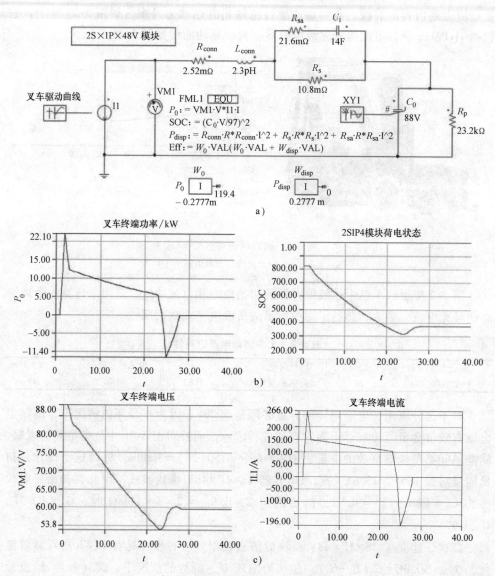

图 5-3 叉车案例的仿真结果

a) Simplorer 仿真模型　b) 终端功率和超级电容器的荷电状态　c) 超级电容器 ESS 的终端电压和电流

- 放电电流峰值为 266A，充电电流为 -195.5A（见图 5-3c）。
- 给定 $SOC_0 = 0.82$，终端电压下降到 53.8V，仍高于最低阈值。
- 放电时的输出功率为 22kW，充电时的输出功率为 -11kW（见图 5-3b）。
- SOC 最低值在再生脉冲后由 0.318 回升至 0.377。

在仿真中总结了超级电容器储能单元中的能量损失，以量化产生最大能量损耗的时间段（见图 5-4）。如图 5-4 所示，在尖峰电流时出现了损耗峰值，在 $t = 2s$

驱动电流达到峰值时，损耗达到 761W，在 $t=10s$ 时损耗 237.8W，在 $t=25s$ 达到再生电流峰值时，损耗 414.8W。在驱动曲线中的总功耗积分 $W_d=1.64Wh$。这个过程中的能量效率 η 非常高，大于 97.7%，因为 22kW 的功率峰值只是 2S×1P×48V 模块功率 P_{95} 中的一小部分。

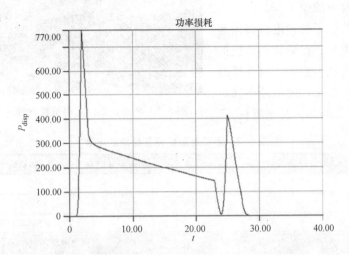

图 5-4　用于叉车的超级电容器储能系统的功率损耗

在设计升降机时将遵循类似的步骤。这种情况下，升降机由再生电力驱动，与之前讨论过的推进驱动器具有大致相同的运行方式。给定升降机的特性、最大设计负荷、升降速率，就可以设计额外的储能了。同时要注意的是，如果没有燃料电池提供驱动力或提升力（额定 12kW），只有基于 2S×1P×48V 模块的超级电容器储能系统提供驱动力是不足以满足升降机运行的。在一个更完整的系统仿真中，将会对燃料电池建模，包括它的延迟特性，并且结合超级电容器储能系统以确定推进和提升是否可以同时实现[6]。

5.2　港口起重机和橡胶轮胎门式起重机

加利福尼亚州空气资源委员会（CARB）的数据表明，橡胶轮胎门式（RTG）起重机 30% 的时间是闲置的，最长空闲时间超过 2h。缩短大于 10min 的闲置时间意味着每台起重机每年平均节约 120gal（1gal≈3.785L）的柴油燃料并且减少 1t 的二氧化碳排放量。对于加利福尼亚州港口，每年仅港口和 RTG 起重机的带载调控就会减少 285t 的二氧化碳排放量，并且节省大约 29000gal 的柴油燃料。图 5-5 显示了一个典型的 RTG 起重机（也称为跨式起重机），能够将 90000lb（1lb≈0.454kg）的货物提升 18ft（1ft≈0.3048m）。RTG 起重机内侧的宽度是 39ft。使用一个柴油发电机为驱动轮和提升装置提供电力。众所周知，长循环寿命的储能类型如超级电容器（飞轮），非再生设计可以使柴油发电机排放量降低65%，燃料消耗降低20%~25%。此外，反应更迅速的再生单元可以将提升周期时间减少15%。

表5-3总结了各种港口目前起重机的设备类型、污染物和大概的燃料成本。排放主要产生自空转时间，在1~2h内保守地估计空转时间通常为10~30min，甚至更长。

图5-5　橡胶轮胎门式起重机（跨式起重机）

表5-3　港口起重机设备与排放记录

设备类型	空转时发动机功率/hp（1hp=745.7W）
RTG起重机	9.85
侧挖	3.3
顶挖	4.46
污染物	排放率/[g/(hp·h)]
PM	1.35
NO_x	15.9
CO_2	2562
温室气体排放和燃料成本	数值
CO_2/(g/gal)	9860
成本/(美元/gal)	2.87

注：来源于美国能源部能源信息署，8/17/2009。

例5-1： 在一个繁忙的港口，一个再生能源牵引驱动被应用于一个RTG起重机来减少柴油的排放。电动驱动系统运行在一个标称值为630V的直流电压下，此电压可以在520V（最小）和745V（最大）之间变动。当工作电压超过745V时，投入一个转储电阻器消耗掉过多的再生能量，当运行电压低于520V时，超级电容器组与逆变器断开。对于这个应用，需要确定满足电力需求并将电压保持在特定直流电压范围内所需标准48V超级电容器模块的数量和配置。图5-6给出了RTG起重机、超级电容器储能系统集装箱和典型的功率曲线。

解： 在指定的电压范围内，48V模块的数量 $N_m=$ 取整 $\{U_{mx}/(48.6)\}=15$。N_m 个模块串联，可以满足电压上限。标称直流电压表示初始 $SOC_0=0.715$，下限电压520V表示 $SOC_{mn}=0.487$。

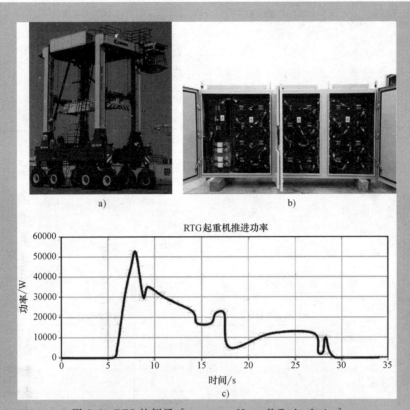

图 5-6 RTG 的例子 [courtesy: Maxwell Technologies]

a) 有电力牵引电动机的 RTG 起重机 b) 超级电容器组，2 个 48V 模块没有显示出来 c) 平滑的功率曲线

问题是 3000F 单体组成的单串 48V 模块是否能满足要求。每个模块是 165F，48.6V，8mΩ。因此，一个 15S×1P×48V 单元的参数为 $C_0 = 165/N_m = 11F$，$U_d = N_m (U_{mod}) = 745$，$R_i = N_m (ESR_{mod}) = 0.12\Omega$，并且峰值电流大于 1000A 对于这个电容单元是可行的。

这个例子说明了该仿真的优点。使用如图 5-3 所示的相同模型，修改为 15S× 1P×48V，配置为输入一个功率而不是电流曲线，其结果将是 ESS 单元的电流、电压和其他感兴趣的变量的确切表示。因为等效电路模型解决了节点电压和支路电流的问题，所以采取的方法是无论动态电压如何变化，仿真器根据输入节点电压分配输入功率。仿真结果见图 5-7。

仿真结果总结如下：

● 单元电压保持在 745~520V，并且设定单元初始条件为 630~569.6V。

● 超级电容器单元的峰值电流是 85.3A，其有效值是 20.8A。

● 积分 $\{Idt\} = 718.2A \cdot s$，能量效率 $\eta = 0.99$。

151

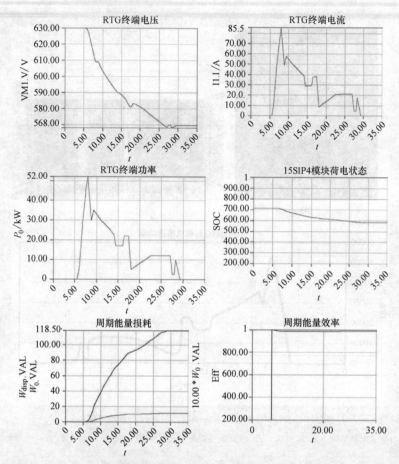

图 5-7　RTG 功率曲线仿真结果；终端电压，终端电流；仿真器 15S×1P×48V 组
的荷电状态功率曲线；输出能量和损耗能量，能量效率图

- 总输出 $W_0 = 118.5\mathrm{Wh}$，总损耗 $W_{\mathrm{disp}} = 1.14\mathrm{Wh}$。
- 在给定初始电压的条件下，超级电容器 SOC 的变化范围是 $0.585 < \mathrm{SOC} < 0.715$。

例 5-1 对比加装和未加装超级电容器储能系统场景下的效益。首先，如表 5-3 所示，RTG 起重机柴油发电机的空闲输出功率因为 1min 和 10min 的超级电容器储能系统单元充电而增加。空闲功率 9.85 hp（7.348kW）在前面提到的时限内将增加到某一值来为 ESS 充电。其次，为了完成这个过程，运用仿真是可行的，但一种直接分析方法有助于量化所需的额外发电功率水平，并且在这些基础上提出建议。

$$W_{\mathrm{UC}} = 0.5\widetilde{C}_0(U)\left[U_i^2 - U_f^2\right] = 0.5\times11.88\times(630^2 - 569.6^2) = 430388\mathrm{J} \tag{5-5}$$

基于式（5-5）可知，RTG 起重机发电机需要的 1min 额外功率为 7.17kW，10min 为 717W。类似地，一台 50kW 的柴油发电机空闲时在 7.34kW 下运行时，将会从 7.17kW 负载中获益，而不是 717W 的负载 。因为直喷压燃式（CIDI）发动机

（例如柴油发动机）的部分负载效率远大于自然吸气火花点燃式发动机（例如节流引擎），所以额外的轻度负载几乎对效率没有影响。储能的目标是怠速完全地消除之前提到的闲置排放和燃料消耗。为了得到这个结论，例 5-1 的仿真修改为以 7.17kW 的充电功率向 ESS 组件充电 60s。与图 5-7 比较，图 5-8 总结了对应的优势。

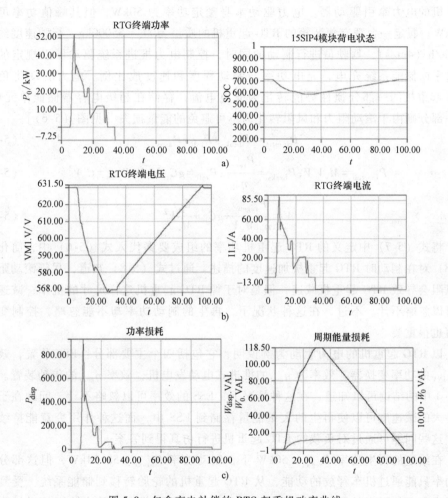

图 5-8　包含充电补偿的 RTG 起重机功率曲线

a) 再生能源的功率曲线（kW）@ 7.17kW（SOC 为 0.715→0.71499）　b) 再生能源的终端电压（630→629.7 V）、电流（约-12A，充电）　c) 考虑再生能源排放、吸收和能量损失情况下的功耗

观察图 5-8，当超级电容器组以 7.17kW 充电时，得到以下几点结论：

● 在恒定功率（CP）下进行再充。

● 当同样电荷撤回时，超级电容器组电压几乎回到初始电压，这是因为能量损耗很小。

● 超级电容器组的 SOC 值几乎返回到初始值（SOC_0）。

153

- 在以恒定功率充电时，当电压爬坡时，电流曲线会有一个轻微的下降。
- 整个过程都有损耗。
- 超级电容器能量累积图反映了能量平衡。

结合图 5-8，为了进一步讨论 ESS 充电补偿问题，认为再生能量来源于 RTG 起重机的电力牵引驱动器。电力驱动本身额定功率为 50kW，但其峰值功率可达 150kW。假定一台载有集装箱的 RTG 起重机的质量为 $M_v = 55000kg$，行驶速度约为 9mile/h（4m/s），驾驶员进行制动的同时，控制电力推进系统驱动器以规定的功率水平向储能系统充电，充电功率与制动程度和速度成比例。电力驱动将负重 RTG 起重机的一部分惯性势能转化为充电电流，存储在超级电容器储能单元中，另一部分则由于滚动阻力和风阻转化为不可避免的能量损失 [见图 （5-6）]。

$$P_{inertial} = P_{braks} + P_{roll} + P_{asro} \tag{5-6}$$

$$P_{inertial} = M_v V \dot{V}; P_{braks} = \frac{P_{regen}}{\eta_{dl}}; P_{roll} = g C_{rr} M_v V; P_{asro} = C_a V^3 \tag{5-7}$$

$$\dot{V} = \frac{P_{regen}}{\eta_{dl} M_v V} + g C_{rr} + \frac{C_a}{M_v} V^2 \tag{5-8}$$

将式 （5-7） 中定义的 RTG 起重机功率的组成要素代入式 （5-6） 中，简化式 （5-8） 对在制动时 RTG 起重机加速度的描述。通过式 （5-8） 知道，尽管滚动阻力和风阻会导致 RTG 起重机减速，但是对于像 RTG 起重机这样尺寸的机车，减速效果可以忽略不计。不过，在这种状况下，再生的制动功率却不能忽略，控制变量的值也很重要。

以 RTG 起重机的电力驱动为例说明，它包括四个主要部分：ESS 装置，效率为 η_{INV} 的功率变换器，效率为 η_{mot} 的推进式电动发电机，效率 η_{gear} 的传动装置。由例 5-1 中的结论可以知道，在这种情况下，ESS 的效率可以忽略不计。问题在于究竟多大的减速度可以使再生的大量能量存储到 ESS 中，而这种作用究竟能持续多久？这些问题可通过对负载的 RTG 起重机进行仿真得到答案。

在给定的再生功率 $P_{regen} = 50kW$ 下，制动功率 $P_{brake} = 58.34kW$，但这部分制动功率只能通过机车释放的动能，从 RTG 起重机的轮胎转移到储能系统。受到滚动阻力和空气阻力的影响，制动过程中的惯性力会随着传动系统转矩的增加而增加，在发电模式中该转矩由 M-G 转矩指令设置。考虑惯性能量必须用于提供充电功率 P_{regen} 以及由于滚动阻力和空气阻力所带来的不可避免的损耗，所以用传动效率因数修改实际的再生功率指令。效率计算如下：$\eta_{dl} = \eta_{gear} \eta_{mot} \eta_{INV} = 0.857$。图 5-9 表明，在 50kW 的再生功率下，RTG 起重机能在 5.18s 内从初速度 $V_0 = 4m/s$ 降至零。也就是说，RTG 起重机是在恒定功率下进行减速的。读者可能注意到图 5-9b 中速度 V 和减速度 $\dot{V}$ 与超级电容器在恒定功率下放电的电压 U_{uc} 和电流 I_{uc} 有着相似性，这一点在第 3 章详细介绍了。

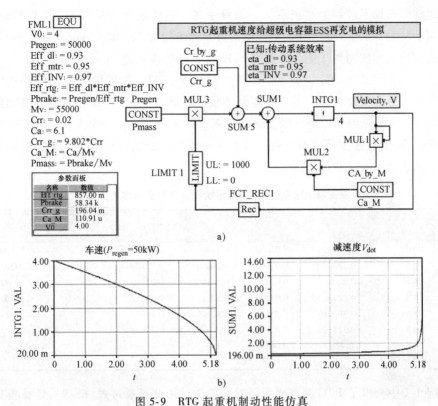

a)

图 5-9　RTG 起重机制动性能仿真

a）RTG 起重机仿真　b）RTG 起重机的速度 V 和减速度 V_{dot}（P_{regen} = 50kW）

当再生功率增加至 85kW 时，当然 RTG 需要以更大的加速度才能以更快的速度把 RTG 起重机的惯性势能转换为 ESS 的电能。图 5-10 展示了在如上述所示传动系统损耗比例情况下，RTG 起重机速度和新情况下的制动功率。

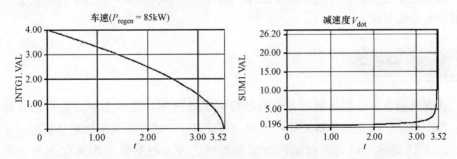

图 5-10　ESS 高充电率时的 RTG 起重机制动性能模拟（V 和 V_{dot} 分别为

再生功率 P_{regen} = 85kW 时的速度和减速度）

很容易被图 5-9 和图 5-10 中所列出的直观图表误导。这是因为机车减速快慢对驾驶员舒适性、起吊货物的完整性和设备及环境的操作安全性影响重大。了解客车驾驶将有助于理解上述观点。一辆普通客车的减速度为 $0.15g$，即 $1.47m/s^2$，快速制动时为 $0.45g$，即 $4.4m/s^2$，而紧急制动下接近 $1g$，即 $9.8m/s^2$。表 5-4 从 g 及其绝对值的角度归纳了图 5-9 和图 5-10 中反映的减速度。

在表 5-4 的最后一行列出了额定再生功率下，RTG 起重机从制动到停止所用的总时间。更为重要的是，为了使得制动减速度低于 $0.15g$，即使在部分时间内功率从高达 85kW 降到 0 也是可以接受的。例如在 3s 时功率为 85kW，以 $0.15g$ 减速可能在 3.5s 时将速度降至 0。除了以上这一点外，受电力驱动系统下恒定功率的作用，减速度也会呈指数增加。

表 5-4　表征制动水平的 RTG 起重机减速度和重力加速度 g 的关系

时间(s)/功率水平(kW)	$P_{regen}=15kW$		$P_{regen}=50kW$		$P_{regen}=85kW$	
$T=0$	$0.277m/s^2$	$0.0283g$	$0.46m/s^2$	$0.0469g$	$0.65m/s^2$	$0.0663g$
$T=1$	$0.283m/s^2$	$0.0289g$	$0.5m/s^2$	$0.0510g$	$0.74m/s^2$	$0.0755g$
$T=2$	$0.289m/s^2$	$0.0295g$	$0.55m/s^2$	$0.0561g$	$0.94m/s^2$	$0.0959g$
$T=3$	$0.298m/s^2$	$0.0304g$	$0.64m/s^2$	$0.0653g$	$1.5m/s^2$	$0.1530g$
$T=4$	$0.309m/s^2$	$0.0315g$	$0.82m/s^2$	$0.0837g$		
$T=5$	$0.323m/s^2$	$0.0330g$	$2.0m/s^2$	$0.2040g$		
$T=8$	$0.42m/s^2$	$0.0428g$				
总制动时间(T_d)		10.1		5.18		3.5

例 5-1 中列出了 RTG 起重机负载时的参数，由此可通过式（5-9）计算得到当初速度 $V_0=4m/s$ 时，RTG 起重机负载时的惯性势能：$W_{inertial}=440kJ$。

$$V_{inertial}=0.5M_v(V_i^2-V_f^2) \tag{5-9}$$

比较式（5-9）和式（5-5），注意到机车动能和在超级电容器电压在两个水平波动时超级电容器所存储的能量有着惊人的相似性。而 RTG 的惯性势能和从初始到终点的速度变化亦有着同样的相似性。练习 5.3 和练习 5.4 扩展了这些概念，建议阅读其求解过程。

5.3　土方设备

挖掘机被认为是超级电容器储能的最终工业应用。这种土方设备包括回转装置吊杆、电铲，以及大型露天矿传送带。这里以拉铲式挖掘机为例进行研究。

图 5-11 显示了研究挖掘机的类型和规格，大型挖掘机工作强度几乎为接近 20h/天，365 天/年。挖掘机中的超级电容器，如在 Komatsu 公司挖掘机中所使用的电容器[7]，为电力驱动和液压驱动的电铲转塔提供所需能量。建筑设备的电动转塔的转向很大程度减少柴油消耗，对整体 Komatsu PC200-8 挖掘机来说降低率高达 25%。图 5-11 中，在大型工业铲式挖掘机中的应用效果更好，采用超级电容器

混合储能可减少 41% 的燃油消耗。这是因为挖掘机的上部结构变化更频繁，而且具有能量再生的电动驱动器向仅有超级电容器的储能系统充电更有效。该 PC200-8 挖掘机运行时重 20100kg，有大约 1m³ 的铲斗，能挖掘到地面 6.6m 以下。它的 6.7L 柴油发动机额定功率是 110kW，配备 439L/min 主液压泵。混合动力单元降低了对液压的要求，因此用发电机和电动执行机构替代了这个系统。

图 5-11 大型工业铲式挖掘机（Bucyrus）

如图 5-11 所示，刚才所描述的大型挖掘机，Bucyrus 铲式挖掘机，如型号 495HF 挖掘铲，拥有 30.6m³ 的铲斗，具有 120t 的有效载荷，可以装载一个 360t 矿用自卸卡车。该挖掘机的升降高度为 10.1m，整个工作吨数是 1380t。与 Komatsu 挖掘机一样，其目标是驱动转塔，可以减少相同的燃料消耗率。

对于本案例的研究，考虑具有包括操作室、液压动力室和发电机的，如大型转塔的 Bucyrus 495HF 绳铲。系统工作电压是 960V，所以可以使用像 Maxwell 重输送模块（HTM125）的标准超级电容器模块。在这种情况下，495HF 要求动力能够在驾驶过程中达到约 2800kW，并在减速时具有近 400kW。该应用与小型 Komatsu 挖掘机非常相似，只是在本应用中的规模是极端的。因此，本系统是研究超级电容器模块在不同型号负载中应用的很好的案例。图 5-12 是有代表性的电气化转塔操作曲线，它是基于高脉冲动力来提升和加速处于方位角平面的从开挖处到矿车的满载斗，如图 5-11 所示，然后减速、倾倒，并返回到工作区。根据此图表，ESS 将在正功率峰值时放电，在爬坡时缓慢放电，并在 $t = 30s$ 之前逆功率流时充电。

使用方法如下：

- 从给定的曲线中估计平均工作功率（见图 5-12）。
- 计算该曲线可转移的能量，$W_{pack} = P_0 T$，其中 $P_0 = 1100kW$。

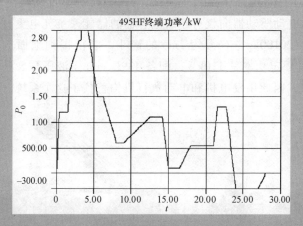

图 5-12　495HF 挖掘机的典型功率曲线（功率：MW，时间：s）

- 计算每个 HTM 模块可转移的能量（125V，63F，14mΩ）为 100Wh。
- 计算需要模块的数量，$N_s = U_{mx}/(48 \times 2.55V) = 960/122.4$，取整后等于 8。
- 假设 $N_s = 8$ 个 HTM，串联在 EOL 中可用的能量为 $W_{string} = 0.75 N_s W_{HTM} = 600Wh$。
- 计算整个 ESS 单元可转移的能量，并根据每个串联模块可转移能量计算满足 EOL 中能量所需的串数。在这种情况下，$M = P_0 T/W_{string} = (1100000W \times 30s)/(600Wh \times 3600J/Wh) = $ 取整 $\{33MJ/2.16MJ\} = 16$ 并行串。
- 假定需要 8S×16P×HTM 储能单元，确定配置为 $N_s = 8$、$M = 16$ 的 HTM 参数，建立典型的功率脉冲仿真模型。

表 5-5 列出了 HTM 模块参数，并且将它们缩放至 8S×16P×HTM 配置的等效模型。在此表中，电阻和电感大小由 N_s/M 确定，容量由 M/N_s 确定，电压由 N_s 确定。单体、模块和 ESR×C 组的时间常数当然是不变的。8S×16P×HTM 组的时间常数由于模块间的寄生电阻的影响，仅略大于模块或单体的时间常数。

表 5-5　将 HTM 模块等效电路参数缩放至 8S×16P×HTM 组级别

	HTM125 模块参数		缩放	8S×16P×HTM
R_{conn}	3.36	mΩ	$\times N_s/M$	1.68mΩ
L_{conn}	3	μH	$\times N_s/M$	1.5μH
R_s	14.4	mΩ	$\times N_s/M$	7.2mΩ
R_{sa}	28.8	mΩ	$\times N_s/M$	14.4mΩ
C_s	10.5	F	$\times M/N_s$	21F
R_p	33	kW	$\times N_s/M$	16.5kΩ

（续）

	HTM 非线性 C(U)		缩放至 8S×16P×HTM	
U_c/V	C_0/F	缩放	U_{pak}/V	C_{pak}/F
0	32.6	$U_c \times N_s \rightarrow U_{pak}$	0	65.2
		$C_0 \times (M/N_s) \rightarrow C_{pak}$		
24	49.1		192	98.2
48	56		384	112
72	58.6		576	117.2
96	61.6		768	123.2
120	65.8		960	131.6
134.4	69.3		1075	138.6

图 5-13 显示了在 495HF 挖掘机中将 HTM 扩展至 8S×16P×HTM 用于储能系统的等效电路模型。同时也给出了如图 5-12 所示的 30s 运行功率曲线的 8S×16P×HTM 的终端电压和电流。

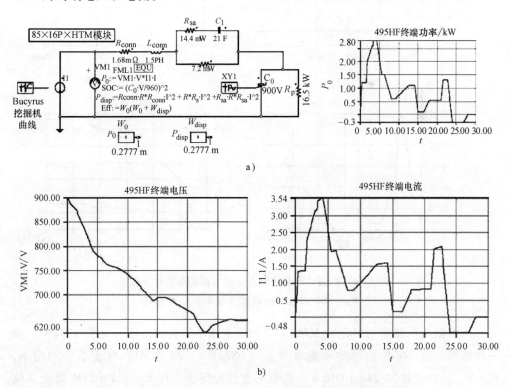

图 5-13　495HF 挖掘机 ESS 原理、功率曲线及终端电压和电流

a）对应于 8S×16P×HTM 的 495HF 的 ESS 等效电路模型

b）功率曲线的终端电压（900V→648V）和电流（+3.5kA，−471A）

图 5-12 所示的功率曲线中，由于短期再生能力，在 t = 24s 时可转移能量 W_{pack} = 6872.6Wh，大约在 t = 30s 时恢复至 6572Wh。8S×16P×HTM 组的 SOC 值由

$t=0$ 时的 $\mathrm{SOC}_0=(900/960)^2=0.88$ 变为 $t=30\mathrm{s}$ 时的 0.455。

在 $t=4.17\mathrm{s}$ 时整个单元的功率损耗达到峰值为 $108.3\mathrm{kW}$，此时电压为 $794\mathrm{V}$，电流为 $3525\mathrm{A}$。计算总 ESS 阻值为

$$\mathrm{ESR}_{\mathrm{pak}}=\frac{P_{\mathrm{disp}}}{I_{\mathrm{pak}}^2}=\frac{108300}{3525^2}=8.7\mathrm{m}\Omega \qquad (5\text{-}10)$$

式 (5-10) 是对表 5-5 中数据的一个检验，$\mathrm{ESR}_{\mathrm{pak}}\approx R_{\mathrm{s}}+R_{\mathrm{conn}}=8.88\mathrm{m}\Omega$。峰值 SOC、效率以及能量输出和损耗如图 5-14 所示。整个运行期间的效率接近 97.8%。

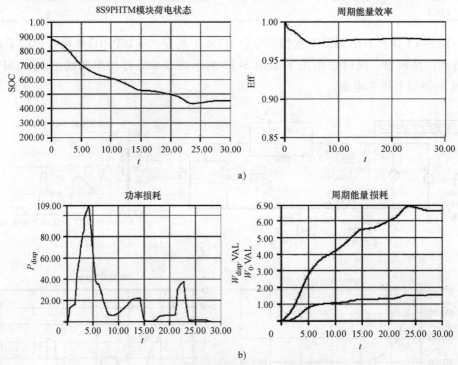

图 5-14　挖掘机转塔储能系统功率损耗及能量输出，
$W_0 \cdot \mathrm{SOC}$ 以及总体效率 （效率为 0.978）

因为储能的输出功率将近 $3000\mathrm{kW}$，相对高功率消耗的出现 （大约 $108\mathrm{kW}$） 是一种感知。在 $24\mathrm{s}$ 内放出的总能量 $W_{\mathrm{pack}}=6872\mathrm{Wh}$ （$24.74\mathrm{MJ}$） 代表了平均功率，$P_0=W_{\mathrm{pack}}/T=24740/24=1030\mathrm{kW}$，该值非常接近用于设计 $8\mathrm{S}\times16\mathrm{P}\times\mathrm{HTM}$ 储能系统的初始估值 $1100\mathrm{kW}$。

目前讨论的储能系统配置对于重复操作来说远远不够，因为在下一个周期开始之前，超级电容器组输出的能量无法得到补充。正如以前讨论的，这些挖掘机拥有足够大的空间放柴油发电机，并且使用混合动力是为了减少柴油排放和燃料消耗。如果没有储能系统，内燃机发电机需要通过一些液压系统，或电力传送装

置传送全部的 2.8MW 功率，因此储能系统的优点是显而易见的。使用储能设备，可以把柴油发电机组缩小到 960V 和接近 900A，也就是 864kW，这是非常显著的减少。图 5-15 展示了发电机组在工作电压为 960V 时以恒定的 900A 向电动机传送功率时的情况。当这个过程完成时，超级电容器包 SOC 为了下个周期的工作及时返回其初始值。

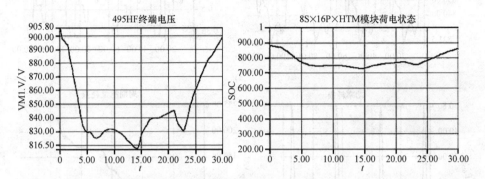

图 5-15　495HF 挖掘机电压以及有 864kW 发电机支持时的储能系统 SOC

图 5-15 带来的问题是，随着挖掘机发电机的增加，储能系统 SOC 的偏移不再是图 5-14 中的 0.88～0.455，而是只有 0.88～0.738。这意味着，超级电容器单元 8S×16P×HTM 对于这种应用来说容量过大。因为挖掘系统在混合动力时加入更大的再生功率也是一个经营战略，所以没有对储能系统电荷恢复进行进一步分析。相反，我们将研究储能系统热学设计。这种特殊的应用可能不是最合适的，但是它将描述方法和结果。

做热学研究时，假设 495HF 挖掘机以图 5-12 所示或类似的曲线不间断运行。以图 5-12 为例，并使这条曲线不断重复，以使发电机电荷平衡，重复操作的储能系统电压和功率损耗如图 5-16 所示。

从图 5-16a 明显可见，挖掘机转塔负载电流从开始就一直保持稳定，因为功率需求一直保持不变。然而，没有发电机的支持，储能系统就不会有这样的深度偏移。模块的功耗仍相对较高，是 50.8kW 而不是 108kW，四个周期的能量损耗是 255Wh。

$$\tilde{P}_{\text{disp}} = \frac{W_{\text{disp}}}{T} = \frac{255 \times 3600}{4 \times 30} = 7.65 \text{kW} \tag{5-11}$$

图 5-16b 中被整流过的平均功率是 $P_{\text{disp}} = 7.653 \text{kW}$，该值与式（5-11）非常吻合。无需返回到研究设计阶段，现在假设一个 8S×9P×HTM 储能系统在发电机支持下，足以提供转塔最大功率需求。当仿真模型重新配置这个大小后，如表 5-6 所总结，功耗由于参数变化而改变，因为其可转移能量较低，所以储能系统将会被多次应用。

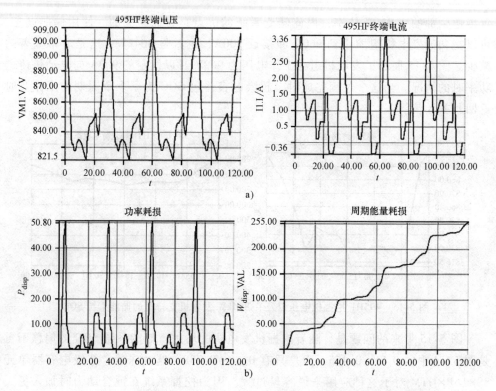

图 5-16 495HF 转塔的重复运行：功率损耗，终端电压和能量损耗

a）带发电机平衡的重复性实验终端电压、电流 b）带发电机平衡的储能系统损耗功率和能量

对于 8S×9P×HTM 模型，为了更好地反映转塔负载在减少能量进行电力恢复时的驱动和发电而修改功率曲线。修改后的功率曲线（发电到接近实际运行值）如图 5-17 所示，修改后的等效电路模型的参数如表 5-6 所示。

表 5-6 将 HTM 模块等效电路参数缩放至 8S×9P×HTM 级别

HTM125 模块参数			缩放	8S×9P×HTM
R_{conn}	3.36	mΩ	×N_s/M	2.98mΩ
L_{conn}	3	μH	×N_s/M	2.67μH
R_s	14.4	mΩ	×N_s/M	12.8mΩ
R_{sa}	28.8	mΩ	×N_s/M	25.6mΩ
C_s	10.5	F	×M/N_s	11.8F
R_p	33	kW	×N_s/M	29.3kΩ
HTM 非线性 $C(U)$			缩放至 8S×9P×HTM	
U_c/V	C_0/F	缩放	U_{pak}/V	C_{pak}/F
0	32.6	$U_c×N_s→U_{pak}$	0	37.6
		$C_0×(M/N_s)→C_{pak}$		
24	49.1		192	55.2
48	56		384	63
72	58.6		576	65.8
96	61.6		768	69.3
120	65.8		960	74
134.4	69.3		1075	78

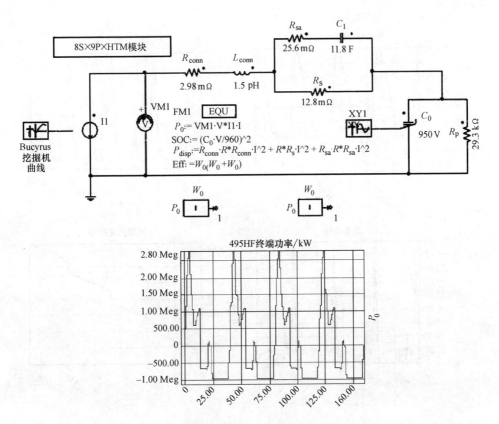

图 5-17 8S×9P×HTM 的等效电路模型，表示更高的再生能量修正功率曲线

注意图 5-17 中 8S×9P×HTM 模型新的功率曲线与之前的驱动需求类似，但现在包含了大量再生能量模拟转塔在重载时的制动。这个特性曲线持续 40s，并不断重复。超级电容器的初始状态提升到了 950V（最大 960V），所以 $SOC_0 = 0.979$，最小电压足够支撑 $SOC>0.25$（最小设计值）。图 5-18 总结了储能系统终端电压、电流、内部功率和能量损耗的仿真结果。注意由于超级电容器储能的模型比之前的设计大了很多，功率和能量损耗都相对增大了。

把式（5-11）应用到图 5-18b 中，$N_sM = 72$ 个 HTM 模块的整流平均功率损耗 $P_{disp} = 33.2kW$。通过对 Maxwell 技术公司 48V 模块的研究，得出其总质量 $M_{48} = 14kg$，比热容 $c_p = 1114J/(kgW)$。HTM 的质量大约是 58kg，热电阻为 $R_{th} = 0.046K/W$。因此热电容的值能根据 48V 模块的比热容和式（5-12）中的 HTM 质量估计出来。根据指定的 R_{th} 和计算出来的 C_{th} 可得到热时间常数大约是 2973s。

$$C_{th} = c_p M_{HTM} = 1114 \times 58 = 64.63kJ/K \tag{5-12}$$

$$R_{th} = 0.046K/W$$

用前面给出的储能系统单元功耗 P_{disp} 就能计算出 495HF 挖掘机持续运行时的

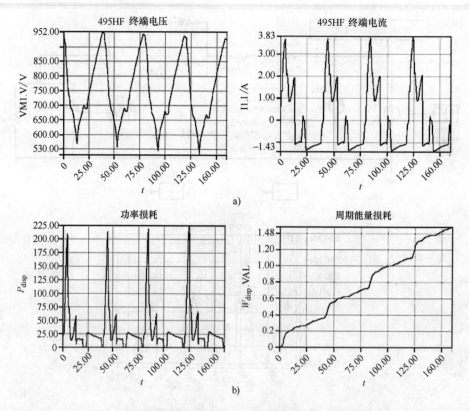

图 5-18 495HF 挖掘机转塔中 8S×9P×HTM 四个周期内的性能

a) 8S×9P×HTM 重复运行下储能系统电压 （950V →530V）， 电流 （3.818kA →-1.414kA）

b) 储能系统内部功率损耗 （$P_{disp} = 33.2kW$） 和能量 （1476.5Wh）

储能系统单元的温升特性。在这个例子中， 有 $N_{HTM} = N_s M = 72$ 个 HTM 模块，所以每个模块的功耗为 $P_d = P_{disp}/N_{HTM} = 461W$， 温度作为时间的函数， 如式 （5-13），在充电温升过程中 C_{th} 呈指数变化，直到达到一个稳定的状态，当 HTM 功耗 P_d 与热损耗达到平衡， 就可以通过式 （5-12） 中的热敏电阻 R_{th} 表示环境温度。

$$T(t) = T_{amb} + R_{th}P_d \left[1 - e^{t/R_{th}C_{th}} \right] \tag{5-13}$$

根据 $R_{th}C_{th}$ 热时间常数， 由式 （5-13） 给出温度随时间升高的关系曲线， 如图 5-19 所示。图 5-19 是根据当稳态温度上升大约 （46-25）℃ = 21℃、 热平衡点大约达到 1200s 时的热时间常数确定的。由式 （5-14） 给出的该稳态温度升高 δT 超过规定的 15℃， 所以系统控制器会作用于 HTM 模型的散热扇使温度限定在设计的范围内。

$$\delta T = T_{ss} - T_{amb} = P_d R_{th} = 461 \times 0.046 = 21.1℃ \tag{5-14}$$

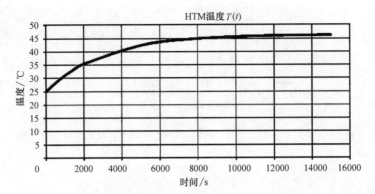

图 5-19 在 495HF 挖掘机中 8S×1P×HTM 的 HTM 温升曲线

练　习

5.1　表 5-1 中给出了汽轮机 HyPM12 燃料电池的参数，这种燃料电池被用于物料搬运车上。(a) 当电池单元输出最大功率时，计算氢的质量流量。使用氢的低位热值，$LHV_{H_2} = 120.1MJ/kg$。(b) 在该功率下计算燃料电池的电流和电池单元中的单体数目。

答案：(a) 根据表 5-1 中的数据来计算式 (5-3) 中的 dW_{comb}/dt，得到：

$$\dot{W}_{comb} = \frac{P_{pk}}{\eta_{pk}} = \frac{12.7kW}{0.53} = 23.96kW$$

基于式 (5-3)，计算氢的质量流量为

$$\dot{W}_{comb} = \dot{M}_{H_2} LHV_{H_2} \xrightarrow{\Delta} \dot{M}_{H_2} = \frac{23.96}{120.1} = 0.1995g/s$$

(b) 为了计算燃料电池中的电堆电流和氢的摩尔流量，在峰值功率下使用 0.67V 的单体电压，此时电流为

$i_{FC} = P_{pk}/U_{FC} = P_{pk}/(N_c U_{cell}) = 12700/(63×0.67) = 330A$。

氢的摩尔流量为

$$\dot{n} = \frac{\dot{M}_{H_2}}{amuH_2} = \frac{0.1995}{2.016} = 0.099mol/s$$

5.2　以橡胶轮胎门式起重机为例，应用例 5-1 中的仿真结果，说明超级电容器单元电流的积分与模拟电压摆幅相一致。

提示：$\int idt = 718.2A \cdot s$，电压摆幅为 $569.6V < U_d < 630V$，然后将状态方程中的非线性电容乘以电压得到总交换电荷数。回想前几章中超级电容器的非线性 $C(U)$。在此题中，$C_0(U) \Big|_{569.6}^{630} \cong \dfrac{11.76 + 12}{2} = 11.88F$

答案：$\widetilde{Q} = C_0(U)[U_i - U_f] = 11.88 \times (630 - 569.6) = 717.55A \cdot s$，约为 $\int idt = 718.2A \cdot s$。

5.3 求证在例 5-1 中 RTG 起重机的有效动能为 $W_{inertial} = 440kJ$。

答案：使用式（5-9），将 $V_0 = 4$，$M_v = 55000kg$ 代入得到：

$$W_{inertial} = 0.5M_v(V_0^2 - V_f^2) = 440000J = 440kJ$$

5.4 扩展表 5-4，包括（a）每个功率级别下的总再生能量。（b）每个功率级别下，再生能量在总动能中的比例。

练习 5.4 表 RTG 起重机再生能量和再生能量比例

再生功率 P_{regen}/kW	15	50	85
制动时间 T_d/s	10.1	5.18	3.5
再生能量 W_{regen}/kJ	151.5	259	297.5
再生率（RF）	0.344	0.588	0.67

答案：（a）返回到 ESS 中的动能并不记入在传动系统中传递功率至上游时的传递损失，这部分动能通过 $P_{regen}T_d$ 便可计算。

（b）用 $W_{regen}/W_{inertial}$ 计算再生率（RF），其中 $W_{inertial}$ 取值可在练习 5.3 中获得。

5.5 在练习 5.4 中，再生率随着功率级别的增加而增加，对此请做出合理解释。

答案：当 P_{regen} 较低时，RTG 起重机的减速时间就会变长，这样就增加了通过轮胎滚动阻力发生能量耗散的时间。在所有情况下，由于速度很低，所以风阻损失可以忽略不计。然而，随着 P_{regen} 的增加，有效动能中的很大部分被存储，这是由于降低了滚动阻力能量耗散时间。

5.6 对大型挖掘机 495HF，在规定的时间内在图 5-14 所示的仿真中，具有如下性能。$636\mathrm{V}<U_{\mathrm{pak}}<900\mathrm{V}$，$0<t<24\mathrm{s}$，并且在时间间隔内的转移能量为 $W_{\mathrm{pack}}=6872\mathrm{Wh}$。

试问：基于这段时间内的转移能量，所需的 ESS 单元电容是多少？

答案：将数据代入式（5-5），得：

$$\tilde{C}_0=\frac{2W_{\mathrm{pack}}(3600)}{[U_{\mathrm{i}}^2-U_{\mathrm{f}}^2]}=\frac{49.48\mathrm{MJ}}{(900^2-636^2)}=122\mathrm{F}$$

值得注意的是在表 5-5 中，稳态电压波动的中值为 $\overline{U}_{\mathrm{pak}}=768\mathrm{V}$，进行换算检验后得到 $C_{\mathrm{pak}}(768\mathrm{V})=123.2\mathrm{F}$，这个值与通过转移能量计算出来的平均电容值非常相近。

5.7　挖掘机连续运行是 Maxwell HTM 模块的一个应用场景，现将式（5-19）应用到该模块中。试问：在未开启风机之前，为了使温度保持在设计指标之内，最大功耗的允许值是多少？

答案：$\delta T<15℃$，所以

$$P_{\mathrm{d}}=\frac{\delta T}{R_{\mathrm{th}}}=\frac{15}{0.046}=326\mathrm{W}$$

5.8　已知 HTM 模块 $\mathrm{ESR}_{\mathrm{dc}}=14.4\mathrm{m\Omega}$，最大内部功耗可由练习 5.7 算得，计算在未启动模块的风机时，所能承载的最大电流有效值。

答案：

$$I_{\mathrm{rms}}=\sqrt{\frac{P_{\mathrm{d}}}{\mathrm{ESR}_{\mathrm{dc}}}}=\sqrt{\frac{326}{0.0144}}=150\mathrm{A_{rms}}$$

注：电流有效值就是规格表中最大连续电流的值，该值与 HTM 模块稳态温度的上升相对应。

参 考 文 献

1. W. Friede, M. Kammerer, N. Kodama, K. Harris, 'Fuel cell hybrid minibuses for niche applications', *The 22nd International Battery, Hybrid and Fuel Cell Electric Vehicle Symposium & Exposition, EVS-22*, Yokohama, Japan, pp. 885–94, 23–28 October 2006

2. Z. Jiang, R.A. Dougal, 'A hybrid fuel cell power supply with rapid dynamic

response and high peak-power capacity', *IEEE Applied Power Electronics Conference, APEC2006*, Hyatt-Regency Hotel, Dallas, TX, pp. 1250–5, 19–23 March 2006

3. M. Iwaida, N. Oki, S. Oyama, K. Murakami, M. Noguchi, 'Development of high power electric double-layer capacitor for fuel cell vehicle', *The 13th International Seminar on Double Layer Capacitors and Hybrid Energy Storage Devices*, Embassy Suites Deerfield Beach Resort, Deerfield Beach, FL, pp. 165–77, 8–10 December 2003

4. K. Tamenori, T. Taguchi, A. Anekawa, M. Noguchi, 'Application studies of electric double layer capacitor system for fuel cell vehicle', *The 13th International Seminar on Double Layer Capacitors and Hybrid Energy Storage Devices*, Embassy Suites Deerfield Beach Resort, Deerfield Beach, FL, pp. 178–88, 8–10 December 2003

5. K. Ikeda, K. Hiratsuka, K. Satoh, M. Noguchi, 'Material development of electric double layer capacitor for fuel cell electric vehicle and the newly developed electric double layer capacitor cell', *The 13th International Seminar on Double Layer Capacitors and Hybrid Energy Storage Devices*, Embassy Suites Deerfield Beach Resort, Deerfield Beach, FL, pp. 189–204, 8–10 December 2003

6. N. Omar, F. Van Mulders, J. Van Mierlo, P. VanDen Bossche, 'Assessment of behavior of supercapacitor-battery system in heavy hybrid lift truck vehicles', *The 5th IEEE International Vehicle Power and Propulsion Conference, VPPC2009*, Ritz-Carlton Hotel, Dearborn, MI, pp. 962–5, 7–9 September 2009

7. Komatsu Corporate Communication Press Release, *Komatsu Introduces Worlds First Hybrid Excavator: Hybrid Evolution Plan for Construction Equipment*, 13 May 2008. Available on: www.komatsu.com

第6章 重型交通工具中的应用

本章将继续对重型交通工具中的超级电容器应用案例进行研究。尤其是公共运输系统和车辆，逐渐成为监管机构提高能量效率的关注焦点。如今能量效率包括能源安全、弥补石油进口、通过减少排放物缓和气候变化等含义。这些原因都与发展混合动力运输相关。考虑到目前的公共运输车辆，如城市公交这样我们很熟悉的运输类型，以及一般采用大型 CIDI 柴油发动机的车辆。促进这些混合动力公共车辆的市场驱动因素如下：

- 能量效率：减少石油进口；认识燃料供应和价格的波动。
- 环境问题：温室气体（GHG）和全球变暖；减少排放的必要性。
- 财政责任：低硫等燃料需求；生命周期成本，持续维护的成本。
- 社会影响：公共卫生和柴油机排气（多环芳香烃）；噪声水平和噪声控制引起的社会关注。

混合动力公交车提供了上述方面以及更多层面的利益。如今，混合动力的公共运输享有补贴，可以弥补制造商的部分成本。从长远来看，通过加工效率、产品共有化和批量生产来回收一部分成本对制造商来说是必需的。混合动力的优点可以概括如下：

- 引进先进的驱动系统，包括发动机和电动驱动器。
- 加速和再生制动系统可实现完全的电动控制。
- 零排放车辆（无污染车辆）可在市中心和禁止排放区域运行。
- 具有大容量储能的混合动力公交车和电池电动车零排放运行。
- 降低整体运营成本。

重型交通工具车辆、公交车、航天飞机、大篷货车的推进系统架构成为讨论热点。其现状如图 6-1 所示，大部分柴油机动力城市公交车具有自动传输和机械动力传输系统。

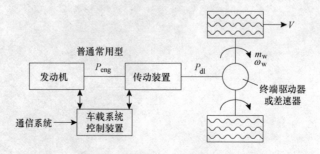

图 6-1　传统运输车辆推进结构

在传统车辆架构中，发动机是提供推进功率（P_{eng}）的主要动力装置，通过自动变速器传输到动力传动系统。考虑到变速器和液力变矩器产生的损失，大量的推进功率（P_{dl}）或者动力传动系统的输入功率，可用于终端驱动器（FD）或差速器，然后传送到从动车轮。为使车辆以直行速度（V）行驶，发动机需要提供足够的功率（P_{dl}）来克服摩擦力、风阻、驱动车轮在每个车轴和车轮角速度（ω_w）下车轮转矩形式（m_w）的阻力。车辆推进的基础是轴转矩和角速度转化为车轮牵引力（F_t）以及车辆速度（V），如下所示[1]：

$$m_w = F_t r_w \tag{6-1}$$

$$\omega_w = \frac{V}{r_w} \tag{6-2}$$

$$P_{dl} = \frac{m_w \omega_w}{\eta_{dl}} \tag{6-3}$$

$$F_t V = m_w \omega_w \tag{6-4}$$

式中，r_w 是从动车轮半径（m）；η_{dl} 是动力传动效率，是终端传动齿轮的主要参数。一个典型的车辆轮胎规格为 275/70R22.5，意思是螺纹线程为 275mm，胎侧高度为螺纹线程的 70%，轮辋直径为 22.5in（571.5mm）。不幸的是，该规范的单位结合了公制和英制单位，这是一个汽车文化事实。鉴于这些轮胎规格，因此轮胎滚动半径 r_w 为

$$r_w = \frac{D_r + 2H}{2} = \frac{571.5 + 2 \times 0.7 \times 275}{2} = 0.478\text{m} \tag{6-5}$$

将式（6-5）代入式（6-1）和式（6-2），使得车辆平移特性用转矩旋转量和角速度表示。由图 6-1 所示车辆架构推进力和能量转换阶段以及补充参数直接导出转矩、角速度和功率水平的方法，实现旋转系统的转换。一些实例可以帮助阐述混合动力以前的技术以及电池供电结构。表 6-1 是本章例题和练习中会用到公共运输工具的典型参数。

> **例 6-1**：计算运输车辆牵引电动机、发动机驱动发电机和功率变换器比功率（SP）、功率密度（PD）、转矩密度以及比转矩（ST）。为便于比较，将这些数据汇总于表 6-2。
>
> **解**：例 6-1 表明与典型的永磁同步发电机相比，典型异步或感应式牵引电动机的比功率、功率密度及比转矩均具有可比性。由于高的持续功率，功率逆变器无法达到混合型轿车的性能标准水平，但仍然达到可观的 2.8kVA/kg。读者应该注意，电动机传送或接收到的是有效功率，因此在传动轴和逆变器上以 kW 为单位，由于功电转换和可变功率因数位移是由视在功率规定的，因此以 kVA 为单位。

表 6-1 运输车辆参数和电动系统属性

属 性	单位	值	属 性	单位	值
空车质量 M_V	kg	9600	牵引电动机类型 MG-A 和 MG-B	—	感应
载重 M_{pass}	kg	5400	MG-A 峰值功率 P_{MGA}	kW	250
车辆总质量 M_{tot}	kg	15000	MG-B 峰值功率 P_{MGB}	kW	150
轮胎滚动半径 r_w	m	0.478	MG-A 转矩	Nm	1086
最终传动效率 η_{fd}	—	0.98	MG-A、MG-B 速度 ω_{MGA}	rad/s	345
传输效率 η_{xm}	—	0.97	MG-A 质量 M_{MG-A}	kg	200
电动机效率 η_{mtr}	—	0.94	发电机质量 M_{gen}	kg	120
逆变器效率 η_{INV}	—	0.96	MG-A 体积 Vol_{MG-A}	L	80
公交车行驶系数 C_d	—	0.52	发电机体积 Vol_{Gen}	L	65
公交车正面面积 A_f	m²	8	冷却液 MG ATF （自动传动液）	—	
乘客座位数量 N_{seats}	—	40	功率逆变器容量 P_{INV}	kVA	250
乘客站位数量 N_{stand}	—	30	功率逆变器温度 T_{INV}	℃	-40~+60
最大速度 V_{wot}	km/h	110	功率逆变器冷却液 ATF 或 WEG		@<65℃
最大加速度 α	m/s²	1.5	功率逆变器通信设备 SAEJ 1939		CAN
最大减速度 α_b	m/s²	2	功率逆变器质量 M_{INV}	kg	90
最高级别 gr	%	25	功率逆变器体积 Vol_{INV}	L	130

表 6-2 混合运输车辆设计参数

牵引电动机 MG-A			发电机			功率逆变器		
SP	(kW/kg)	1.25	SP	(kW/kg)	1.25	SP	(kVA/kg)	2.8
PD	(kW/L)	3.1	PD	(kW/L)	2.3	PD	(kVA/L)	1.92
ST	(Nm/kg)	5.4	ST	(Nm/kg)	4.2			

下一个例子中，我们的目的是将通用运输车辆加速运动特性（参数见表 6-1）转化为动力传动系统转矩、角速度和功率水平。这个例子中由康明斯公司生产的发动机，转速为 2200r/min 时，额定推进功率 $P_{eng} = 184kW$，理想情况下，视为此功率完全转化为从动轮牵引力 $F_t(N)$、车辆速度 V（m/s 或 mile/h）。我们的总目标是在这些例子的基础上建立一个典型的微周期或驱动周期，并将这些应用于本章的三个方案研究中。

例 6-2：图 6-1 所示传统的运输车辆拥有如上所述的康明斯公司设计的柴油发动机，其动力传动系统参数见表 6-1。给定传动比 $g_{xm} = 4.75 : 1$，终端速比 $g_{fd} = 2.83 : 1$，计算如下数据：

(a) 发动机角速度（rad/s）、转矩（Nm）。

(b) 动力传动系统转矩、角速度、功率。

(c) 轮轴转矩、角速度、功率。

(d) 车轮牵引力 F_t、车速 V、车轮处推进功率 $P(V)$。

解：利用式 (6-1) ~ 式 (6-5) 中所列比率，以及式 (6-5) 计算得

(a) 已知 $P_{eng} = 184kW$，$n_{eng} = 2200r/min$，则

$$\omega_{eng} = \frac{2\pi}{60} n_{eng} = 0.1047 n_{eng} = 230.38 rad/s \tag{6-6}$$

$$m_{eng} = \frac{P_{eng}}{\omega_{eng}} = \frac{184000}{230.38} = 798.68 Nm \tag{6-7}$$

(b) 已知 $g_{xm} = 4.75 : 1$，结合式 (6-6)、式 (6-7) 得到动力传动系统相关结果：

$$
\begin{aligned}
m_{dl} &= \eta_{xm} g_{xm} m_{eng} \\
&= 0.97 \times 4.75 \times 798.68 \\
&= 3679.92 Nm
\end{aligned}
\tag{6-8}
$$

$$\omega_{dl} = \frac{\omega_{eng}}{g_{xm}} = \frac{230.38}{4.75} = 48.5 rad/s \tag{6-9}$$

$$P_{dl} = m_{dl} \omega_{dl} = 178.476 kW \tag{6-10}$$

(c) 已知 $g_{fd} = 2.83 : 1$，结合式 (6-8)、式 (6-9) 及从动轮相关参数可以得到：

$$
\begin{aligned}
m_w &= \eta_{fd} g_{fd} m_{dl} \\
&= 0.98 \times 2.83 \times 3679.92 \\
&= 10205.9 Nm
\end{aligned}
\tag{6-11}
$$

$$\omega_w = \frac{\omega_{dl}}{g_{fd}} = \frac{48.5}{2.83} = 17.14\text{rad/s} \tag{6-12}$$

$$P_w = m_w \omega_w = 174\text{kW} \tag{6-13}$$

（d）最后，已知 $r_w = 0.48$，将车轮的轴转矩和角速度转变为车轮牵引力和车辆速度以及推进功率。

$$F_t = \frac{m_w}{r_w} = \frac{10205.9}{0.478} = 21358\text{N} \tag{6-14}$$

$$V = r_w \omega_w = \frac{8.19\text{rad/s}}{0.447} = 18.3\text{mile/h} \tag{6-15}$$

$$P(V) = F_t V = 174.93\text{kW} \tag{6-16}$$

例 6-2 的结果和类似第 5 章运用到的仿真模型说明牵引力与车速、牵引力与时间的关系如图 6-2 所示。

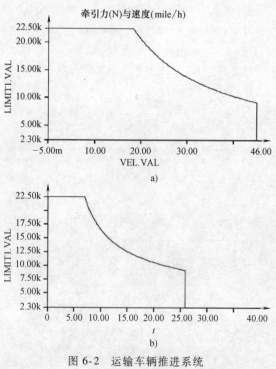

牵引力(N)与速度(mile/h)

a)

b)

图 6-2 运输车辆推进系统

a) 牵引力-速度图 b) 牵引力-时间图

图 6-2 中牵引力与车速 V 的 F-V 图表明发动机和传动系统向从动车轮传递由式（6-14）计算得到的恒定牵引力，直到达到式（6-15）的车速，然后在恒定功

率区域进入到模拟达到的巡航速度45mile/h。在巡航速度情况下，关小油门使得加速功率减小到持续功率（在没有逆风水平下达到约 2.3kW）。图6-2表明，$V=$ 45mile/h 情况下，$t=7s$ 可达到恒定功率（CP），并且可持续到 $t=25s$。在构建驱动周期表来评估方案研究时可运用以上信息。

混合动力车如图 6-3 所示，图中的发动机驱动发电机车辆的技术参数见表 6-1，输出电功率为 P_g。发电机电压为 700V，输入功率逆变器的直流电特性如表 6-1 所示。

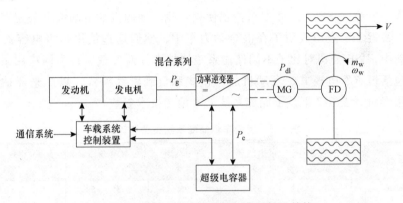

图 6-3　混合动力运输车辆的典型推进结构

功率逆变器接收发动机驱动型发电机的直流电和储能系统的补充电功率 P_e。车载系统控制装置的作用是使发动机驱动型发电机和牵引力电动发电机（MG）在转矩控制之下，以满足车辆运行的功率要求。混合动力意味着在发动机和从动轮之间无机械连接。推进功率流依靠牵引力电动发电机（MG），混合动力的优势在于，发动机驱动型发电机可以优化到低排放高效率点，而且当储能系统可以独自满足功率需求时，它可以停止工作。

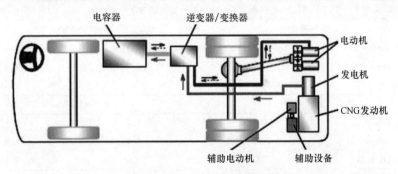

图 6-4　运输车辆推进系统组件集成

许多混合动力车的储能系统由超级电容器或电池组成。作者在参考文献［2］中指出，城市客车有图 6-3 所示的结构，这些车辆的储能系统包括存储量达

1310Wh 的超级电容器，在 378V、194kg 负重情况下能提供 100kW 推进功率。

图 6-4所示的只有超级电容器的车辆及其超级电容器储能系统是由尼桑（Nissan）柴油机公司设计的。尼桑柴油机公司考虑到锂离子电池相对于双电层电容器（EDLC）的优势，发现 200kg 的 EDLC 与 318kg 锂离子电池可发挥同样的作用。三菱扶桑卡车和公共汽车公司[3]表示采用尖晶石化学锂离子电池储能系统的串联式混合动力公交车在传统柴油发动机公交车的基础上，降低了 50% 的燃料消耗量以及 75% 的 NO_x 和 HC 排放量。混合动力车辆中的锂离子电池在60% ~ 75%的 SOC 范围内工作。伊势（ISE）公司[4]讨论了使用镍氢电池的汽油电动混合公交车辆的发展前景。最近 ISE 公司表明了在混合动力车中，他们选择使用超级电容器[5]。在此次更新中，ISE 公司对比了不同储能系统的技术特性参数、在不同应用工况下的表现，包括恒定发电模式、发动机起停模式和负载跟踪模式，以此来评估储能系统的使用寿命。表 6-3 汇总了储能系统的类型和技术参数。

表 6-3 运输车辆储能系统类型和等级

ESS 类型	额定能量 /kWh	可用能量 /kWh	峰值功率 /kW	工作温度 /℃	制造商保修 /年
Zebra NaNiCl$_2$	60	53	95	−35 ~ +50	2.5 ~ 5
Cobasys NiMH	25	<20	340	−10 ~ +55	4 ~ 6
超级电容器	1	>0.75	>200	−35 ~ +65	2 ~ 5

对于混合动力车中发动机和电动驱动系统的这三个运行模式，ISE 公司发现要满足寿命需要，电池储能系统的放电深度（DOD）必须很低。即使如此，与超级电容器储能系统相比，电池储能系统的寿命仍然较低。表 6-4 总结了所对比储能类型的每年循环次数的调查结果。

表 6-4 混合动力发动机模式中超级电容器 ESS 电池的比较

ESS 类型	ESS 能量	每周期放电深度（%）	预计使用寿命/年
恒定发电模式		@ 62500kWh/年	
Zebra	60	1.3	1.4
Cobasys	25	2.6	3.4
超级电容器	1	70	8.0
发动机起停模式		@ 70833kWh/年	
Zebra	60	1.4	1.3
Cobasys	25	3.4	2.8
超级电容器	1	85	7.1
发动机负载跟踪模式		@ 29167kWh/年	
Zebra	60	0.8	3.1
Cobasys	25	2.0	8.6
超级电容器	1	50	17.1

表 6-4 总结了起停模式和负载跟踪模式下的情况，在寿命评估中可以看出总能量周期，考虑到在每个周期中利用的能量，Zebra 电池部件 110000 浅循环周期，Cobasys 镍氢电池 500000 浅循环周期，超级电容器 1000000 深循环周期。保证全寿命周期能量的合理性是 ISE 公司以及其他公司为大量的混合应用选择多循环次数超级电容器的基本原则。

同样的原理也适用于地铁轨道、地铁、轻轨中的应用[6]。在这项研究中，作者阐述了轻轨设计师们遇到的问题，当火车减速进站、进入再生悬链线或第三轨道时将导致过电压，这被视为电力系统设备的再生制动故障。现场评估发现一条 1569V 线可能被驱动到超过 1800V，造成再生制动故障。这些"机车车辆"应用的功率等级为 1500V、400A，可利用 0.6kWh 的 EDLC 储能器控制。在一个应用中，一个由 570 个 800F 电容器单体组成的储能单元足够存储 0.28kWh 的火车可用能量、足够吸收再生制动能量和限定输入的过电压。

进行混合动力案例研究之前，需要讨论混合动力的结构，如图 6-5 所示的串并联结构。串并联结构的标志是有两个电动发电机 MG-A 和 MG-B，MG-A 通常是单一模式的牵引电动机（第 8 章会讨论到），MG-B 是起动发电机。在双模式中的电子无级变速器（eCVT）将会在第 9 章做详细讨论，MG-A 和 MG-B 也会在其中作介绍。对于本章讨论的目的，串并联结构意义重大，因为它既有机械功率传输途径，又有电功率传输途径，因此指定串联线（电气传动）和并联线（机械和电气传动）。如图 6-5 所示，两个电动发电机集成在一起被称为 EVT，用于实现电动无级变速。忽略结构，动力部分的关键是电气部分，即总发动机中的电力推进部分和储能系统的容量。

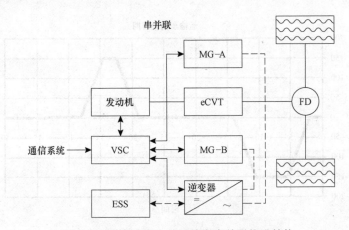

图 6-5 混合动力电动运输车串并联推进结构

图 6-5 中车辆系统控制器（VSC）控制发动机运行及 EVT 电动发电机在发动机和从动轮之间的无缝比例调节。目前，每种混合动力结构都被讨论，以筛选出

哪种最能适应表 6-5 总结的特定路径和驾驶环境。

表 6-5 可以解释为什么英国宇航系统公司 (BAE Systems) 将戴姆勒运输车辆与锂离子电池结合对于在曼哈顿城市路径运行是不错的选择, 而 ISE 公司利用超级电容器改进的 New Flyer 运输车辆适合在洛杉矶运行, Allison 蓄能电池双模式混合动力车辆更适合在波特兰运行。事实上, 由于传动方式和路径的起停频率的影响, 混合动力车在某种程度上对路况敏感。混合动力车辆在拥堵的低速路况中工作性能优越。

表 6-5 运输车辆混合推进系统路径适应性

路径	平地	丘陵	仅地铁	地铁+公路	寒冷气候
电池电动	×		×		
混合动力	图 6-3 和 6-5 的组态				
与电池串联	×		×	×	
与超级电容器串联	×		×	×	×
S-P+电池		×		×	
S-P+超级电容器		×		×	×

基于对一辆公交车的建模和仿真, 一个功率需求随时间变化的微周期已建立, 如图 6-6 所示。在这个功率-时间图表中, 随着时间变化, 具有线性斜坡的功率部分与传动系统的恒转矩 (CT) 运行相对应, 而具有平坦功率轮廓的部分代表恒功率 (CP) 运行。回顾图 6-2 的 F-V 图, 一个微周期定义为恒转矩 (CT) 持续 3.5s, 恒功率 (CP) 持续 9s, 而且在 CP 阶段由发动机提供推进动力, 而非储能系统。

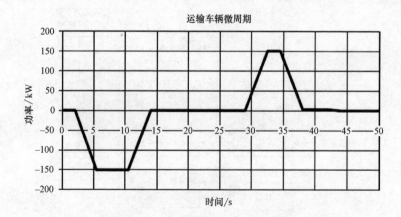

图 6-6 重型混合动力车典型的微周期 (负功率表示电动机驱动)

在接下来的章节中, 图 6-6 中的微周期将会在 $t=40s$ 时修改高位制动功率恢复脉冲后的能量再生部分，来模拟发动机用来给储能系统充电，将电池组的荷电状态恢复至 SOC_0。用于盈利的一辆公交车预计每天工作两班，一周工作 6 天，一年大约工作 6000h。一条常规的路线意味着每天公交车在车站起停 250 次让乘客上下车。

6.1 电池电动车

一辆设计长度为 11～12m，正常负载为 15000kg 的电池电动汽车预计会以 1500Wh/mile 的速度消耗存储的电能。表 6-6 列出了一种在亚洲市场已投入使用的电池电动汽车的技术特点。

表 6-6   电池电动车参数

属　　性	定　　义	值	单　　位
满载质量	空车+乘客(M_v)	16000	kg
正面面积	L11.6×H3.2×W2.5(A_f)	8	m²
最大速度	油门全开(V_{wot})	91/56.5	(km/h)/(mile/h)
范围	400Ah 锂离子电池组全电动范围	210/130	km@ 40km/h mile@ 40mile/h
范围	600Ah 锂离子电池组全电动范围	307/191	km@ 40km/h mile@ 24mile/h
电池容量	600Ah,390V(C_b)	234	kWh
电池容量	400Ah,390V(C_b)	156	kWh
电池电压	额定电压 U_b	388.8	V_{oc},开路
峰值功率	电池组功率(P_{pk})	150	kW
加速时间	0～25mile/h(t_{z25})	20.7	s

图 6-7 列举了这种公交车的例子，在 2008 年 8 月北京奥运会期间，接送选手从奥运村到比赛场馆的大巴正是这种公交车。在交通运输管理局的车库中，由于为每台北京奥运会的电池电动巴士配备了一台快速更换设备和新型机器人化整包更换设备，因此更换电池单元用时不超过 8min。

图 6-7   2008 年北京奥运会电池电动车
（在地板下装有电池）（由 JNJ Miller PLC 提供）

例 6-3：使用表 6-6 中电池电动公交车的数据，假设公交车以速度 40km/h 行驶时，分别使用 400Ah 和 600Ah 锂离子电池单元的情况下，计算每千米公交车消耗的能量，假设电池单元起始充至 95% SOC，规定 SOC 为 25% 时电池单元电量耗尽。不考虑由于寿命损耗的容量衰减。

解：对于这辆电池电动公交车，AER $|_{400Ah}$ = 130mile，容量 C_b = 156kWh，AER $|_{600Ah}$ = 190mile，容量为 234kWh，称能量消耗率为 γ，则：

$$\gamma_{400Ah} = \delta SOC(C_b)/AER_{400Ah} = 0.7(156000)/130 = 840Wh/mile \big|_{25mile/h} \tag{6-17}$$

$$\gamma_{600Ah} = \delta SOC(C_b)/AER_{600Ah} = 0.7(234000)/190 = 862Wh/mile \big|_{25mile/h} \tag{6-18}$$

结果正如人们所期望的那样，对于同样的电池电动车公交车而言，拥有更大容量的电池单元，在同样的运行速度下，能量的消耗速度是相同的。在更快的速度下，巴士将消耗更多的能量，这个问题会在本章结尾处讨论。

例 6-3 中电池电动公交车的数据是假定在水平路线和无逆风的情况下计算出的。在当前坡度情况下，AER 数目会大幅下降，这一点所有电动和混合动力电动公交车制造商都有所了解。考虑表 6-6 中列出的电池电动车参数情况，考虑全部路程 z = 1.5mile 的情况下，gr = 6%。由于公交车势能的增加，公交车的电池单元电量将被耗尽。在这种情况下，当垂直高度为 h 时，公交车在斜坡上行进的距离为 z，则 h 为

$$h = z\sin\left\{\arctan\frac{\%gr}{100\%}\right\} = 1.5\sin\left(\arctan\frac{6}{100}\right) = 1.5\sin(3.4336) \tag{6-19}$$

或者垂直提升，z = 0.08984mile × (1609m/mile) = 144.55m。这可能不像垂直爬升，但对大型客车而言，它意味着相当大的势能。

$$W_P = gM_v h = 9.802 \times (15000) \times (144.55) = 21.253MJ(5903Wh) \tag{6-20}$$

如表 6-1 所列，传动效率 = FD 的效率 × 转换效率 × 电动机的效率 × 功率逆变器的效率，即 η_{tot} = (0.98) × (0.97) × (0.94) × (0.96) = 0.858，储能系统放电效率未被计算在内。为了提供这些能量，储能系统必须以 W_P/η_{tot} = 5903Wh/0.858 = 6880.7Wh 放电。即使对于一个锂离子电池而言，这也是一个非常巨大的能量。例如，对于一个 390V 的储能系统而言，这么多能量意味着 17.64Ah 的容量，正是一个标准 100Ah 的电池单元爬坡所消耗的电能部分。

6.2 混合动力电动车

对使用 CIDI 发动机（柴油或天然气燃料）的混合动力电动车而言，使用汽油

或燃料电池情况十分类似。但是对于混合动力电动车来说，我们现在考虑使用仅有超级电容器的储能系统。在许多替代产品中，ISE 公司用含有超级电容器储能系统的汽油-电动混合动力推进系统改装了新飞客车[4,5]。在本节中，我们讨论设计超级电容器过程中所存在的挑战，特别是如何选择超级电容器的标定 SOC_0 水平。这是需要考虑的重要因素，因为储能系统必须能存储再生的制动能量并提供加速及其他行驶过程中的能量需求。图 6-8 是将要被评估的 ISE 替代客车。

图 6-8　有 280S×1P×3000F 超级电容器储能系统的混合动力车

（N_s = 280 单体，3000F/两个单元中的单体，760V>U_d>360V，P_{pk} = 150kW）

对于图 6-8 所示混合动力车中的 3000F 超级电容器而言，其可用能量为 δW_{cell} = 2.27Wh/单体，对这个单元而言，

$$\delta W_{uc} = N_s \delta W_{cell} = 280×2.27 = 635.6Wh \tag{6-21}$$

对式（6-21）中给出的可用能量，再生能量容量为 $\delta W_{uc}^+ = \delta W_{uc}/2 = 318Wh = \delta W_{uc}^-$，是可用于存储的能量。基于此就可以计算出初始 SOC_0。令 $\sigma = U_r/U_{mx}$，代入 δW_{uc}^+ 和 δW_{uc}^-，并如下处理 σ：

$$\delta W_{uc}^+ = (1-\sigma^2) U_{mx}^2 = (\sigma^2 - 0.5^2) U_{mx}^2 = \delta W_{uc}^- \tag{6-22}$$

$$2\sigma^2 = 1.25; \sigma = \sqrt{0.625} = SOC_0^2 \tag{6-23}$$

$$U_r = \sigma U_{mx} = \sqrt{0.625} ×720 = 569.2V \tag{6-24}$$

由式（6-22）可知，初始 SOC_0 = 0.79，此时超级电容器组额定电压 U_r = 569.2V 或 570V（近似值）。基于这个平均电压，超级电容器组可存储 318Wh 的再生能量，并且可提供 318Wh 用于起动。这种运行模式的另一种优势是，超级电容器单体的电压为 $U_{rcell} = U_{mxcell} = 0.79×2.7 = 2.13V$/单体，降低单体的电压值（比如小于 2.4V/单体），将使电池的循环寿命最大化。

表 6-7 指出了混合动力车的重要参数，这些参数可用来估算混合动力车的加速时间和能量需求。在这个例子中，起动速度为 V = 18mile/h（8.05m/s）时 CT-CP 转换，混合驱动的峰值功率为 150kW，此时的恒转矩加速阶段不再向驱动轮提供

个恒力 $F_t = 18633N$。轴转矩可以通过牵引力和驱动轮滚动半径 r_w 得出。

表 6-7　载重 15000kg 的超级电容器储能系统型混合动力车的仿真属性

属　　性	数　　值	单　　位
空车质量	9600	kg
最大载重量	5400	kg
轮胎规格 275/70R 22.5, r_w	0.478	m
正面面积 A_f	8	m^2
推进电动机:2x 西门子异步到齿梳	150	kW
储能:2 个 UC 模块,每个有 140 块电池	0.636	kWh

图 6-9a 显示了在没有动力传动损耗、从静止加速到 25mile/h 的理想情况下，混合动力车的牵引力 F_t 和车辆速度 V 的关系。图 6-9b 给出了相应的车辆速度和能耗。

根据图 6-9a 中表格给出的加速结果，根据式（6-21）计算出的可用能量为 318Wh，速度从 0 加速到 25mile/h 所需的能量为 295Wh，在选定 SOC_0 的储能系统的可用容量范围内。因此在 $V = 20mile/h$ 到 $V = 25mile/h$ 范围内，汽车发动机应该与电动驱动系统相符合，从而实现发动机功率的无缝过渡。当公交车驶进公交车站时，发动机将关闭，电动驱动系统会进行再生制动。在减速过程，电动驱动系统充当发电机的角色，从驱动轮获取 150kW 的制动能量，并将其输入储能系统存储。随着车速降低至零，电动发电机效率逐渐随之降低并被关闭，车辆制动器开始工作。这也意味着制动摩擦垫将很少在混合或电池电动车中使用，需要很少的维护。目前，众所周知，混合动力车中的制动系统的寿命是其正常使用情况下寿命的 2~3 倍。

表 6-7 列出了汽车微周期中混合动力车的特性参数，图 6-6 给出了应用由 280S×1P×3000F 单体组成的单元的推进功率与时间之间的关系，该单元由 140 个单体模块组成的两组构成。在这个微周期的例子中，因为较高的初始放电代表加速度，超级电容器组充电至高于 79% 的 SOC_0，电压为 680V。由于电池单体连接形成了寄生电阻，所以模块的时间常数高于单体的时间常数。仿真模型中包含了这些寄生电阻的影响。单体和模块的特性可从表 6-9 和表 6-8 清楚地看出，表 6-9 给出了最新的 Maxwell 技术公司 K2 单体的特性，由这些单体组成模块的特性在表 6-8 中列出。例如，表 6-8 中所示的 3000F K2 单体的时间常数为 0.87s，但当将这种单体集成为 48 个单体的模块时，单体间的寄生电阻和终端的电缆会使时间常数增加至 1.13s，可由表 6-9 的第 3 列第 3 行查得。考虑到电容的等效串联电阻会影响 $ESR_{dc}^{mod} = \tau/C_{cell} = 1.13/3000 = 0.377m\Omega$。聪明的读者会认识到电容的 ESR_{dc} 就是 $ESR_{mod}/N_s = 18m\Omega/48 = 0.375m\Omega$。这个简单的练习非常清楚地说明要尽可能地降低电容的阻值，因为寄生电阻不仅限制可达到的峰值功率，同时也导致了更高的内部功耗，并给集成热管理系统带来更大的困难。从 3000F 电容单体集成至模块时，

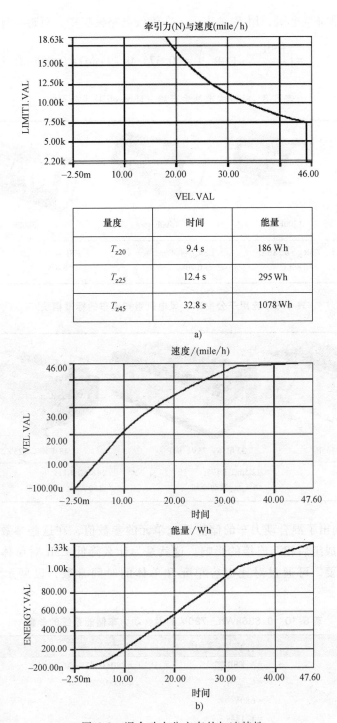

量度	时间	能量
T_{z20}	9.4 s	186 Wh
T_{z25}	12.4 s	295 Wh
T_{z45}	32.8 s	1078 Wh

a)

b)

图 6-9　混合动力公交车的加速特性

a）F_t-V 加速特性表　b）速度-时间关系和能量-时间关系

ESR_{dc} 增加的是寄生电阻，用 R_{conn} 表示，在等效电路模型中，可近似计算如下：

$$R_{conn} = \left(\frac{ESR_{mod}}{N_s} - ESR_{dc} \right) = (0.375 - 0.29) m\Omega = 0.085 m\Omega \qquad (6-25)$$

表 6-8　标准大电池生产线（Maxwell 技术公司）

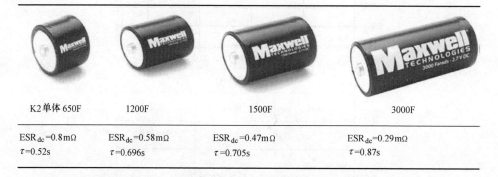

K2单体 650F	1200F	1500F	3000F
$ESR_{dc}=0.8m\Omega$	$ESR_{dc}=0.58m\Omega$	$ESR_{dc}=0.47m\Omega$	$ESR_{dc}=0.29m\Omega$
$\tau=0.52s$	$\tau=0.696s$	$\tau=0.705s$	$\tau=0.87s$

表 6-9　应用于公交车、风电机组和火车的标准模块

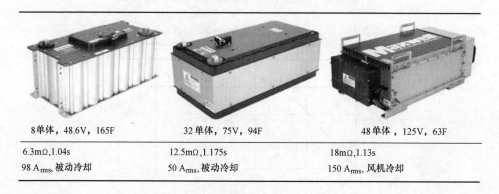

8单体, 48.6V, 165F	32单体, 75V, 94F	48单体, 125V, 63F
$6.3m\Omega, 1.04s$	$12.5m\Omega, 1.175s$	$18m\Omega, 1.13s$
98 A_{rms}, 被动冷却	50 A_{rms}, 被动冷却	150 A_{rms}, 风机冷却

　　表 6-10 列出了混合动力车的储能系统单元的参数值，在这些参数中考虑了大量的电容单体成组后相互连接的影响。这就是为什么降低 ESR 对单体或成组的电容单元都很重要。可通过对比电容单元和单体的时间常数，以展示设计的执行效果。

表 6-10　0.636kWh、720V 的混合动力车储能系统的参数

参　数	定　义	计　算	值
ESR_{pak}	$= N_s ESR_{dc}^{mod}$	$= 280(0.375m)$	$= 105m\Omega$
C_{pak}	$= C_{oell}/N_s$	$= 3000/280$	$= 10.71F$
U_d	$= 680V$		
τ_{pak}	$= 1.124s$		

　　对于车辆微周期运行过程中的功率曲线，混合动力车储能系统的电压从初始

值 680V 下降到最小值 462V，如图 6-10a 所示，然后在再生电源的作用下，恢复至 604V。对于 150kW 的峰值驱动功率和再生功率，储能系统电流在放电时达到 -309A，在充电时达到 +277A。对于能量监控系统，其初始能量的设置与 680V 或 688Wh 的初始状态相对应。随着车辆运行，储能系统的能量下降到 333.6Wh，在再生制动作用下恢复至 568.5Wh。耗能 119.5Wh 是因为再生能量少于消耗掉的能量。因此，对于混合动力车，发动机驱动型发电机需要部分能量至与行驶路线间隔时间的耗能相匹配。假设这个时间间隔最小是 90s，可以补充 119.5Wh 的能量，补充能量通过设置发电机的输出功率实现，$P_g = \delta W_{ess}/T = 119.5 \times 3600/90 = 4.78kW$，这个功率对于一个峰值功率为 100kW 的发电机而言是一个非常适度的持续功率水平。

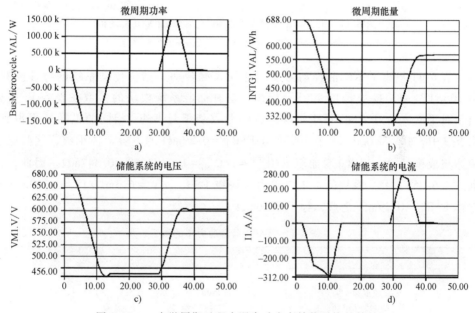

图 6-10　一个微周期过程中混合动力车储能系统的特性

a）微周期功率　b）储能系统的能量变化

c）储能系统的电压（$U_{d0} = 680V$）　d）储能系统的电流（-812A 补偿）

6.3　摆渡车

本节讨论第 4 类车——E450 摆渡车，这类巴士广泛应用于机场和酒店。因为这类巴士起停频繁并用于城市之中，所以已有多年的努力用来研究这类车，用电力驱动减少其排放。图 6-11 介绍了一辆用于这种工况的汽车，这辆车是由福特公司生产的，在一个特殊设计的内燃机中进行燃氢工作。氢存储在 5000lbf/in²

（35MPa）的储罐中，可以供 E450 摆渡车行驶 150mile 的路程。这种车在 2006 年开始接送乘客，减少了 99.7%的二氧化碳排放量。

a)　　　　　　　　　　　　　　　　　b)

图 6-11　第 4 类车摆渡车及其用氢的 Triton V10 发动机

a）E450 摆渡车，以氢为动力　　b）Triton V10 6.8L 发动机

表 6-11 给出了示例混合动力车的并联式混合动力结构传动系统的特性参数，由 10S×1P×48V 模块提供 400Wh 能量。这种储能系统模块的参数在表 6-12 中列出，对于混合动力车和 HTM 模块，这些参数基于与 ESR_{dc} 相同的推导过程得到。表 6-9 中，48V 模块由 18 个 3000F 且 $ESR_{dc} = 0.29m\Omega$ 的电容单体组成，这些电容单体集成模块时，ESR_{dc} 增加至 $ESR_{dc}^{mod} = \tau/C_{cell} = 1.04/3000 = 0.347m\Omega$。因此，根据式（6-25），48V 模块的寄生电阻为模块级 $ESR_{mod}/N_s = 6.3m\Omega/18 = 0.350m\Omega$ 与单体 $ESR_{dc} = 0.29m\Omega$ 之差，等于 $0.06m\Omega$。

表 6-11　E450 混合动力车的例子

属　　性	值	单　　位
空车质量	7200	kg
最大载重量	2800	kg
轮胎规格：LT245/75R16，r_w	0.387	m
正面面积 A_f	4.2	m^2
混合动力并联结构电力驱动电源	90	kW
储能：$360V_{dc}$，10S×1P×48V 模块	0.400	kWh

表 6-12　0.400kWh，486V 的混合动力车储能系统参数

参　　数	定　　义	计　　算	值
ESR_{pak}	$10ESR_{dc}^{mod}$	10(6.3m)	$63m\Omega$
C_{pak}	$C_{mod}/10$	165/10	16.5F
U_d	459V		
τ_{pak}	1.04s		

对 E450 摆渡车而言，储能系统电压的初始值为最大电容单元电压，$U_d = 180\times$

2.55=459V，这与使循环寿命最大化的推荐工作电压 2.7V 或 2.55V/单体相对应。

摆渡车储能系统的能量在最大值 482.8Wh 到最小值 270Wh 范围内变动，变化量为 212.8Wh，在储能单元最大可转移能量 400Wh 的范围内。这意味着电压不会降低至 $U_{mx}/2=230V$，从图 6-12c 中可看出达到的最小值为 336V。

Del Core[7] 在 2010 年先进储能会议上对混合动力公交车的现状和混合动力公交车与混合动力汽车的对比进行了综合论述。Salient 在表 6-13 中列出了他的对比观点，用来总结本章对重型运输方面的研究。

练习 6.7 用在表 6-13 中列出的混合动力车应用的能量周期来认识同样电池的寿命，虽然用在公交车中的电池大于用于混合动力轿车上的。鼓励读者通过这个练习加深对储能系统中能量循环重要性的认识，并了解其为促进电池健康状态所做的贡献。

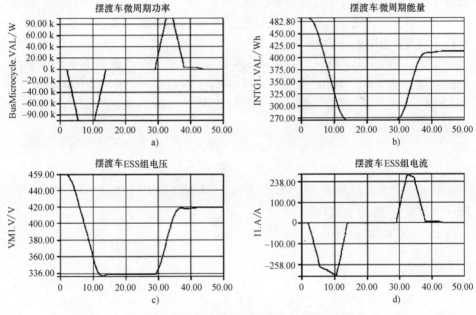

图 6-12　一个微周期内混合动力摆渡车的性能

a）微周期内的功率（峰值为 90kW）

b）储能系统组能量变化（$W_{ess0}=482.8Wh$）

c）储能系统组电压（$U_{d0}=459V$）

d）储能系统组电流（-659.8A 补偿）

表 6-13　混合动力公交车和汽车的比较[7]

属　　性	混合动力汽车——轿车	混合动力公交车
车辆自重/kg	1590	13600
ESS 容量/kWh	1.5	电池:14.6;超级电容器:1.0

（续）

属　　性	混合动力汽车——轿车	混合动力公交车
每天起停次数	30	750
每次提供/吸收能量/Wh	50～100	500
ESS 峰值功率/kW	30	200
ESS 额定电压、电流/（V/A）	273/110	600/333
每天吞吐的能量/kWh·循环次数	1	电池:13;超级电容器:189

练　　习

6.1　计算储能系统中存储的能量，等于表 6-1 所列参数的汽车在 2% 坡度行驶 1.5mile 路程之后的势能部分。

提示：从规定的坡度计算角度，然后从给定的距离和角度计算，最后计算以 J 或 Wh 为单位的势能。

答案：$\alpha = \arctan(\%\mathrm{gr}/100) = \arctan(2/100) = 1.146°$ 为坡度角，对于这个坡度上的距离 $z = 1.5\mathrm{mile}$ 意味着 $h = z\sin\alpha$，所以 $h = (1609\mathrm{m}/\mathrm{mile})z\sin\alpha = 48.26\mathrm{m}$。因此，储能系统中的电能等于势能 $W_{\mathrm{pot}} = ghM_{\mathrm{v}} = 9.806 \times 48.26 \times 15000 = 7.098\mathrm{MJ} = 1.97\mathrm{kWh}$。

6.2　用练习 6.1 中得到的势能，计算在该势能下各种储能单元的质量。给定锂离子具有的比能量 SE = 126Wh/kg，镍氢（NiMH）SE = 63Wh/kg，碳-碳超级电容器 SE = 4Wh/kg。

答案：$M_{\mathrm{Li}} = W_{\mathrm{pot}}/\mathrm{SE}_{\mathrm{Li}} = 15.76\mathrm{kg}$，

$M_{\mathrm{NiMH}} = W_{\mathrm{pot}}/\mathrm{SE}_{\mathrm{NiMH}} = 31.27\mathrm{kg}$，

$M_{\mathrm{UC}} = W_{\mathrm{pot}}/\mathrm{SE}_{\mathrm{UC}} = 492.5\mathrm{kg}$。

6.3　基于练习 6.1 和练习 6.2 的发现，这是否说明了各种混合动力车是路线敏感的呢？

答案：因为大部分都是中等档次路况的路线，对储能系统容量的要求也很高，所以驱动的重担又落回到发动机上。超级电容器由于具有很高的能量吞吐水平，所以更有利于起停频繁的路线。

6.4　将例 6-3 的结果扩展到运行在城市路线中并且有 30mile/h 和 45mile/h 的时速限制的电池电动公交车上，并假设汽车能达到这些速度。控制电池能量消耗率为每英里 1.5<γ<2.0 是否可行？

答案：可行。对于更高的速度，驱动功率负载增量大致以 $V^{1.6}$ 增加，此处，$V_{avg} \approx (30+45)/2 = 37.5\text{mile/h}$，$(37.5/25)^{1.6} = 1.9$。因此，有 $1.9 \times 840\text{Wh/mile} = 1596\text{Wh/mile}$。

6.5　一辆混合动力公交车每天运营两班，每周 6 天，每年总共是 5000h。计算每日总工作小时数，已知公交车每天停 250 次，计算两次停车之间的平均时间间隔。

答案：3.3min。由于 $t_{op} = (5000/8760) \times 24 = 13.7\text{h}$，每小时的起停次数为 $N_{sg} = 250/13.7 = 18.25$，两次起停之间的平均时间间隔为 $60\text{min}/18.25 = 3.3\text{min}$。

6.6　假设电动公交车用于空调、灯光、空气制动压缩机间歇使用和娱乐等的平均辅助电源功耗为 $P_{acc} = 2.85\text{kW}$，计算：（a）练习 6.5 中给出的条件下，每天的辅助电源负载；（b）用于支持这个额外负载的电池单元的单体容量。

答案：（a）$W_{acc} = 39\text{kWh/天}$。可以计算如下：

$$W_{acc} = P_{acc}t_{op} = 2.85\text{kW} \times 13.7\text{h} = 39\text{kWh}。$$

（b）$C_{bacc} = W_{acc}/U_b \big|_{U_b = 390\text{V}} = 39000/390 = 100\text{Ah}。$

6.7　对于混合动力轿车和混合动力公交车，表 6-13 提供了其相关的电池数据，假设混合动力轿车电池的保修期为 10 年，那么如果以同样的方式行驶，混合动力公交车相应的保修期应为多长时间？

提示：假设混合动力轿车每年行驶约 250 天，混合动力公交车每年行驶约 312 天（52 周都会行驶，每周 6 天）。

答案：对于这个问题：

（a）超过其预估使用寿命的轿车电池的循环次数被推导出并列于表中。

（b）将与此相同的度量应用于电动公交车的电池，估计其使用寿命。

混合动力轿车电池循环次数

定　　义	计　　算	结　　果
（1kWh·循环次数/天）× （250 天/年）×（10 年）	= 2500kWh·循环次数	超过使用寿命
电池容量（kWh），C_b	= 1.5	使用初期
循环次数@ 100%SOC	= 2500kWh·循环次数/（1×1.5kWh）	1667 次
循环次数@ 50%SOC	= 2500kWh·循环次数/（0.5×1.5kWh）	3334 次
循环次数@ 25%SOC	= 2500kWh·循环次数/（0.25×1.5kWh）	6667 次

混合动力公交车电池循环次数		
（13kWh·循环次数/天）× （312 天/年）	= 4056kWh·循环次数/年	在 1 年的基础上
电池容量（kWh），C_b	= 14.6	使用初期
公交车每年循环次数	=（4056kWh·循环次数/年）/C_b	277.8 次
100%SOC 时循环次数/年循环次数	= 1667/277.8	6 年
50%SOC 时循环次数/年循环次数	= 3334/277.8	12 年
25%SOC 时循环次数/年循环次数	= 6667/277.8	21 年

　　该练习的计算结果及在不同的 SOC 范围下的电池能量变化，都是在标准温度（25℃）的条件下得到的，与电池行业专家的工作记录相一致。在这种情况下，从江森自控-Saft 高级电源解决方案公司的研究工作中推导得到不同电池类型的循环能量与放电深度（如 SOC 窗口）的关系图。锂离子曲线（左二）显示了在 40%δSOC 下，其循环寿命约 4000~5000 次。可能可以满足上面列出的 50%SOC 时 3334 次的需要。当然，现实世界的环境条件是不被控制的，与得到这些图表的实验室条件不同，所以可认为现实中的循环次数远低于图中所示（见图 6-13）。

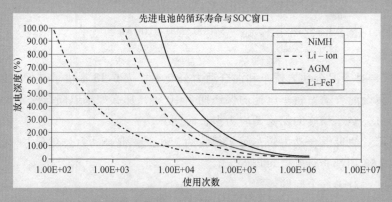

图 6-13　循环次数-δSOC 的对数线性图表

参 考 文 献

1. J.M. Miller, *Propulsion Systems for Hybrid Vehicles*, 2nd edn., The Institution of Engineering and Technology (IET), Stevenage, United Kingdom, 2010

2. T. Kawaji, S. Nishikawa, A. Okazaki, S. Araki, M. Sasaki, 'Development of Hybrid Commercial Vehicle with EDLC', *The 22nd International Battery,*

Hybrid and Fuel Cell Electric Vehicle Symposium and Exposition, EVS-22, Yokohama, Japan, pp. 228–36, 23–8 October 2006

3. Y. Susuki, K. Yoichiro, T. Kondo, T. Moriva, S. Shiino, K. Mori, 'Series Hybrid Electric Drive System for City Bus', *The 22nd International Battery, Hybrid and Fuel Cell Electric Vehicle Symposium and Exposition, EVS-22*, Yokohama, Japan, pp. 210–18, 23–8 October 2006

4. J. Goldman, P.B. Scott, 'Modern Hybrid Electric Transit Buses – Research Driving Development', *The 23rd International Battery, Hybrid and Fuel Cell Electric Vehicle Symposium and Exposition, EVS-23*, Anaheim, CA, pp. 1–4, 2–5 December 2007

5. P.B. Scott, J. Schulte, 'Batteries in Heavy Duty Hybrid Electric Vehicle Applications', *Presented at SAE 2008 Hybrid Vehicle Technology Symposium*, San Diego, CA, 14–15 February 2008

6. Y. Sekijima, Y. Kudo, M. Inui, Y. Monden, S. Toda, I. Aoyama, 'Development of energy storage system for dc electric rolling stock applying electric double layer capacitor', *6th Committee Meeting on Vehicle Energy Storage Systems*, The Institution of Electrical Engineers Japan (IEEJ), University of Tokyo, Tokyo, Japan, 2 November 2007

7. R. Del Core, 'ISE Corp: innovative solutions for energy', *Presented at Advanced Energy Storage 2010*, Catamaran Hotel, San Diego, CA, 12–14 October 2010

第7章 混合动力电动汽车

超级电容器主要由于其怠速停止的特点，目前开始应用于低端混合动力电动汽车[1]。实际上，怠速停止技术系统并非真正的混合动力电动汽车，而是相当于微混合动力电动汽车，因为它适用于任何电动转矩车辆驱动轮。标致、雪铁龙汽车系统中包含集成可逆起动发动机系统，这一系统通过交流发电机带的方式实现起停功能。集成可逆起动发动机系统在使用1.4L和1.6L柴油机传动时，进行新型欧洲运行工况测试，会有15%的燃油降耗。而整个市场表明在2012年使用如此系统会带来大约100万的燃油降耗。这种微混合动力表现出了两种业界首创：①柴油带传动系统；②超级电容器能量存储。

图7-1表示了用于标致汽车的包含集成可逆起动发动机系统的带传动微混合动力电动汽车。交流发电机额定功率2.2kW，并且在气温低于-25℃时，通过一个特殊带张紧装置获得反向传动的转矩发动机功能来辅助发动机起动。

微混合动力电动汽车特点总结如下：

- 汽车运行状态低于8km/h，发动机制动切断传动。
- 遇紧急制动，发动机仍然运行提高液压助力制动。
- 如果电池荷电状态较低，发动机保持运行给电池充电。
- 温度高于30℃时，发动机保持运行维持车内空调运转。
- 温度低于-5℃时，发动机保持运行维持车内温度。
- 设计双单元超级电容器模块，在发生车辆摇晃情况时，通过提高电压使得车辆配电系统稳定，以此来辅助电池工作。

轻度混合动力的实现有两种：①带集成起动发电机（B-ISG）或带传动交流发电机起动器（BAS）；②曲轴式集成起动发电机（ISG）。轻度混合动力电动汽车最获认可的是带传动交流发电机起动器，通用汽车公司已在项目"Saturn Vue Greenline"中作为42V系统投入生产。在此系统中，交流发电机是日立公司专门设计的可逆系统，额定功率5kW，且机械功率>4kW，在热起动时具有60Nm带转矩。图7-2为项目"Saturn Vue Greenline"中投产的42V带传动交流发电机起动器（现已停产）。

图7-2所示的"Vue Greenline"混合动力汽车具有以下显著特征：

- 4T45E电子控制传输，包括电动驱动油泵。
- 2.4L同轴四缸Ecotec引擎。
- 可逆发动机，额定功率5kW，机械功率4kW，发动机再起动转矩60Nm。
- 36V镍氢电池（3S×1P×12V Cobasys模块），功率配置10kW，荷电状态60%。

图 7-1 具有集成起动的发电机可逆系统［1］以及引擎图
（此处超级电容器模块 2S×1P×1200F）
1—电子起动装置 1a—电力电子装置 1b—5V 超级电容器 2—12V、70Ah 重型电池
3—发动机集成起停装置 4—二代带传动起动装置 5—高压共轨柴油机

第二种类型的轻度混合动力最被认可的是本田 IMA 系统（集成电动机辅助），包括曲轴式起动发电机，独立的电力电子单元，144V 镍氢电池，该电池组由 6.5Ah，约 900Wh 容量单体电池组成。本田第四代 IMA 是介于 1.3L iVTEC 发动机与推带式无级变速器（CVT）之间的产品。该发动机额定峰值功率 68kW，并且 IMA 拥有 15kW 的额定功率，转矩 103Nm。镍氢电池是空气冷却，安装于后座。在本田思域混合动力电动汽车中可实现每加仑汽油行驶 50mile，且 $t_{z60}=11.5s$。目前，美国能源部的国家可再生能源实验室（NREL）已进行过相应分析[2]，并且车辆展示[3]了对超级电容器能量存储在轻度混合动力电动汽车的好处。Pesaran 和 Gonder[2]分析了使用超级电容器的混合动力电动汽车在城市驾驶时，可以实现高达 20% 的燃油经济性改善，并得到如下结论：

- 较小的燃油经济性差别表现在轻度混合动力汽车使用超级电容器还是锂离子电池。

● 如果成本相同，并且没有利用锂离子的能量储备优势，超级电容器优越的使用寿命和低温性能，使其更具吸引力。

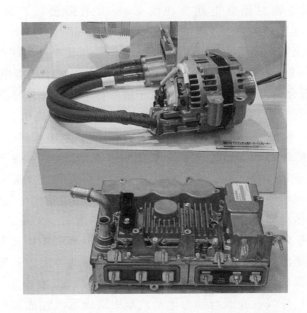

图 7-2　轻度混合动力汽车，（上图）镍氢电池安装在后座的车辆示意图，
（下图）日立公司生产的可逆交流发电机和电力电子控制中心原件

最近，Gonder 等在参考文献［3］中将"Saturn Vue Greenline"混合动力转换成三种能量存储系统：①36V 镍氢电池组；②配有一个 Maxwell 技术公司的 48V，165F 超级电容器；③有两个 Maxwell 技术公司 BMOD0165-P048 模块。他们从示例车辆中发现单一 48V 的 BMOD0165 -P048 模块与三个镍氢电池模块性能表现相同，并得出如下结论：

- 超级电容器具有优异的寿命和低温性能。
- 超级电容器具有较低的长期建设成本。

针对 2007 Vue Greenline 轻度混合动力电动汽车进行的测试实验表明，拥有超级电容器的测试车辆在能量小于 50Wh 时足以应对这一类车辆在城市中的行驶。对于其他更激烈的驾驶方式，例如 US06 驾驶循环，拥有两个 BMOD0165-P048 并联模块，且可转换能量小于 70Wh 时呈现出一个典型优势，但是数据表明此驾驶方式所需能量达到 150Wh。

建议读者阅读目前已进行技术更新的材料在超级电容器混合动力电动汽车中应用的文献。此领域发展迅速，而且这里的引文只涉及超级电容器在混合动力电动汽车中的应用现状。Lee 等在参考文献 [4] 中提出了阀控密封铅酸（VRLA）电池和 42V 高功率超级电容器组成的混合能量系统。这一问题的讨论与通用汽车将 42V PowerNet 混合动力系统投入生产有关。这里涉及的混合动力能量系统是由 36V、1540Wh 阀控密封铅酸电池（现代 Enercell 有限公司）和一个 18 单元、5000F/48V 超级电容器模块（45V 时额定 278F，4.7mW，77Wh）组成。结果表明，混合能源系统只是提高了可用能量的 5%，但是相比单独的阀控密封铅酸电池放电效率增加了 19%。Benson 等在参考文献 [5] 中描述了超级电容器在 SAE 方程式（FSAE）混合动力赛车中的应用。对于微型赛车（GoKart），其所用超级电容器规格为 130 单元，2.5V，2700F，使用 Maxwell 技术公司提供总额 325V，680kJ（188Wh）能量，而参考文献 [5] 描述车辆用高于上述规格，即推进电动机 Solectria AC55，峰值功率 78kW，240Nm 转矩和承重 122kg 时保持 34kW 持续输出。测试车辆加速起步 75m 用时 6s，而目标为 4.2s。差异是由于车轮打滑，如此低质量的单元是可以理解的。然而，事实证明储能单元足够维持两个连续的加速运行。所有储能和动力传动部件的建模被列为影响赛车竞争力的一大因素。

Gao 等在参考文献 [6] 中详细描述了适用于上述不同模拟过程的锂离子电池电气等效电路。提出的模型包括非线性平衡电位，静动力能力和温度的影响。模型参数是从实验测试过程中提取出来的。Baisden 和 Emadi 在参考文献 [7] 中讨论了组合技术的优势以及在混合动力电动汽车中储能系统性能如何。示范车辆配备了 64kW 推进式电动机，Hawker Genesis 3×12V，26Ah 铅酸电池模块，Maxwell PC2500 电池组（2.5V，2700F）35 组串联升压（87V）。经试验验证，其燃油经济性、加速和爬坡能力效果显著。

例 7-1： 对于在本节中讨论的超级电容器储能系统微型赛车[5]，假设驾驶员标准体重为 80kg，动力传动系统拥有 47% 的总体效率。在已掌握的信息和性能指标基础上，计算车辆近似总质量。车辆质量减去电动机和驾驶员的质量表示什么?

解:

$$d = V_i T + 0.5aT^2 = 75\text{m}\,\big|_{T=6\text{s}}\,;\, a = \frac{2d}{T^2} = 4.17\text{m/s}^2 \tag{7-1}$$

假设在短距离拥有线性加速度,运用式(7-1),并且依据事实初速度为0,我们发现车辆通过 SAE 方程式测试时最终速度为 $V_f = aT = 4.17(6) = 25\text{m/s}$ (56mile/h)。根据式(7-1)有 $a = 0.43g$。车辆动能的表达式可以应用到获取所涉及的总质量。

$$K_e = 0.5M_V V_f^2 = \eta \frac{W_{\text{ESS}}}{2} = 0.82(340\text{kJ}) = 278.8\text{kJ}\,;\, M_V = 892\text{kg} \tag{7-2}$$

减去所述的电动发电机质量(122kg)和一个标准乘客质量(80kg)的发动机、发电机、支架、超级电容器模块和所有其他必需品产生的结果表示如下:

$$M_{\text{bop}} = M_V - M_{\text{MG}} - M_{\text{pass}} = 690\text{kg} \tag{7-3}$$

例 7-1 引入了混合动力电动汽车配电系统的另一个相关点,即发动机驱动的发电机需要稳定保持足够的配电供应。在前面的例子中,额定 325V 的超级电容通过 42V 交流发电机和 DC-DC 升压变换器重新充满。这种方式经常带来车辆的附加重量。在本节结束时,我们再考虑 V_{ue} 混合动力电动汽车的制动辅助系统。

例 7-2:具有带传动交流发电机起动器的可逆交流发电机,如图 7-2 所示,常被用来为 48V 超级电容器模块,或者多个并联模块充电。此外,假设曲轴转矩 150Nm 的 2.4L Ecotec 发动机需要执行热起动。带传动交流发电机起动器的参数设定如下:(a)发动机曲轴和交流发电机带轮之间的最小带传动比;(b)电源逆变器的输入电流近似值和设计冗余度 160% 的最大电流;(c)可逆交流发电机的近似转矩常数。

解:这个例子是超级电容器模块在未来轻度混合动力电动汽车设计应用中,有可能遇到的典型案例。在此例子中,忽略传动带磨损,可逆交流发电机的初始转矩 $m_{\text{alt}} = 60\text{Nm}$。

$$g_{\text{pr}} = \frac{m_{\text{eng}}}{m_{\text{alt}}} = \frac{150}{60} = 2.5 : 1 \tag{7-4}$$

$$P_{\text{elec}} = U_d I_d\,\big|_{U_{d_{\min}}=32\text{V}} = 5\text{kW}\,;\, I_d = \frac{5000}{32} = 156\text{A} \tag{7-5}$$

$$k_t = \frac{m_{alt}}{I_d} = \frac{60}{150} = 0.385 \text{Nm/A} \tag{7-6}$$

(a) 带传动比，$g_{pr} = 2.5 : 1$。

(b) 当发动机起动过程中势能最小时[8]，逆变电源的输入电流 $I_d = 156 A_{dc}$。在半导体逆变器获得 160% 裕度时，储能单元的峰值电流 $I_{dpk} = 250A$。

(c) 可逆交流发电机的转矩常数 $k_t = 0.385 \text{Nm/A}_{dc}$。

在例 7-2 中对练习 7.1~练习 7.3 的概念进行了扩展，使读者更加熟悉对带传动交流发电机起动器的实际应用。

事实上，混合动力电动汽车所用储能电池并非根据汽车发动机的起动应用进行选择，但是需要应对譬如紧急闪光灯的操作和外部大灯持续 1h 照明等紧急情况。寒冷条件下，储能电池需要在发动机高起动转矩的情况下，保持 1.5s 持续工作。混合动力电动汽车执行怠速停止功能时，储能电池需要足够维持汽车发动。例 7-3 参考 Vue Greenline BAS 系统并对其进行轻微改动后形成 PSA/Valeo iStARS 系统。iStARS 系统可在 400ms 内完成热起动，而相比较在大排量发动机 BAS 系统完成同样动作小于 300ms。

例 7-3：42V BAS 系统具有输入功率 $P_{elec} = 5kW$，起动时间 $t_{str} = 300ms$。鉴于此，要求汽车在没有超级电容器的情况下连续完成三次起动动作，那么最小需要超级电容器的容量是多少呢？针对这种应用，超级电容器保持初始容量的 75%，或者寿命周期初始值（BOL）的 75%，如何确定其寿命周期终值（EOL）。

解：解决这种设计方案的问题，我们必须对超级电容器的电压范围有着深刻的了解。因此，参考文献 [3] 是一个不错的参考，且图 7-3 将用于设定电压摆幅的界限。如图所示，48V 超级电容器模块电压范围在 45~38V 之间；因此，这些限制将被应用到这个例子中。

$$W_{elec} = 3P_{elec}t_{str} = 3 \times 5000 \times 0.3 = 4500J \tag{7-7}$$

$$C_{cell} = \frac{2N_s W_{elec}}{(U_f^2 - U_i^2) \times 0.75} = \frac{2 \times 18 \times 4500}{(45^2 - 38^2) \times 0.75} = 371.8F \tag{7-8}$$

式 (7-8) 中给出的最终电容指定值表示其必须具有至少 372F 的初始容量才能使发动机热起动。

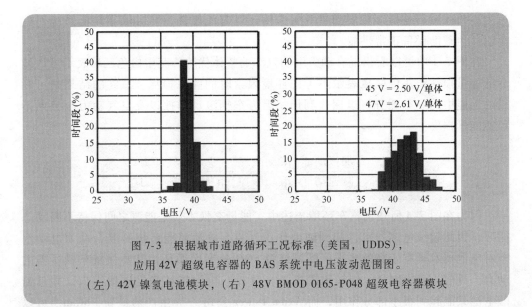

图 7-3 根据城市道路循环工况标准（美国，UDDS），
应用 42V 超级电容器的 BAS 系统中电压波动范围图。
（左）42V 镍氢电池模块，（右）48V BMOD 0165-P048 超级电容器模块

7.1 混合动力电动汽车的类型

　　对于混合动力电动汽车的工业定义是具有两个功率部件，一个是发动机，一个是电源。两者都可以传递能量使驱动轮转动。这也是为什么低端能量回收系统，诸如在减速过程中提高发动机驱动的交流发电机输出和双电压系统，最大限度地提高交流发电机的输出是不正确的，因为不能向混合动力电动汽车传递能量使驱动轮转动。怠速停止系统，如 iStARS 和 BAS，属于边缘系统，通常被称为微混合动力汽车。

　　图 7-4 举例说明了混合动力电动汽车如何通过电源部分减少能源消耗。任何类型的混合动力电动汽车，其典型特征是对已经消耗的能量进行恢复。此外，由于怠速停止功能，使得其他典型特征放在首位的是不对燃料进行消耗。在图 7-4 中车

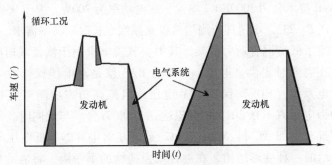

图 7-4 混合动力的优点图例：加速时升压，减速时恢复

速为零的区域，是指车辆发动机开关关闭，以避免燃耗，同时依靠储能系统保持车辆其他辅助设备正常供能。

在图7-4中可以看出混合动力电动汽车的整体优势，其中白色区域表示可以减少的能量损耗；灰色区域表示不考虑环境因素时的能源损耗。最终的结果是可利用的动能中的一小部分可以回收利用，因为车辆滚动摩擦以及空气动力摩擦是不可逆能量损失。

$$
能量 = \frac{加速动能}{减速动能} + \frac{滚动摩擦}{滚动摩擦} + \frac{上坡}{下坡} + \frac{空气动力}{空气动力} \qquad (7-9)
$$

因为在图7-4所述的汽车环境描述中，能量交换本质是能源之间保持不断动态循环，因此超级电容器可以起到辅助作用。装有电池储能系统的混合动力电动汽车对电池技术具有较高的要求，既要维持SOC的高度循环，又要保持车辆所需的动力。目前，只有镍氢、镍锌和锂离子（镍锌）电池能够满足这些需求，并且铅酸电池只能起到很小部分作用，而Axion Power公司[9,10]生产的最新PbCap™可以完成以上应用。Brody在参考文献 [9] 中证明1.6V的镍锌电池比1.2V的镍氢电池小25%，轻30%，并多拥有25%能量输出以及成本（美元/kWh）低25%。镍锌电池可以拥有与铅酸电池相同的工作温度范围。在参考文献 [10] 中，Axion Power公司的Edward Buiel提出在2015年将有2000万微混合动力电动汽车为社会服务，并且需要高能量的储能系统作为辅助。铅混合电容器是一种非对称的常规铅酸电池的负极板电池，其中涉及的硫酸盐化反应常见于铅酸电池。PbC®电池在其广告中声称循环寿命是常规铅酸电池的五倍，循环效率为80%~90%，并且重量轻30%，比能量为25Wh/kg。这种类型的储能元件也可用于现在处于增长状态的微混合动力电动汽车市场。但是，这些化学电池仍然依靠氧化还原反应进行能量转换，因此在低温环境下出现转换效率降低、电池记忆能力和容量退化、阻抗增加、SOC减小等缺点。

碳-碳对称超级电容器被视为短期（<15s）的高功率脉冲优于这些化学电池，举个例子，Maxwell技术公司3000F K2电池，放电功率为700W，大于95%的转换效率，容量为3Wh，$P/E = 233$。电池理所当然可以支撑汽车长时间功率需求。

图7-5描述了低端混合动力框架，其中交流发电机用于恢复减速能，为车辆提供驱动力并且在需要时提供高电压。42V的BAS就是双电压操作的一个例子，混合动力车辆放电系统（EDS）保持14V电压，但是高功率功能需要42V电压。此种类型混合动力电动汽车在2015年有望达到2000万台。与此同时，混合动力电动汽车仍然需要部分譬如AGM、NiZn、PbC®或者超级电容器等低电压电池。

图7-5所示的一种变形结构，在混合动力架构的下一级，将电动机械安装在曲轴上。举例说明，ISG轻度混合动力电动汽车、动力辅助混合动力电动汽车以及强

混合动力电动汽车属于此类。

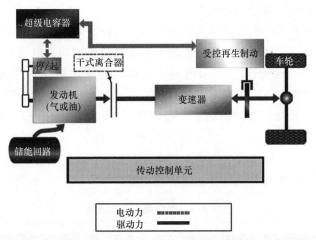

图 7-5 低端混合动力系统示意图：轻度混合模式，具有能量复原装置、怠速停止装置和制动辅助系统

在图 7-6 中省略了干式离合器，该系统是一个传统的 ISG，其螺栓直接固定在发动机曲轴的飞轮和环形齿轮上，或在自动的情况下，分布在电动发电机的转矩变换器周围。交流发电机仍然可以用来恢复减速能，但是主要的恢复路径是由 ISG 经传动系统传到电池储能系统中。以本田思域 IMA 混合动力电动车型为例，其操作系统配置 144V 镍氢电池，但同样可以使用超级电容器，其应用情况已有 Gonder 等[3]在 NREL 中证明。图 7-6 所示的体系结构是由通用公司研究应用的，配有 42V

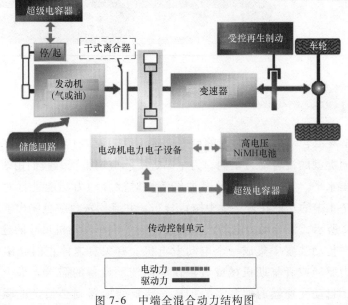

图 7-6 中端全混合动力结构图

ISC、36V ACM 电池组。这种特殊的车辆构造可能已被证实可以使用超级电容器，如同 NREL 为 Vue 混合动力证明的一样。

表 7-1 总结了混合动力电动车型的典型结构以及其主要功能。更多混合动力功能介绍详见 7.2 节。目前来看，功能的不同是区分混合动力电动车辆类型的一种方式。由表 7-1，一个微型混合动力电动车型可以促进和支持电力消费，举例说明，如在空气流通增压室使用正温度系数（PTC）元件给座舱及时加热。但是微型混合动力确实带来了不仅仅是增加功能，也促进了车辆的加速过程。整体来说，或者进一步说，混合动力依靠有效的电池储能系统支持了一定范围的电力应用。对于丰田普锐斯 Ⅱ 来说，能维持 3~4mile。对表 7-1 中少量级混合系统而言，在适当的充电环境下，意味着其只能具备能量还原功能。

表 7-1 混合动力架构比较

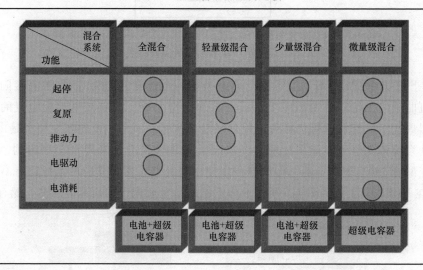

7.2 混合动力功能

表 7-1 是对混合动力功能讨论的良好过渡。但是表 7-1 只是为了在一个较高的水平对比不同类型的混合动力车辆。为了贴近实际应用情况，我们由表 7-2 通过定量分析其电压水平、功率水平以及燃油经济性对混合动力功能进行对比讨论。在此表中，表 7-1 中的功能在表 7-2 中按行分布，并且用灰色颜色突出显示。

如表 7-2 所示，混合动力电动汽车直接影响了汽车发动机尺寸的选择，而且传动系统需要在传动装置中集成一个电动发电机。有关急速停止的介绍引出了一个操作员对电力驱动或者早期机械或者液压驱动辅助设备的需求。举个例子，如果发动机停机，自动变速器的油泵需要加压，转矩变换器则必须是电驱动的。类似的情况可以说是为了电动助力转向，电动驱动发动机水泵等的需要。如下是对表7-2的重新说明：

表 7-2　混合动力电动汽车功能量化表

传动系	常规型	常规型	常规型	精简型	精简型	精简型
电力M/G	皮带集成式 14V	皮带集成式 42V	皮带集成式 42V	曲轴式 42V	曲轴式 150V	补偿式 >300V
辅助设备	常规型	常规型	电	电	电	电
电池	浸没铅酸电池, 25kg	VRLA,30kg	VRLA,30kg	NiMH,20kg	NiMH,40kg	NiMH,60kg
功能						
急速停止						
复原						
能量						
起动辅助						
零排放						
效率	3	7	10	30	35	<40

- 当电力提供驱动转矩可行时，动力传动系统可以带动小型发电机。
- 电动发电机需要集成到发动机中，传动系统在合理的电压等级下工作，并且不同机器类型的速度范围要超过实际运行范围。
- 辅助设备保持常规或者为了不损失用户特征，必须使用电力驱动。
- 电池设施必须运用合理的技术达到一定鲁棒性、循环周期，并且在有效 SOC 维持正常操作。大规模电池相对于化石燃料更具有经济性。
- 混合动力功能：
  ○ 发动机的急速停止，一旦再次热起动，会抵消燃料的消耗；
  ○ 混合动力汽车可用动能的再生尽可能地恢复；
  ○ 能量管理系统（EMS）对机载储能系统和电动发电机的优化利用；
  ○ 在加速过程中，电力发电机的辅助功能有效地提高了加速效率，比如将发动机转矩快速提升至 3000r/min；
  ○ 使用电池为车辆供能时，车辆运行过程零排放。
- 混合动力的燃料经济性考虑在内，不管是低端微混合动力电动汽车还是高端混合动力电动汽车，其所带来的燃料节省经济性远远优于普通方式。

最后，对于不同的混合动力架构，其度量的性能方面是非常有用的。在电力辅助混合动力的情况下，图 7-7 中的星形图是非常有用的。在图中，我们关注混合动力所带来收益的可量化指标，澄清了混合动力的期望值。

- 电力发电机的辅助下 $a = 0.45g$；在例 7-1 中提到的加速度 $a = 0.43g$。
- 加速时间 $t_{z60} = 11s$ 和 $t_{z85} = 21s$ 是典型的可接受指标。
- 规定最大坡度 30%，其在坡度 6% 的情况下可维持行驶速度 90km/h。
- 节气门全开的状态下，最高速度为 180km/h。

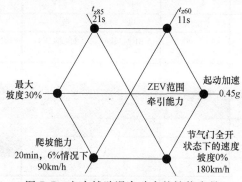

图 7-7　电力辅助混合动力的性能度量

7.3　功率辅助混合动力

在本节中，我们将对图 7-7 中的内容进行详细分析，看其所表示的与实际应用是否一致，实际上是不完全相同的。上述 8 个指标是车辆测试设置的常规参数，但是 8 个指标并不一定适用于特定的车辆。举例说明，轻度混合动力电动汽车没有零排放范围，但是其必须满足最大坡度以及 6% 坡度下的行驶速度要求。通常像 PriusII 类型，其在 0 到 60mile/h 的加速过程中需要 $t = 8.9s$。一些基本物理现象和实例会证明最大坡度要求和在单传动系统下满足节气门全开状态速度是不现实的。

例 7-4：一辆中等大小的美国混合动力电动汽车，其质量 $M_v = 1500$kg，且其电力拖动装置如图 7-6 所示。应用图 7-7 中的性能指标。（1）计算最低传动系统的齿轮比，车辆驱动轮有一个动态的滚动半径，$r_w = 0.3$m，并假设它必须满足最高坡度为 30%；（2）如果车辆满足最大加速度 $a = 0.45g$，计算此时相同的齿轮比；（3）当车辆处于其节气门全开状态速度，$V_{WOT} = 180$km/h（111.87mile/h，或 50m/s），计算此单速传动系统的电动发电机的最大角速度。

假设：电动发电机有最大失速转矩，$m_{MG} = 150$Nm。

解：这个实例是充分考虑了电力混合推进系统设计要素的典型例子[8]。

我们知道所需的力保持在斜坡上（在这个例子中的道路坡度）的质量是通过在 x-y 坐标系上表明沿着斜坡 x 的位置确定。当这样做时，所需的力只需将车辆质量保持到位，因此在车辆传动系统的最低齿轮比，被给定为

$$\alpha = \arctan\left(\frac{30\%}{100\%}\right) = 0.2914\text{rad} \tag{7-10}$$

$$F_t = gM_v\sin(\alpha) = 9.802 \times 1500 \times 0.287 = 4219\text{N}$$

在式（7-10）中定义的车辆加速度牵引力 $F_t = 2.8\text{m/s}^2$ 或者 $F_t = 0.28g$，这与图 7-7 中的度量标准不同。

$$a = \frac{F_t}{M_v} = \frac{4219\text{N}}{1500\text{kg}} = 2.812\text{m/s}^2 \tag{7-11}$$

这些推导为此种类型汽车在最大坡度时如何计算最小齿轮比提供了有用信息。

$$g_r = \frac{gr_W M_v\sin(\alpha)}{m_{MG}} = \frac{9.802(0.3)(1500)(0.287)}{150} = 8.448 : 1 \tag{7-12}$$

对于单速无齿轮传动系统，改变单速齿轮比意味着在高速运行范围内，电动发电机必须能够根据固定齿轮比确定旋转角速度。

$$\omega_{MG} = g_r\frac{V_{WOT}}{r_w} = 8.448 \times \frac{50}{0.3} = 1408\text{rad/s} \tag{7-13}$$

所以，$n_{MG} = \dfrac{\omega_{MG}}{0.1047} = \dfrac{1408}{0.1047} = 13448\text{r/min}$

对于（2），重复式（7-11）~式（7-13）的演算过程，只是加速度 $a = 0.45g$，$F_t = 6616\text{N}$。得到结果如下：

答案：（1）坡度 30% 时，$g_r = 8.448 : 1$，节气门全开状态下 $n_{MG} = 13448\text{r/min}$。

（2）坡度 30% 时，$g_r = 13.23 : 1$，节气门全开状态下 $n_{MG} = 21000\text{r/min}$。

（3）节气门全开状态下，（1）中 $n_{MG} = 13448\text{r/min}$，（2）中 $n_{MG} = 21000\text{r/min}$。近 14000r/min 的电机设计是可能的，其实这是丰田公司在 GS450h 和其他雷克萨斯混合动力电动车中实现的。但 21000r/min 的要求非常严格，大规模生产这种 100kW 电机是不易实现的。为更深入地了解这一点，请详见练习 7.4。

超级电容器是否能够在功率辅助混合动力的情况下起到作用？答案是肯定的，正如图 7-6 所示，超级电容器的快速充放电能力，有助于车辆的快速加速和快速制动。在 2005 年，宝马公司展示了其高效混合动力宝马 X5，在这辆车中运用超级电容器作为加速装置。此外，还展示了此车中配备的附加 70kW 推进装置，可以维持 7s 加速状态，可与高性能车辆媲美。图 7-8 是上述配备超级电容器车辆的代表。在这种高效动力概念车中，1500F 超级电容器安装在车辆的车门门槛处，HEV 应用的大约尺寸可通过练习 7.6 学习。

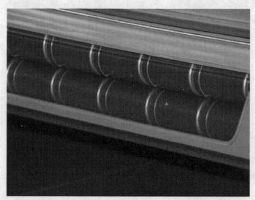

图 7-8 宝马汽车 70kW，660Nm 深度混合超级电容器示例，
其电机安装在图 7-6 所示的发动机和变速器之间

7.4 插电式混合动力

插电式混合动力电动汽车（PHEV）是相当重要的研究课题，并且它代表了一种潜在的运输方式，可以将车辆保持在纯电动行驶距离范围内，减少石油燃料的燃烧利用。目前，通用 Volt 对插电式混合动力电动汽车的讨论如图 7-9 所示。

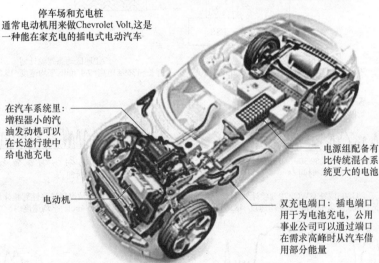

停车场和充电桩
通常电动机用来做Chevrolet Volt,这是
一种能在家充电的插电式电动汽车

在汽车系统里:
增程器小的汽
油发动机可以
在长途行驶中
给电池充电

电源组配备有
比传统混合系
统更大的电池

电动机

双充电端口:插电端口
用于为电池充电,公用
事业公司可以通过端口
在需求高峰时从汽车借
用部分能量

图 7-9　雪佛兰 Volt 插电式混合动力概念车
（2007 年 1 月底特律北美国际车展）和其透视图

　　目前 Volt 车辆中主要使用 16kWh 的聚合物锂电池，安装在图 7-9 下方剖面图中 T 形阴影部分，此外还有一个 120kW 的电力牵引电动机和 53kW 的增程器内燃发动机，排气量为 1.1L。在 2010 年期间，有关 Volt 汽车的所有电动范围参数均被修订为 3mile/kWh（约 340Wh/mile），并计划针对山地和陡坡推出山地车型。Volt 的传动方式是单模式的 eCVT 模式（电力无级变速传动），此部分内容将在第 8 章中进行讨论。前轮驱动的类型为电动汽车传动方式提供了一些启示，在参考文献 [11] 中 Mark Selogie 对这方面内容进行了讨论，并且在美国专利[12]中给出了更加详尽的传动介绍。

因此，当插电式混合动力电动汽车配置有大型电池组时，超级电容器如何发挥作用。举例说明，Volt 的额定功率为 136kW，且 $P/E = 136\mathrm{kW}/16\mathrm{kWh} = 8.5$。若 8kWh 的容量可用，通用汽车选择使用 SOC 的 63% 和 340Wh/mile，而 Volt 的全电动行驶里程（AER）为 29.6mile（约 30mile）。燃油经济条件下使用 33.4kWh/gge 和 0.34kWh/mile 作为度量标准，且 FE $= 33.4/0.34 = 98.2$mile/gal。每加仑汽油当量（gge）定义为 1 美加仑商业汽油的等效电能。表 7-3 对通用 Volt 插电式混合动力电动汽车的属性进行了总结，图 7-10 中仿真车辆同时配置有储能电池和超级电容器。

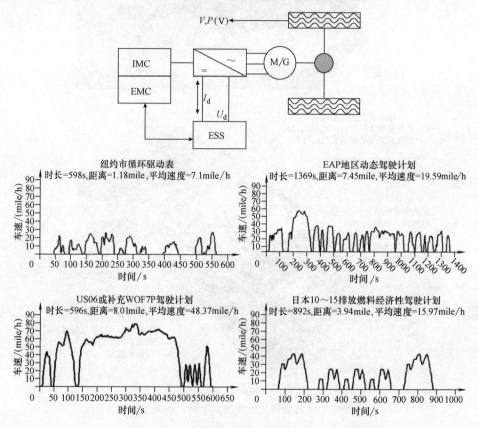

图 7-10 同时配置电池和超级电容器的 PHEV 仿真结构图（上）
及行驶周期示意图（下）

表 7-3 Volt 插电式混合动力电动汽车技术参数

车辆说明书		Chevy Volt PHEV，40mile AER			
质量	kg	1588	空气密度	kg/m³	1.2
阻力系数	#	0.29	重力加速度	m/s²	9.81
滚动阻力	kg/kg	0.0075	电池组电压	V	335
迎风面积	m²	2.293	电池组能量	kWh	16
车轮半径	m	0.36	电池 P_{pk}	kW	136

　　通用雪弗兰 Volt 汽车的参数见表 7-3，则基于此进行的实验仿真结果如图 7-10（下）所示。纽约城市循环（NYCC）、UDDS 和 US06 的推进功率需求的驱动时间规划结果如图 7-11 所示。在此图中同样总结了这种车辆的其他特定能源需求。总结中涉及行驶循环中的最大速度、平均速度、行驶里程、平均推进功率和整个循环过程中可回收的能量。

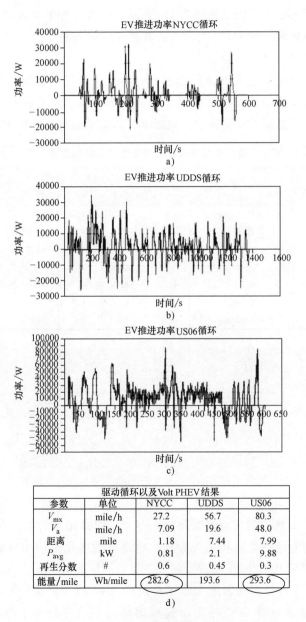

驱动循环以及 Volt PHEV 结果				
参数	单位	NYCC	UDDS	US06
V_{mx}	mile/h	27.2	56.7	80.3
V_a	mile/h	7.09	19.6	48.0
距离	mile	1.18	7.44	7.99
P_{avg}	kW	0.81	2.1	9.88
再生分数	#	0.6	0.45	0.3
能量/mile	Wh/mile	282.6	193.6	293.6

d)

图 7-11　通用 Volt 推进功率仿真结果示意图

在图 7-11 中所示的结果有两个方面令人惊讶：首先，低速行驶 NYCC 中的最高时速 27mile/h 消耗 282.6Wh/mile，其能源消耗能力竟然与 US06 循环测试中的最高速度 80mile/h 所消耗的 293.6Wh/mile 相近。其次，NYCC 中的高再生分数与动能的高恢复能力有关，因为滚动和空气动力能量损失较低，然而在 US06 高速行驶时高再生部分却相对较低（0.3，见式（7-9）），由于其高空气动力损失，导致不可恢复的能量损失较高，但是如图 7-11c 所示，测试过程中的减速过程由于功率等级较高而出现减速较快的现象。UDDS 或者更多的驱动循环测试显示车辆特定能源消耗低，但是相对可再生分数为 0.45。

为了分析评估超级电容器如何延长 PHEV 中锂离子电池组的使用寿命，需要减小锂离子电池有效电流，进而降低工作温度来证明，作为并联组合的五种情况在表 7-4 中给出了总结。在此表中，超级电容器组的能量等级如下：

表 7-4　UDDS 循环中超级电容器与电池混合使用总结（$U_{bat} = 335V$）

	单位	仅锂离子电池	A 36×3000F	B 54×3000F	C 80×2000F	D 80×1500F	E 100×650F
DC-DC 变换器	%Uc swing	—	80	85	90	94	100
	变换器 A_{pk}	—	315	316	218	170	81
	Ibb_rms	—	26.3	38.6	45.2	37.6	25.8
超级电容器	Iuc_rms	—	122.6	124.5	102.4	84.5	45.7
锂离子电池	Ib_rms	42.3	18.9	10.7	17.7	22.6	27.2
	Ib_avg	29.7	11.7	5.5	9.7	11.8	16.4
	%Ib_rms/Ibase	100	45	25	42	53	64

- 情况 A：36S×1P×3000F，108Wh，$U_{mx} = 97.2V$，$3.45 < boost < 6.89$
- 情况 B：54S×1P×3000F，162Wh，$U_{mx} = 145.8V$，$2.3 < boost < 4.6$
- 情况 C：80S×1P×2000F，160Wh，$U_{mx} = 216V$，$1.55 < boost < 3.1$
- 情况 D：80S×1P×1500F，120Wh，$U_{mx} = 216V$，$1.55 < boost < 3.1$
- 情况 E：100S×1P×650F，65Wh，$U_{mx} = 270V$，$1.24 < boost < 2.48$

超级电容器与电池能够并联工作状态最好的是情况 B，其中超级电容器 162Wh，DC-DC 变换器的增益范围为 2.3～4.6。增益比大约集中在 3：1，是比较理想的位置。与电池独立使用情况相比，电池有效电流影响相对减少 25%。除此之外最优的是配有 108Wh 和 160Wh 超级电容器的情况 B 和 D。在对比过程中，最差的情况是 E，主要原因是其配置能源总规模为 65Wh。然而，对于情况 E，是所有情况中对超级电容器 SOC 利用率最高的情况，这要归功于电压窗口的 100% 利用。

总体来说，在配有大规模锂离子电池包的 PHEV 中配置 60~160Wh 的超级电容器，则可以减少电池工作压力，进而提高电池的使用寿命。

练　习

7.1　BAS 可逆交流发电机在发动机热起动过程中提供机械功率，$P_m = 4kW$。已知可逆系统工作在恒转矩范围内，则发动机以如此功率进行旋转时，其转速是多少？

答案：$n_{eng} = \dfrac{P_m}{0.1047m_{alt}} = \dfrac{4000}{0.1047 \times 60} = 636.7 r/min$。

7.2　对于传送带：在例 7-2 中已知轮径比，且发动机转速 $n_{WOT} = 6000 r/min$，则可逆交流发电机的持续速度要求是多少？高速公路行驶的设计要求是什么？

答案：$n_{alt} = g_{pr} n_{WOT} = 2.5 \times 6000 = 15000 r/min$。要求是发电机转子要能够在相对较热的环境下保持高速角速度，并且需要控制器适当控制，以防止超级电容器模块出现过电压现象。

7.3　对练习 7.2 进一步详述，假设可逆交流发电机电压恒定，$k_e = k_t$，请问高速公路行驶故障的情况下，交流发电机的直流输出电压是多少？

答案：$U_{flt} = k_e \times n_{WOT} = 0.385 Vs/rad \times 6000 r/min \times 0.1047 rad/s/(r/min) = 241.86V$。

这个例子说明了交流发电机的电力电子控制器和励磁调节器必须具有一定的鲁棒性来应对故障状态下的控制。

7.4　例 7-4 中的功率辅助混合动力电动汽车配有充足储能电池，且电动发动机 $P_{MG} = 60kW$，在发动机保持恒定转矩以维持基本速度的情况下，其对应齿轮比是多少？

答案：$n_{MGb} = P_{MG}/(0.1047 \times m_{MG}) = 60000/(0.1047 \times 150) r/min = 3820 r/min$。

7.5　假设和练习 7.4 中的车辆配置相同，利用练习 7.4 中的发动机基本角速度以及例 7-4（1）的结果来计算发动机的恒定功率调速范围。

答案：$CPSR = n_{WOT}/n_{MGb} = 13448/3820 = 3.5 : 1$。

7.6 宝马混合动力示范车辆中， 配置超级电容器推进加速， 并配有额定功率70kW、 660Nm的曲轴ISG系统。 假设超级电容器可维持该功率6.5s。 （a） 根据已知信息计算所需1500F单体数量； （b） 如果发动机要求输入电压小于550V_{dc}， 该如何配置。

答案：（a） 需要的超级电容器 $\delta W_{uc} = P_{pk}T = 70\text{kW}(6.5\text{s}) = 445\text{kJ}$。 1500F单体可使用的能量 $\delta W_{cell} = 1.14\text{Wh}$， 因此需要 $N_s = 400$ 个单体。

（b） 根据特定电压范围需要安装配置200S×2P×1500F。

参 考 文 献

1. W. Diem, 'PSA Peugeot Citroen's stop-start diesel future', *Automotive World*, 30 July 2010. Available at: www.AutomotiveWorld.com

2. A. Pesaran, J. Gonder, 'Recent analysis of UCAP's in mild hybrids', *The 6th Advanced Automotive Battery Conference, AABC 2006*, Baltimore, MD, 17–19 May 2006

3. J. Gonder, A. Pesaran, J. Lustbader, H. Tataria, 'Hybrid vehicle comparison testing using ultracapacitor vs. battery energy storage', *SAE 2010 Hybrid Vehicle Technologies Symposium*, Double Tree Hotel, San Diego, CA, 10–11 February 2010

4. B.-H. Lee, D.-H. Shin, B.-W. Kim, H.-J. Kim, B.-K. Lee, C.-Y. Won, *et al.*, 'A study on hybrid energy storage system for 42V automotive PowerNet', *IEEE 1st Vehicle Power and Propulsion Conference, VPPC2006*, Haley Conference Center, Windsor, UK, 6–8 September 2006

5. K.W. Benson, D.A. Fraser, S.L. Hatridge, C.A. Monaco, R.J. Ring, C.R. Sullivan, *et al.*, 'The hybridization of a formula race car', *IEEE 1st Vehicle Power and Propulsion Conference*, VPPC2006, Haley Conference Center, Windsor, UK, 6–8 September 2006

6. L. Gao, S. Liu, R.A. Dougal, 'Dynamic lithium-ion battery model for system simulation', *IEEE Transactions on Components and Packaging Technologies*, vol. 25, no. 3, pp. 495–505, 2002

7. A.C. Baisden, A. Emadi, 'ADVISOR-based model of a battery and an ultracapacitor energy source for hybrid electric vehicle', *IEEE Transactions on Vehicular Technology*, vol. 53, no. 1, pp. 199–205, 2004

8. J.M. Miller, *Propulsion Systems for Hybrid Vehicles*, 2nd edn., The Institution of Engineering Technology (IET), Michael Faraday House, Stevenage, Herts, United Kingdom, 2010

9. R. Brody, 'Nickel zinc technology', *Powergenix Presentation to Advanced Energy Storage*, Catamaran Hotel, San Diego, CA, 12–14 October 2010

10. E. Buiel, 'Battery requirements for micro-hybrid vehicles', *Axion Power*

Presentation to Advanced Energy Storage, Catamaran Hotel, San Diego, CA, 12–14 October 2010

11. M. Selogie, 'The GM 2Mode FWD hybrid system', *Presentation to the SAE Hybrid Vehicle Technology Symposium*, DoubleTree Hotel, San Diego, CA, 11–12 February 2009

12. B. Conlon, P.J. Savagian, A.G. Holmes, M.O. Harpster Jr., *Output Split Electronic Variable Transmission with Electric Propulsion using One or Two Motors*, U.S. Patent Publication 2009/008171 A1, 26 March 2009

第8章 单模式下的功率分配

要讨论超级电容器在强混合动力电动汽车系统应用中的功率分配传输问题，首先了解此种结构的基本组成。感兴趣的读者可以参阅参考文献［1,2］，其中参考文献［1］涉及电子无级变速器（eCVT）等内容；参考文献［2］涉及电气机械及构成 eCVT 的电力电子子系统。最基本的功率分配 eCVT 是单模式系统，例如丰田油电混合动力系统（HSD），它是普锐斯系列混合动力电动汽车和雷克萨斯系列的主要推进器结构。其他类型的基本单模式系统主要应用在福特翼虎、Mariner、Fusion 和其他混合动力电动汽车上。第二种 eCVT 是由通用公司引进的双模式功率分配系统，随后在美国密歇根州特洛伊市混合动力发展中心，由通用-克莱斯勒-梅赛德斯达成合作联盟共同发展。发展成果将应用在三者所生产的混合动力电动汽车中。公司相互合作的整体业务目标是生产出一种复杂、实用性强的自动变速器，投入市场后能够获得规模效益。在本书的第 9 章中，将对双模式下的电子变速器（EVT）进行详细叙述，此款产品是由通用公司为混合动力电动客车 Alison 专门设计，但是在随后由 Tahoe/Yukon 和其他大型 SUV 使用。

图 8-1 是电子无级变速器（eCVT）的分类图，由图 8-1 可以知道电子无级变速器可在机械、液压和电子范畴中实现。这些所有类型的详细介绍可参阅参考文献［2］，但是在本章中的重点是被认知为单模式的电子无级变速器的输入分类。图 8-1 同样在强调一个事实，即单模式系统是由丰田和福特公司生产提供。

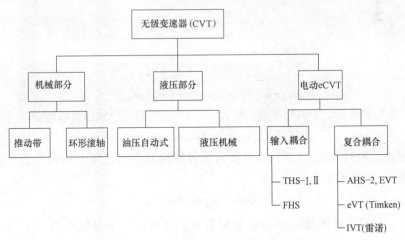

图 8-1　无级变速器的类型

实际上丰田混合动力系统（THS）是双模式系统，而单模式系统正处于研发状态，福特混合动力系统（FHS）则是另一种类型的单模式系统。eCVT 的核心是周转轮系，或者更为常见的行星齿轮，如图 8-2 所示。在这个行星齿轮组中，三部分是可以自由活动的：中心齿轮、带有行星齿轮的齿轮架、（内部）环形齿轮。该行星齿轮本质上是一个机械装置，所以组成部件之间的角速度是通过半径或者齿数固定的［见式(8-1)］。基本比率 *k* 定义为环形齿轮半径与中心齿轮半径之比（同理与齿数的比率）。图 8-2 是行星齿轮设计的全视图，图示表示了齿轮半径和齿轮边缘角速度的关系。其中，S 表示中心齿轮，C 表示带有行星齿轮的齿轮架，R 表示内部齿数的环形齿轮。每一个行星齿轮的相关角速度已在柱状图中标示。为便于说明问题，当表示行星齿轮时，本书中将会涉及晶体管状图。

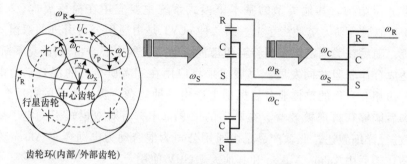

图 8-2　具有 4 个齿轮的行星齿轮组图，变速杆图，函数表达式

$$k = \frac{r_R}{r_S} = \frac{环形齿轮齿数}{中心齿轮齿数} \tag{8-1}$$

$$\omega_S + k\omega_R = (k+1)\omega_C \tag{8-2}$$

$$m_S = \frac{1}{k}m_R ; m_R = km_S \tag{8-3}$$

$$m_C = -\frac{(k+1)}{k}m_R ; m_R = -\frac{k}{(k+1)}m_C \tag{8-4}$$

$$m_S + m_C = -m_R ; m_C = -(m_S + m_R) \tag{8-5}$$

为计算行星齿轮组中的功率流，将式（8-2）中的每一项乘以负载转矩 m_C 得到

$$(k+1)\omega_C m_C = k\omega_R m_C + \omega_S m_C \tag{8-6}$$

根据式（8-3）~式（8-5）来计算行星齿轮组三个组成部分的功率值，显然功率输入为+，功率输出为-。

$$-\omega_C m_C = \omega_R m_R + \omega_S m_S \tag{8-7}$$

因此，行星齿轮组是一个功率分配装置，功率由三个分区中的一个分入相邻的另外两个。举例说明，在式（8-7）中，功率值根据各部分在式（8-2）中相对应的速度值由负载分配进入环形齿轮和中心齿轮部分。下面的例子将有助于对上述部分进行理解。

例 8-1： 由图 8-2 所示的行星齿轮组，当使用发动机钥匙起动已停止的混合动力电动汽车时，建立行星齿轮组功率分配，确定转矩、角速度和此情况下的每一部分功率值。

解：图 8-3 中定义了当行星齿轮架直接连接到发动机曲轴上，汽车起动状态下的功率分配情况。其中冷起动状态下必须达到转矩 $m_C = 300N$ 并且角速度 $\omega_C = 30rad/s$。直接与车轮相连的环形齿轮，其角速度 $\omega_R = 0$。

根据式（8-2）和 $\omega_R = 0$，当行星齿轮基本比率 $k = 2.6$，定义中心齿轮的角速度如下：

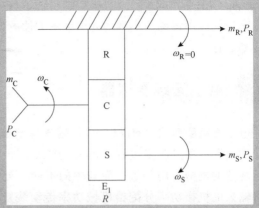

图 8-3　行星齿轮组变量元素定义

$$\omega_S + k \times 0 = (k+1)\omega_C ; \omega_S = 3.6\omega_C = 108rad/s \tag{8-8}$$

根据转矩情况，给出 $m_C = 300Nm$，当汽车起动时有

$$m_S = \frac{1}{(k+1)}m_C = \frac{300}{3.6} = 83.3Nm \tag{8-9}$$

同样的

$$P_R = 0 ; P_S = m_S\omega_S = 83.3 \times 108 = 9kW ; P_C = m_C\omega_C = 300 \times 30 = 9kW \tag{8-10}$$

由行星环形齿轮产生的抗力转矩，有必要从中心齿轮处转移起动转矩：

$$m_R = \frac{k}{(k+1)}m_C = \frac{2.6}{3.6} \times 300 = 216.7Nm \tag{8-11}$$

从此例中可以清楚看出，中心齿轮和环形齿轮的转矩之和等于齿轮架转矩，并且功率流由中心齿轮的电动机带动齿轮架齿轮用于车辆起动。在汽车起动状态下，环形齿轮中的零角速度情况在功率分配时要有利于齿轮架。

在例 8-1 中的储能系统必须具有 $P_S = 9kW$ 的机械功率来维持齿轮组中的中心齿轮动作。如果与中心齿轮相连接的电动机在速度为 108rad/s 或 1031r/min 的情况下效率达到 93%，且电力电子逆变器的效率达到 97% 时，则 ESS 的放电功率：

$$P_e = \frac{P_S}{\eta_{MG}\eta_{INV}} = 9.98kW \tag{8-12}$$

在电子无级变速器中齿轮的动作要比例 8-1 所述复杂很多。参考文献 [3,4] 对此方面叙述深刻，读者可以参阅。本书的重点在于超级电容器在电子无级变速器中的应用，因为其实际使用过程中需要较大额定功率和较大功率恢复。

Verbrugge 等在参考文献 ［5］ 中详细描述了超级电容器在带有电子无级变速器的电动汽车中的应用情况。本章的 8.1 节将为读者详细介绍电子无级变速器中的电子辅助传动装置。

8.1 电子无级变速器

电子无级变速器 （eCVT） 可以基本理解成汽车加速过程中实现传动比的连续改变的装置， 并且改变过程中需要储能系统出力。电子无级变速器本质上是一个无级变速的机械传动装置， 而其中的不同之处是通过电动进行连续改变。变速器是将输入的机械功率分配给机械功率传动装置和电动功率传动装置， 其中的速度变化受电动传输路径变化影响。传动比或者变速增益 K 被定义为输入角速度和输出角速度的比值：

$$K = \frac{\omega_i}{\omega_o} \qquad (8-13)$$

图 8-4 将功率分配装置进行分割视图， 所以背靠背的电传动装置的真正影响变得明显。在这幅图中， 内燃机 （ICE） 与行星齿轮 E1 齿轮架相连接， 且此部分定义为输入变量 （ω_i, m_i）。环形齿轮与车辆动力传动装置直接相连， 此处有输出变量 （ω_o, m_o）， 同理电动发动机 （MG2） 有机械功率 P_2 （ω_2, m_2）， 电动-机械转换效率 η_2。在变速器循环部分， 有机械功率 P_1 或者行星齿轮 E1 的中心齿轮， 有 （ω_S, m_S）＝ （ω_1, m_1）。在式 （8-13） 中的 MG2 角速度为

$$\omega_2 = \frac{1}{K}\omega_i \qquad (8-14)$$

应用式 （8-2） 到行星齿轮 E1 中， 同样利用式 （8-14） 计算与中心齿轮相连接的 MG1 的输入角速度。

$$\omega_1 = \left(k + 1 - \frac{k}{K}\right)\omega_i \qquad (8-15)$$

由式 （8-4）， MG1 的输入轴转矩定义为

$$m_1 = \frac{1}{1+k}m_i \qquad (8-16)$$

由式 （8-15） 和式 （8-16） 的结果定义 MG1 的输入机械功率， 其与电子无级变速器直流链关联， 可以将能源转换为电能输出功率。

$$P_1 = m_1\omega_1 = \left(k + 1 - \frac{k}{K}\right)\frac{m_i\omega_i}{(1+k)} \qquad (8-17)$$

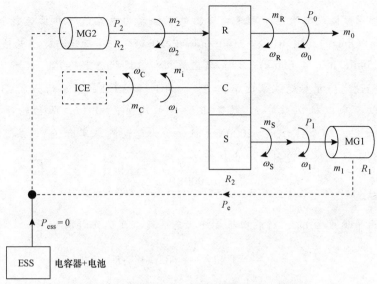

图 8-4 单模式电子无级变速器的核心部分

直流链的功率循环功能已由式（8-18）给出，是有关链功率和转换成 MG2 的轴机械功率。在这种分析中，电动发电机的效率为常数，但是通常情况下会考虑电动发电机的效率，其为转速-转矩工作点的函数。

$$P_e = \eta_1 P_1 = -\frac{P_2}{\eta_2}; P_2 = -(\eta_1 \eta_2) P_1 \tag{8-18}$$

将式（8-17）代入式（8-18）得到电机 MG2 的功率与发动机输入功率 E1 之间的关系。

$$P_2 = -(\eta_1 \eta_2) P_1 = -(\eta_1 \eta_2)\left(k+1-\frac{k}{K}\right)\frac{P_i}{(1+k)} \tag{8-19}$$

一旦 MG2 的机械轴功率求出，则对 MG2 轴转矩的求解将变得简单：

$$m_2 = \frac{P_2}{\omega_2} = -(\eta_1 \eta_2)\left(k+1-\frac{k}{K}\right)\frac{m_i K \omega_2}{(1+k)\omega_2} \tag{8-20}$$

将其简化为

$$m_2 = (\eta_1 \eta_2)\left(\frac{k}{1+k}-K\right)m_i \tag{8-21}$$

通过式（8-14）~式（8-21）的分析明显得到分成电功率的 ICE 的输入功率，与发动机功率的机械部分相协调流入行星环形齿轮。环形齿轮机械功率是 ICE 功率和 MG2 功率之和。

为了加强认知，在例 8-2 中模拟混合动力电动汽车中电子无级变速器从低速到高速的加速过程，需要留意电气路径功率流的开始和结束。

例8-2：假设配有电子无级变速器的混合动力电动汽车在低速行驶，$V_i = 18\text{mile/h}$（8m/s），且 ICE 以 2100r/min（220rad/s）速度运行。随后汽车加速到 $V_f = 55\text{mile/h}$（24.6m/s）。计算车辆最初和最终状态下的 P_1、P_2 和 P_0。

解： 设定行星齿轮基本比率 $k = 2.6$，MG1 和 MG2 的效率均为 0.93（等于逆变器效率乘以机械效率）。已知最终传动比 $g_{fd} = 3.11$，驱动轮半径 $r_w = 0.3\text{m}$，设定车辆牵引力 $F_t = 2000\text{N}$（混合动力电动汽车实际值）。基于以上假设，得到电子无级变速器的输出转矩必须满足：

$$m_0 = \frac{F_t r_w}{g_{fd}} = \frac{2000 \times 0.3}{3.11} = 193\text{Nm} \tag{8-22}$$

输出角速度为 ω_0，则最初与最终状态车速、变速比计算如下：

$$\omega_{0i} = g_{fd} \frac{V_i}{r_w} = 3.11 \times \frac{8}{0.3} = 83\text{rad/s}; K_i = 2.65 \tag{8-23}$$

$$\omega_{0f} = g_{fd} \frac{V_f}{r_w} = 3.11 \times \frac{24.6}{0.3} = 254.9\text{rad/s}; K_f = 0.863 \tag{8-24}$$

对于这些最初、最终状态的输出角速度值，计算得到输出机械功率为

$$P_{0i} = m_{0i}\omega_{0i} = 193 \times 83 = 16\text{kW} \tag{8-25}$$

$$P_{0f} = m_{0f}\omega_{0f} = 193 \times 254.9 = 49\text{kW} \tag{8-26}$$

针对最初、最终状态的变速比，应用式（8-17）计算得到由发动机输入功率分配至 MG1 的输入机械功率。

$$P_{1i} = \left(k+1-\frac{k}{K}\right)\frac{P_{ii}}{(1+k)} = \left(1-\frac{k}{1+k}\frac{1}{K}\right)\bigg|_{K=2.65} P_{ii} = 0.7275 P_{ii} \tag{8-27}$$

$$P_{1f} = \left(k+1-\frac{k}{K}\right)\frac{P_{if}}{(1+k)} = \left(1-\frac{k}{1+k}\frac{1}{K}\right)\bigg|_{K=0.863} P_{if} = 0.163 P_{if} \tag{8-28}$$

针对最初、最终状态的变速比，应用式（8-19）计算得到 MG2 的机械输出功率和发动机输入功率。

$$P_{2i} = \eta_1 \eta_2 P_{1i} = 0.93^2 (0.7275) P_{ii} = 0.63 P_{ii} \tag{8-29}$$

$$P_{2f} = \eta_1 \eta_2 P_{1f} = 0.93^2 (0.163) P_{if} = 0.141 P_{if} \tag{8-30}$$

因此，发动机的部分输入功率（$P_i - P_1$）由 E1 齿轮架分配至环形齿轮，余下的 P_1 部分则由 MG1 分配至 MG2，并与（$P_i - P_1$）结合作为机械功率 P_2，如下所示：

$$P_{0i} = P_{ii} - P_{1i} + P_{2i} = (1-(0.7275-0.63)) P_{ii} = 0.902 P_{ii} \tag{8-31}$$

$$P_{0f} = P_{if} - P_{1f} + P_{2f} = (1-(0.163-0.141)) P_{if} = 0.978 P_{if} \tag{8-32}$$

由式（8-25）和式（8-26）可以通过电子无级变速器方便地验证初始功率损耗，从发动机功率为 17.74kW 时的 1.57kW，降低到发动机功率为 50.1kW 时的 1.08kW。

先前的例子明确了电子无级变速器中的功率分配和损耗与变速器密切相关，也就是说，发动机转速与驱动轮角速度密切相关。在上述分析中没有考虑空气动力学，因此应该考虑加入储能系统，利用储能的充放电特性吸收或者释放动能来维持转动惯量，尤其是维持电机转子的正常工作。

8.2 超级电容器在电子无级变速器中的应用

目前，混合动力电动汽车的电子无级变速器还没有采用超级电容器。然而，由于电子无级变速器中功率的高波动性，使得有必要对超级电容器的应用进行研究。首先，车辆在加速过程中需要储能系统的功率释放，在车辆制动时需要储能系统的高功率吸收。因此，超级电容器作为高循环储能单元具有一定应用价值，但是由于高成本的存在，目前仍然不够完善。同理，与超级电容器配套的 DC-DC 变换器同样需要较高成本和较大空间。Schupbach 和 Balda 在参考文献 [6-7] 中对混合动力电动车辆中超级电容器的 DC-DC 变换器的设计进行了讨论。Wang 和 Fahimi 在参考文献 [8] 中对 DC-DC 变换器在燃油车辆中的高效性进行了研究。Basu 和 Undeland 在参考文献 [9] 中深度分析了超级电容器和 DC-DC 变换器在寿命周期内的电压、电流约束。

图 8-5 举例说明了电子无级变速器与储能系统相结合后高性能功率和能量供应。在例 8-2 中对系统单元的效率进行了讨论，可以直观地了解到电机的效率为 92% ~ 95%，混合动力电动汽车电力电子逆变器的系统电压效率是 96% ~ 98%，与

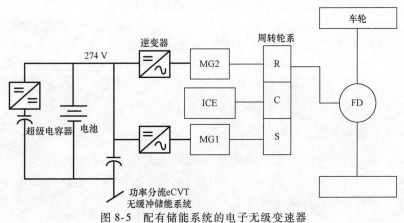

图 8-5 配有储能系统的电子无级变速器

交流驱动结合后的最高效率值为 93%。

图 8-5 中的 DC-DC 变换器的效率必须大于 97%，如此情况下才能够满足该装置在车辆中的正常使用。

在车辆行驶过程中，为了直观认识单模式操作，需要依次进行关闭车辆发电机、起步、稳定行驶等操作。另外需要分析发电机 MG1 和牵引电动机 MG2 的转矩-速度曲线。注意到发动机的转矩-速度曲线开始于发动机关闭状态，随后形成曲线，这个过程中的最大效率点如图 8-6 所示。图中发电机 MG1 起动于高速行驶状态，并且牵引电动机 MG2 为了实现电动驱动，起动于静止和高转矩状态。

在纯电动汽车模式下，发动机保持关闭状态，并且车辆进入初始加速阶段严格由储能系统提供功率，与此同时牵引电动机 MG2 为车轮提供高驱动转矩。随后由于车辆进行功率循环状态，则该转矩降至稳定状态，此时发动机的效率最高。

图 8-6 中的发动机是典型的 ICE 类型：燃油效率等高线表明最低制动油耗率（BSFC）在最高点达到平衡，用 g/km 表示，加上恒定功率双曲线交叉的这些曲线，最终将发动机转矩和转速包括在内。通常实际中将 ICE 低于最大转矩运行以确保留有足够的操纵灵活性。电机的转矩-速度轮廓线具有恒定功率-速度比（CPSR）电机的典型特征，例如内部永磁（IPM）类型[2]，上述类型在图 8-6 中均有表示，其中 CT 到 CP 的过渡过程中约为 1kr/min，并且二次衰减大约为 5kr/min 或者 CPSR=5:1。这正是电子无级变速器所需要的，电机需要 CPSR 的值为 5:1 或者更高。而内部永磁类型的电机也是高转矩电机，这也是电子无级变速器的另一种需求。

纯电动模式如图 8-6 所示，可以明显看出功率流由储能系统经由主内燃机和 MG2 流入最终驱动轮。在纯电动模式下，发动机停止，MG1 空载，即使此时环形齿轮和中心齿轮之比产生较高转速。在此模式下，MG1 的角速度 $\omega_S = k\omega_R$，这就意味着比 MG2 的转子转速快 $k = 2.6$ 倍。例 8-3 中帮助解释了在电子无级变速器中使用的电机的相对速度等级和车辆下坡过程中的发动机高速转动模式。

例 8-3： 配有电子无级变速器的混合动力电动汽车在下坡路上高速行驶。（a）设定 MG1 的角速度限制为 $\omega_1 < 680\text{rad/s}$，$\omega_2 < 586\text{rad/s}$，全油门速度用 V_{WOT} 表示，由此得到的 MG2 转子速度是否超速？（b）在下坡路的情况下，混合动力电动汽车起动，在 V_2 为何值时 MG1 转速为超速？（c）在下坡路全速行驶，V_2 为何值时发动机起动，MG1 和 MG2 均为超速？

解： 上述问题对于单模式的电子无级变速器来说是个世界性问题，因为电动发电机的动力传动系统是固定齿轮，并且车辆速度直接转变为需要的角速度。针对此实例，解决方案如下：

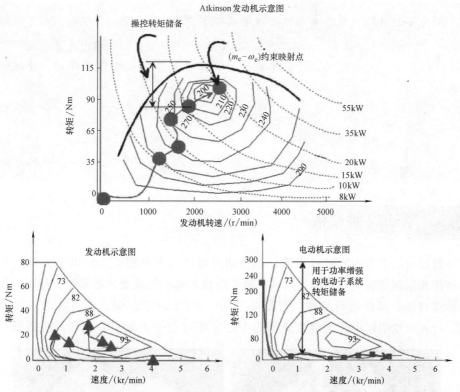

图 8-6 在稳态巡航模式下, 起动机、MG1 和 MG2 的操作过程示意图

(a) 根据 MG2 的角速度限制计算 V_{WOT}:

$$V_{\text{WOT}} = \frac{r_{\text{w}}\omega_{2\text{lim}}}{g_{\text{fd}}} = \frac{0.3 \times 586}{3.11} = 56\text{m/s}(126\text{mile/h}) \tag{8-33}$$

然而, 发动机停止工作时, 由式 (8-33) 导致 MG1 的转子速度随着车辆速度而增大, 以至于速度 V_{WOT} 将会变为

$$\omega_{\text{S}} = k\omega_{2\text{lim}} = 2.6 \times 586 = 1524\text{rad/s} \gg \omega_{1\text{lim}} \tag{8-34}$$

(b) 因此, 发动机必须在某些速度中间范围内切入, 如 V_1 约为 18mile/h, 纯电动模式的限制和 V_{WOT}。此速度是根据式 (8-2), 并根据 $\omega_{\text{C}} = 0\text{rad/s}$ 和发动机停止状态下 MG1 的最大角速度情形下定义的。

$$\omega_{\text{R2}} = -\frac{\omega_{\text{Slim}}}{k} = \frac{-680}{2.6} = 261\text{rad/s} \tag{8-35}$$

$$V_2 = \frac{r_{\text{w}}\omega_{\text{R2}}}{g_{\text{fd}}} = \frac{0.3 \times 261}{3.11} = 25.18\text{m/s}(56.3\text{mile/h}) \tag{8-36}$$

223

为防止 MG1 超速，发动机必须在车辆速度 $V = V_2$ 的情况下起动，在下坡路时约为 56mile/h。最后，我们必须清楚 MG1 和 MG2 在最快速度时并未超速。

（c）在发动机起动工作状态的速度必须根据下述过程计算得到，并且注意 $\omega_{Slim} = \omega_1$，$\omega_{Rlim} = \omega_2$：

$$\omega_{Slim} + k\omega_{Rlim} = (1+k)\omega_C^{set}$$

$$-680 + 2.6(586) = 3.6\omega_C^{set}; \omega_C^{set} = 234 \text{rad/s}(2235\text{r/min}) \tag{8-37}$$

因此，为了防止电动发电机超速运转，发动机必须在 2235r/min 时起动。

8.3 驱动周期评估

通过前面章节内容可以知道，混合动力电动汽车单模式下的电子无级变速器的操作和限制是较为明显的。图 8-7 包含单模式电子无级变速器部件，且以剖视图的形式对各个部件进行呈现。在图 8-7a 中，MG1 位于左侧，并与发动机机械连接。行星齿轮组以电子无级变速器为中心，MG2 位于右侧，并且利用链条驱动后

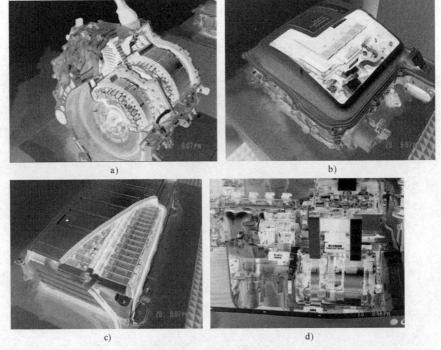

图 8-7 电子无级变速器各部分组件（图片由 JNJ Miller PLC 公司提供）

a）电子无级变速器集成的 MG1 和 MG2　b）集成的电力电子中心和 DC-DC 变换器

c）主电池、镍氢方形蓄电池　d）L4 引擎系统集成

端传动装置（例如差速器），这种连接方式称为前轮驱动（FWD）。一些后端固定驱动齿轮在图 8-7a 中的剖面图是可以清楚观察到的。

在图 8-7b 中的逆变器，直流耦合滤波电容器位于上部，用于电源连接的母线和 DC-DC 变换器都可以在图中清楚看到。这两个大的塑料连接器（在整个系统中用橘红色表示高电压）是电池电缆输入。电机机械的输出是通过图片中右下方的连接器进行的。

图 8-7c 中所示单模式下电子无级变速器各部件配有镍氢电池组 1.2V，6.0Ah，且针对这次特别的安装，201.6V 电池组串联 N_c = 168 个电池组。这些电池单元均已焊接、冷却并且在密封外壳中全密封。

图 8-7d 针对整个系统给出了更好的视角展示，系统配有四缸发动机，发动机位于左侧，通过同心轴与电子无级变速器直接连接，同心轴是从发动机曲轴开始，通过 MG1 与行星齿轮架相连接。中心齿轮与 MG1 转子连接，环形齿轮与 MG2 转子直接连接，如同最终传动齿轮传动链是一个回路。在传动装置上方的是动力中心，包含一对功率逆变器（分别用于 MG1 和 MG2）和 DC-DC 变换器（高电压电池与交流电子驱动系统的接口）。这些功能将在图 8-8 中详细介绍。

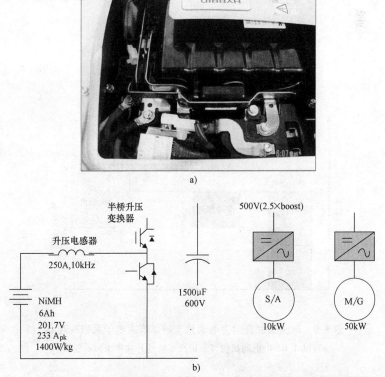

图 8-8 eCVT 的 DC-DC 变换器与 ESS、功率逆变器的接口示意图
a）连接 201V 镍氢蓄电池与 500V 电气件的高速 DC-DC 变换器
b）ESS 和 DC-DC 变换器的电路原理图

为了说明电子无级变速器和储能系统在典型驱动循环中的性能，参考文献 [10] 对其进行了详细阐述。

图 8-9b 中的功率流说明了发动机功率 P_e 分离出部分功率 P_g 通过发电机转换成电功率，并且经 MG1 流通至 MG2，此时由于电池功率 P_b 增大，直接由齿轮架到环形齿轮的功率馈电机械部分 $P_e - P_g$ 重新调配发动机。

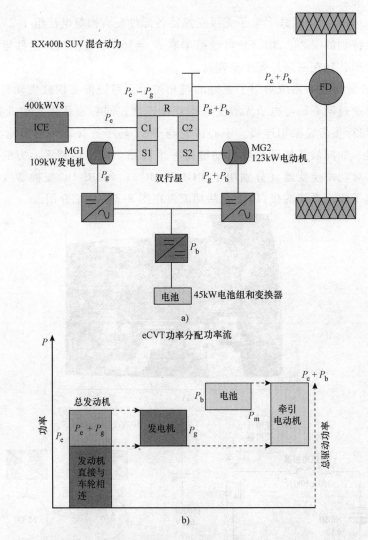

图 8-9 凯美瑞混合动力电动汽车的单模式电子无级变速器

a) 基于 RX400h 的架构（丰田汽车） b) 功率流向示意图

模拟车辆在高速公路上以 V_{WOT} = 112mile/h， 146mile/h 和其他速度行驶。表 8-1 包含已被使用的车辆和电子无级变速器的特性。

表 8-1　配有 PX400h eCVT 驱动系统结构（见图 8-9a）的凯美瑞混合动力电动汽车

属性	符号	值	属性	符号	值
车辆重量（kg）	M_v	1412	车轮滚动半径（m）	r_w	0.332
迎风面积（m²）	A_f	2.3	最终传动比	g_{fd}	4.05
空气阻力系数	C_d	0.27	行星齿轮 E1 比率	k_1	2.6
滚动阻力系数	C_{rr}	0.008	行星齿轮 E2 比率	k_2	2.478

为完成这次仿真，发动机控制策略必须如同参考文献 ［10］ 中那样定义，需要通过 V 选择 N，也就是说，指定发动机速度 N 与车辆速度 V 密切相关。当上述工作完成，且混合动力电动汽车已完成一个驱动周期的仿真测试，其性能将能够被评测。基于我们的目的，在此次仿真测试中使用了城市测功器行驶规范（UDDS）和更为严格的 US06 循环测试。发动机转矩的 N/V 策略的偶然出现，最初是在 UDDS 循环测试中被定义的，如图 8-10 所示。在这次仿真中，第一需要注意的是发动机策略 N/V，并通过发动机的转矩-速度实测曲线，根据实际道路提出需要满足的要求。当上述工作完成会看到 N/V 是与车辆速度和发动机转速的相对值密切相关的发动机工作状态。可以看出，N/V 在 $V = 12\text{m/s}$ （26.8 mile/h） 附近波动频繁。

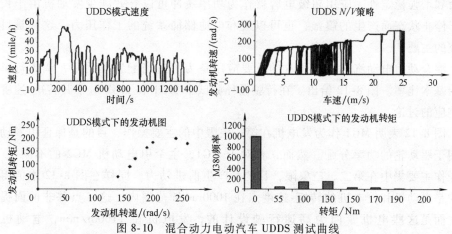

图 8-10　混合动力电动汽车 UDDS 测试曲线

在图 8-10 中十分有趣的是在 100~130Nm 范围的发动机工作转矩柱状图，包含具有重要意义的发动机停止状态。针对 US06 循环测试的测试曲线如图 8-11 所示。

对于 US06 循环测试，仍然使用发动机 N/V 策略，车辆相同但是发动机工作状态对于 N/V 的响应约为 30m/s （67mile/h）。这是因为 US06 属于高速测试，且在高速状态下将会出现很多未知情况。UDDS 测试中还有着值在 $V = 12\text{m/s}$ （26.8mile/h） 的低速 N/V 响应。然而，US06 却有着值在 67mile/h 周围比较明显的响应。这两种响应都可在发动机转矩的柱状图中清楚看到，此柱状图并非反映 UDDS 测试中的 100~130Nm，而是一个更高的转矩范围 196~208Nm。

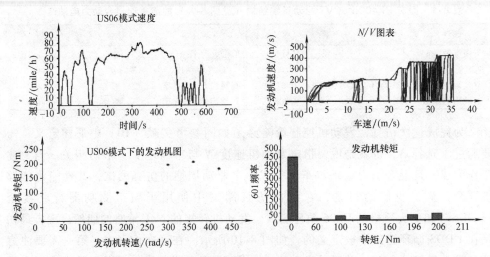

图 8-11　混合动力电动汽车 US06 测试曲线

　　发动机储能系统结构在频繁起停情况下受益，是因为目前发动机为了抵消电池的过度循环而使其控制策略尽可能多的进行循环，目的是能够延长电池的使用寿命和增强稳定性。应用超级电容器作为功率缓冲可以有效减少发动机由于长期处于停止状态而产生的震颤，也可以缓和电池储能系统的工作压力。这都是目前研究的主题。

　　混合动力电动汽车动态仿真的重要应用是为了适当配置发动机，调优行星齿轮的基本比率。图 8-12 给出了在行驶循环测试中 MG1 和 MG2 对于其转矩-速度特性响应的讨论。

　　图 8-12 表明 MG1 作为发电机在第一象限中的主要操作，目的是保证由发动机作用于驱动轮的功率分配。然而，相对于 MG1，主牵引电动机 MG2 的不同在于：其操作主要集中在第二、三象限，目的是产生前进动力。同样在图 8-12 中值得注意的是电动机和发电机的转矩-速度点在 1000rad/s 范围内。这一点并非前面提到的，而是这些电机专门为高速行驶设计的，发电机在 11000r/min，电动机在 14500r/min。正如丰田汽车公司设计的 GS450h 和其他雷克萨斯品牌混合动力电动汽车所做的那样。

　　为了说明优化动力传动仿真的好处，下面的改变是依据图 8-9a 中的合成行星齿轮结构。发动机输入侧齿轮的常规环形齿轮保留设定 $k_1 = 2.6$，附有接地齿轮架的二次侧行星齿轮针对第一种情形的 $k_2 = 2.478 \sim 2.1$ 和第二种情形的 $k_2 = 2.85$ 来定义具有如下参数的益处，相对的，图 8-13 给出了 MG1 和 MG2 的转矩-速度结果。

　　当比率 k_2 从图 8-13 左侧给出的设计值开始减少，MG2 转矩-速度散点从 160Nm 增加到超过 200Nm，并由 1000rad/s 逐步减少到大约 900rad/s。这表明了随着比率的改变，感应电机需要大约 2.7∶1 的 CPSR 可以满足转矩-速度的设计需要，即使满足

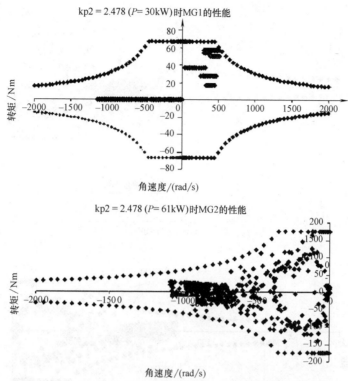

kp2 = 2.478 (*P* = 30kW)时MG1的性能

kp2 = 2.478 (*P* = 61kW)时MG2的性能

图 8-12　k_1、k_2 为设定值时，MG1 和 MG2 的转矩-速度曲线

不了 IPM 的效率目标。当速度达到 V_{WOT}，CPSR 需要增大到 4.2∶1，超过感应电机所发出的。

最后，当比率 k_2 由图 8-13 右侧的设计值开始增加，转矩减少到刚好小于 150Nm，角速度增大到刚好超过 1200rad/s，与比率的增大相符合，则 $\omega_S = -k_2\omega_R$。这些评估证明了复杂电机架构系统仿真的明显优势。

针对本章进行总结，图 8-9b 作为总结部分在此重复说明。相对于图 8-14，在电子无级变速器中的功率流可以总结如下：

- 电子无级变速器中的部分发动机功率在最小传输损耗的情况下，直接传送到车辆驱动轮。
- 其余可变的发动机功率部分则转化为电能，并且首先转化为电动发电机部分，然后重新转化为动能，满足前进动力。
- 电子无级变速器中的电能转化路径可以通过存储在储能系统中的电能而获得增大。车载储能系统可以传递和吸收高量级暂态功率。
- 因此，假设机械和电能传输过程、峰值储能系统功率中无损失，则作用在车辆驱动轮上的总功率是发动机峰值功率之和。

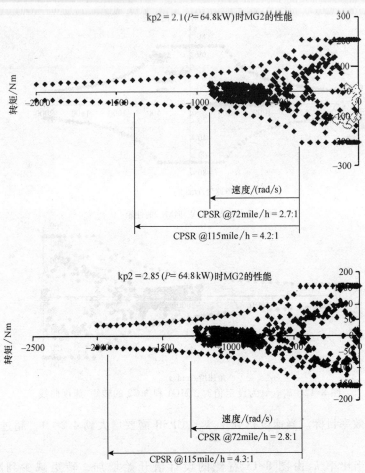

图 8-13　k_1、k_2 为设定值时，MG1 和 MG2 的转矩-速度曲线

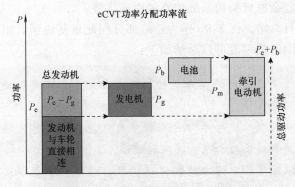

图 8-14　电子无级变速器的功率流总结

　　实际上，丰田普锐斯混合动力电动汽车是利用储能技术进行功率增益的典型例子。2004 款普锐斯配有 1.5L、57kW 汽油发动机和 21kW 峰值功率的镍氢电池。

车辆中的驱动系统峰值功率为 78kW。值得注意的是此款混合动力电动汽车配置发电机（MG1）29kW 和牵引电动机（MG2）50kW。因此发动机可以传递最大 29kW 的功率给 MG2，并从储能系统中获得 21kW 的增益，达到总功率 50kW，上述功率流分配过程如图 8-14 所示。

练　　习

本章中的练习部分与单模式电子无级变速器相关，在图 8-15 中，MG1 与行星齿轮的中心齿轮相连接，主牵引电动机 MG2 与环形齿轮以及行星齿轮架相连接。行星齿轮中环形齿轮与中心齿轮的基本比率 $k=2.6$，最终传动比 $g_{fd}=3.11$，车轮动态滚动半径 $r_w=0.3$，储能系统直流链电压 $U_d=274V$。

8.1　例 8-1 中的情景，假设发动机在 $T=300ms$ 内加速达到 $\omega_C=30rad/s$。计算储能终端放电电能。

答案：$W_{ESS}=P_eT=9980(0.3)=2994J$（约 $0.83Wh$）。

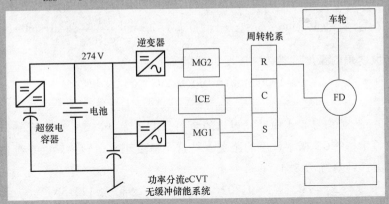

图 8-15　配有储能系统的单模式电子无级变速器

8.2　利用式（8-27）计算变速比 K，已知循环功率结果为单模式电子无级变速器的发动机输入功率的 75%，且 $k=2.6$。

解：对式（8-27）重新整理得到

$$\frac{P_1}{P_i}=\left(1-\frac{k}{1+k}\frac{1}{K}\right)=0.75$$

$$\therefore K=2.89$$

8.3　针对混合动力电动汽车单模式下的电子无级变速器，利用例 8-2 中给出的传动系统值，（a）对应 K 值，计算传动系统的角速度 ω_0；（b）在此种情况下计算车辆速度 V。

答案：（a）$\omega_0 = \dfrac{\omega_i}{K} = \dfrac{220}{2.89} = 76.125 \text{rad/s}$

（b）$V = \dfrac{r_w \omega_0}{g_{fd}} = \dfrac{0.3 \times 76.125}{3.11} = 7.34 \text{m/s}（16.4 \text{mile/h}）$

8.4　为了限制混合动力电动汽车中电子无级变速器的电能循环功率量级，车辆在起动过程中按照纯电动汽车模式操作。在这种模式下，设定发动机、MG1 处于停止工作状态，储能系统通过 MG2 逆变器和电机提供主牵引功率。设定 MG2 转矩为 300Nm、车辆重量 $M_V = 1100 \text{kg}$，计算例 8-2 中车辆可以行使的最大坡度。

提示：在计算纵向力 F_1 时，车辆必须保持在斜坡上，并且与汽车车轮牵引力 F_t 平衡。

答案：$F_1 = g M_V \sin\alpha = F_t = \dfrac{g_{fd} m_2}{r_w}$，所以 $\alpha = \arcsin\left(\dfrac{g_{fd} m_2}{g M_V r_w}\right) = \arcsin 0.29$

将坡度角的弧度转换为 % 坡度，结果如下：

$$\text{gr} = 100\tan(\alpha) = 100(0.298)\% = 29.8\%$$

8.5　针对练习 8.4 中计算得出的牵引力以及练习 8.3 中的电动车辆速度，计算能够维持 MG2 在有坡度的路况保持这个速度正常运转的储能系统功率。

答案：针对练习 8.4：

$$F_i = g M_V \sin\alpha = 9.802(1100)\sin(0.294) = 3124.5 \text{N}$$

$$V = 7.34 \text{m/s}$$

则 $P(V) = F_1 V / h_2 = 3124.5 \times 7.34 / 0.93 = 24.7 \text{kW}$

8.6　图 8-5 所示的储能电池单元为镍氢电池，且 $U_d = 274 \text{V}$，$C_b = 6.5 \text{Ah}$，$\text{SOC}_0 = 0.6$。如果 SOC 的有效值为 $\delta \text{SOC} = 0.2$，保持练习 8.5 中所述的稳定功率状态，则如同练习 8.5 的坡度，计算车辆可以行驶多远？称这个行驶范围 AER_{gr} 为坡度上的全电动行驶范围。

答案：

$$\text{AER}_{gr} = VT = V\dfrac{\delta W_{\text{ESS}}}{P(V)} = V\dfrac{\delta \text{SOC} U_d C_b}{p(V)} = 7.34 \times \dfrac{0.2 \times 274 \times 6.5}{24700} = 381 \text{m}（0.24 \text{km}）$$

备注：储能系统电池处于部分 SOC 状态，且车辆在电动模式的最大坡度结果在一个非常有限的 AER 内，仅为 0.25km。在这个坡度水平下，若无逆风，则储能系统可以传送的同样动力将能够在 356Wh/mile 维持 1mile。

8.7　尽管设计得不同，如果主要参数设定如下所示，则配置 3.3L V6 发动机的雷克萨斯 RX400h 混合动力电动汽车的功率流将与图 8-14 中所示的一致。

- 发动机功率 $P_e = 155\text{kW}$。
- 电池峰值功率 $P_b = 36\text{kW}$。
- MG2 额定峰值功率 $P_{MG1} = 123\text{kW}$。
- MG1 额定峰值功率 $P_{MG1} = 109\text{kW}$。

答案：$P_e + P_b = 155\text{kW} + 36\text{kW} = 191\text{kW}$ 传动系统额定峰值功率，且如果所有的 MG1 功率均来自发动机并按照路径分配至 MG2，我们将得到 $P_e - P_{MG1} = 46\text{kW}$ 机械功率分配至传动系统，并增大为 $P_{MG2} = P_{MG1} = 109\text{kW}$ 和 $P_b = 36\text{kW}$，进而获得传动系统总功率为 $46 + 109 + 36 = 191\text{kW}$。

参 考 文 献

1. J.M. Miller, 'Hybrid electric vehicle propulsion system architectures of the eCVT type', *IEEE Transactions on Power Electronics*, vol. 21, no. 3, pp. 756–67, 2006

2. J.M. Miller, *Propulsion Systems for Hybrid Vehicles*, 2nd edn., The Institution of Engineering and Technology (IET), Michael Faraday House, Stevenage, United Kingdom, 2010

3. B. Conlon, P.J. Savagian, A.G. Holmes, M.O. Harpster Jr., *Output Split Electronic Variable Transmission with Electric Propulsion using One or Two Motors*, U.S. patent publication 2009/008171 A1, 26 March 2009

4. K. Ahn, S. Cho, W. Lim, Y. Park, J.M. Lee, 'Performance analysis and parametric design of the dual-mode planetary gear hybrid powertrain', *Proceedings of the Institute of Mechanical Engineering, Journal of Automobile Engineering*, vol. 220, Part D, pp. 1601–14, 2006

5. M. Verbrugge, P. Liu, S. Soukiazian, R. Ying, 'Electrochemical energy storage systems and range-extended electric vehicles', *The 15th International Battery Seminar and Exhibit*, Ft. Lauderdale, FL, March 2008

6. R.M. Schupbach, J.C. Balda, 'Comparing dc–dc converters for power management in hybrid electric vehicles', *IEEE International Electric Machines and Drives Conference, IEMDC2003*, vol. 3, pp. 1369–74, 1–4 June 2003

7. R.M. Schupbach, J.C. Balda, '35kW ultracapacitor unit for power manage-

ment of hybrid electric vehicles: bi-directional dc–dc converter design', *The 35th Annual IEEE Power Electronics Specialists Conference*, Aachen, Germany, pp. 2157–63, June 2004

8. S. Wang, B. Fahimi, 'High efficiency and compact dc–dc converter for high power fuel cell system', *IEEE Power Electronics Society Newsletter*, vol. 19, no.3, pp. 14–19, June 2007

9. S. Basu, T.M. Undeland, 'Voltage and current ripple considerations for improving lifetime of supercapacitors used for energy buffer applications at converter inputs', *The 13th European Power Electronics and Applications Conference, EPE2009*, 8–10 September 2009

10. J.M. Miller, 'Overview of hybrid vehicle drive train system designs and manufacturing constraints', Presentation to the Advanced Power Electronics and Electrical Machines (APEEM) Motor and Magnet Workshop, Ames Laboratory, U.S. Department of Energy, Iowa State University, Ames, IA, 4–5 April 2006

第9章 双模式下的功率分配

电子变速器（EVT）最重要的创新在于，其已经被应用在由通用汽车—Allison推出的双模式运输车上[1]。在2004～2008年期间，由通用—克莱斯勒—宝马组建的混合动力开发中心采用这项创新，对混合动力技术进行合作开发。双模式的一个主要优点在于两台额定功率相同的电机，可用来实现图9-1所示的电子变速器功能[2]。本章的结构体系与第8章基本相似。

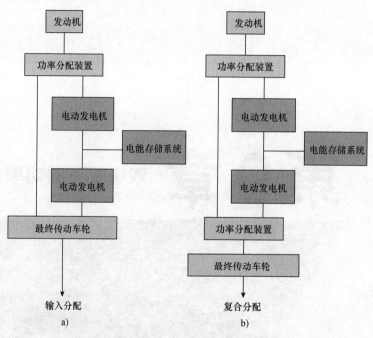

图 9-1　电子变速器（EVT）单模式与双模式架构
a）单模式结构　b）双模式结构

安装在发动机输入端口的单模式功率分配电子无级变速器（eCVT），是一种功率分配装置，其具有输入分配架构的特点。与所有的单模式 eCVT 特征相似，该系统具有唯一的、用于机械动力传递的机械点。与单模式 eCVT 相比，双模式 eCVT 则具有两个或更多的电气功率传输量为零的机械点。不论在输入端口或是输出端口，双模式 eCVT 都被看作为动力分配装置。它一般具有一对电源分配装置，在某一端口装有行星齿轮组，在此不对其结构进行详细讨论。相对而言，重要的是要了解双模式 eCVT 的运行特性以及如何利用超级电容器的电能存储功能优化整个系统。

第8章中已指出，在 eCVT 运行于单模式时，根据比例系数 K 的不同，将有最高75%的发动机输入功率被分配至电传输路径。而在电机额定功率相同的条件下，这种情况便不会在双模式中出现。由图9-1可以看出，电子变速器路径的功能是用来吸收输出到输入的速度变化，使功率输入设备独立于输出设备，按照自己的速度运行，而不需要进行速差比转换的齿轮变速操作。图 9-2 是传统的 6 速自动变速器，由 Allison 公司生产并在运动型多用途汽车（SUV）以及公共汽车中应用。

图 9-2 所示的 6 速自动变速器中，从左至右依次是，由叶轮、换热器、涡轮机构成的转矩变换器，然后是四个离合器组成的变速器输入轴和三个行星齿轮组，以及由停车齿轮以及棘爪组成的出力轴。此单元中还包括了液压控制单元及其相关电路系统。更大的齿轮速差比可以提升车辆的功率传输吞吐率，例如 6 速单元通常比 4 速单元高出 10% 的吞吐效率。这样的差异会使燃油费用产生巨大的差异，因此一些制造商正在开发 7 速甚至更高的自动变速器。实际上，这些速差比较小的变速器开始接近无级变速器（CVT）。

图 9-2　传统的 Allison 公司 6 速自动变速器

随着上一代技术被逐渐取代，汽车制造商要求下一代技术必须与上一代技术具有相同的形式，通过对图 9-2 所示的传统自动变速器与图 9-3 所示的单模式和双模式 eCVT 进行对比，可以发现这种要求在汽车变速器领域是显而易见的。图 9-3（上图）为装有 165kW MG2 和 125kW MG1，且具有 5L V8 发动机的丰田汽车公司雷克萨斯 600h 系列 eCVT，其可以向动力传动系统输出 327kW 功率，主要应用于 SUV 和高端车系。

对于电子控制的变速器，需要注意 MG1 和 MG2 的相对尺寸。在单模式下，电机的大小通常不一样，而在双模式下，它们几乎是相同的。从通用公司双模式 eCVT 的剖面图可以看出，电机 MG1 和 MG2 的尺寸相同[3]。这是双模式系统的一个明显优势。

为了使 eCVT 在汽车应用中更具实际意义，它们必须具备与传统技术一致或更优越的性能，在这种情况下需要 6 速自动变速器。表 9-1 列举了 6 速自动变速器的特点，其中发动机的最高转速设为 5000r/min。

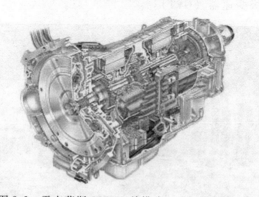

图 9-3 雷克萨斯 LS600h 单模式 eCVT（上图）与
通用公司的双模式 eCVT（下图）之间的对比

表 9-1 在 $g_{fd} = 4.11$ 的情况下，Allison 公司 6 速变速器的特点和最高车速

齿轮(g_x)	比例系数($K = \omega_i / \omega_0$)	$V @ \omega_{imax} /$ (mile/h)	$\omega_i /$ (r/s) , (r/min)
1	3.10	29	167(1595)
2	1.81	50	287(2741)
3	1.14	65	373(3562)
4	1.00	91	522(4986)
5	0.71	128	735(7020)
6	0.61	150	861(8223)
倒档	4.49	—	—

    表 9-1 中的最大车速，是在车辆轮胎滚动半径 $r_w = 0.32m$，以及确定的传动装置条件下计算出来的。对于上述条件，没有齿轮速差比转换的 eCVT 型传输设备，需要电力牵引电动机按照表 9-1 中第 4 列列出的角速度值进行拖动。最大车速比反映了传动输入角速度 ω_i，通过最低车速得到传统传动装置的变速比 g_{src}，而且 eCVT 的这些值必须与传统传动装置的值相同。在这种情况下，$g_{src} = 867/167 = 5.16 : 1$，等于 MG2 在单模式传输下的 CPSR，这再次证明了 IPM 型电机的必要性。表 9-1 第 4 列的数值是通过式（9-2）计算得到的。

$$V_x = \frac{r_w \omega_{imax}}{g_x g_{fd}} \quad\quad (9\text{-}1)$$

$$\omega = g_{fd} \frac{V_x}{r_w} \quad\quad (9\text{-}2)$$

9.1 双模式 eCVT 概要

先前章节中介绍的双模式系统已经在乘用车中得到了广泛应用，在 Allison 运输车中更是应用了数年。图 9-4a 为安装在 V8 发动机上的双模式 eCVT，其中还包

a)

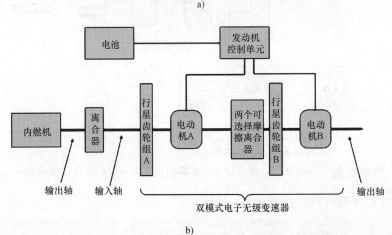

b)

图 9-4　通用公司双模式动力传动集成图和功能图

a）双模式集成图　b）双模式功能框图

括安装在进气歧管上方的功率变换器。从图中可以看出电动发电机的尺寸相同；在这幅图中，MG1 的定子剖开图展示了转子和输入行星齿轮组的部分。每个电动发电机逆变器输入的互联电缆如图右下部分所示。

图 9-1b 为双模式功能图，该功能图表明除了行星齿轮组之外，在双模式下需要 2 个或 2 个以上的离合器来对汽车的宽速运行范围进行压缩。在先前的章节已经对齿轮变速传动比范围进行了讨论，在双模式下，因为电机转速可被重复使用，因此并不需要 $g_{src}>5:1$，所以此项要求并不被严格执行。图 9-4 包括了电动发电机的功率电子装置（逆变器），其从电池储能系统得到功率输入量，作为发动机控制单元的一部分。双模式的 eCVT，也被称作 EVT，储能系统通常在 330V 的直流电压条件下操作。

图 9-5 给出了双模式 EVT 电机同心设计的全功能图，包括了 MG1 和 MG2，其中离合器组件 CL1、CL2、CL3 对应于不同的运行模式。两个行星齿轮组用 E1 和 E2 表示，分别作为动力分配装置的输入和输出。当 MG2 作为主牵引电动机时，发动机啮合离合器 CL1 在 BEV 模式下是必需的。这种模式类似于齿轮反向运转，车辆运动在 BEV 模式且其推动力来自 ESS。

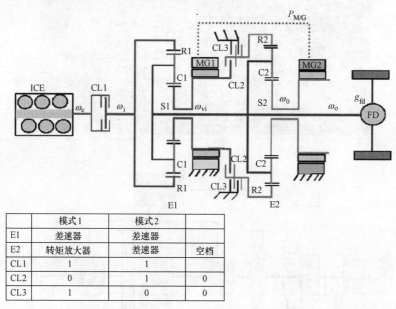

	模式1	模式2	
E1	差速器	差速器	
E2	转矩放大器	差速器	空档
CL1	1	1	
CL2	0	1	0
CL3	1	0	0

图 9-5　EVT 功能框图，两个行星齿轮组和三个离合器模式设计选择表

下述的 EVT 特性可以在图 9-5 中找到：

- 发动机连接到 E1 环形齿轮。
- E1 和 E2 连在一起，直至最终驱动器（差速器）。

> • MG1 和 MG2 额定转矩和转速相同，并始终连接到中心齿轮上。
> • 离合器组 CL2 和 CL3 进行切换，即它们是相互排斥的。
> • 在不同的运行模式下，行星齿轮组 E2 既可以作为一个功率分配器也可作为转矩放大器。

当 CL1 = CL3 = 1 且 CL2 = 0 时，EVT 处于输入分配或单模式运行阶段。在这种模式下，发动机驱动 E1 环形齿轮，而不再是驱动单模式 eCVT 的齿轮架，但发电机 MG1，仍连接到 E1 的中心齿轮。由于与 CL3 接合，输出行星齿轮组 E2 可被看成是一个转矩放大器，与接地环形齿轮一起使 MG2 产生的转矩在低速运行时产生更大的牵引力[4]。

当 CL1 = CL2 = 1 且 CL3 = 0，EVT 处于输出分配或复合操作模式。在这种模式下，E1 和 E2 都是功率分配器，发动机和电动发电机都会为车辆提供牵引力。此模式被称为 EVT 的高速模式。以下的内容将深入介绍在这两种应用模式下，超级电容器是如何增强储能系统功能来使 EVT 系统更加完善的。

9.2　EVT 的运行模式

在 9.1 节中已经介绍了 EVT 的两种运行模式，本节要对 MG1 和 MG2 这两个电机的速度和转矩特性进行详细分析。如图 9-6 所示，此模式将 MG1 只连接到 E1 的中心齿轮上，而 CL3 与 E2 的环形齿轮共同接地。在接下来的分析中，将 E1 的基本比率用 k_1 表示，E2 的基本比率用 k_2 表示。通常 k_1 和 k_2 的数值可以相同，但这里仍用不同的标注符号来用以区分辨别。需要注意的是，以下的分析中用"倒置"来描述行星齿轮组，与前面章节的描述不同。这一点仅仅是为了便于描述，并不

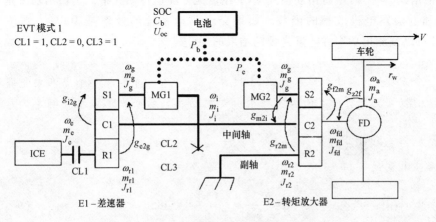

图 9-6　EVT 模式 1，低速输入分配模式

241

影响分析结果。

EVT 的输入分配模式分析非常类似于第 8 章中的单模式 eCVT 的异常运行情况，即发动机的输入接在 E1 的环形齿轮，而不是中心齿轮。如图 9-6 所示，其中在角速度和转矩的标注中，1 表示 MG1，2 表示 MG2：

$$\omega_1 = -k_1\omega_i + (1+k_1)\omega_0 \tag{9-3}$$

$$\omega_2 = (1+k_2)\omega_2 ; K = \frac{\omega_i}{\omega_0} \tag{9-4}$$

计算 MG1 的输入轴功率 $P_1 = m_1\omega_1$，根据输入转矩 m_i，角速度 ω_i，以及式 (9-3) 和式 (9-4) 可以得到以下关系式：

$$P_1 = \left(\frac{1}{K} + \frac{1}{k_1 K} - 1\right) P_i \tag{9-5}$$

当 ESS 的输出功率 $P_b = 0$ 时，MG1 会产生直流循环功率 P_e，考虑到各自交流传动系统的效率分别为 η_1 和 η_2，所以 MG2 上的轴功率为

$$P_2 = -\eta_1\eta_2\left(\frac{1}{K} + \frac{1}{k_1 K} - 1\right) P_i \tag{9-6}$$

MG1 和 MG2 机械轴转矩为

$$m_1 = -\frac{1}{k_1}m_i ; m_2 = \eta_1\eta_2\left(K - 1 - \frac{1}{k_1}\right)\left(\frac{1}{1+k_2}\right) m_i \tag{9-7}$$

将输入机械功率 P_i 分为两部分，其中在双模式下流动的机械功率为 P_m，由此可以推导出完整的输出功率表达式：

$$P_i = P_m + P_1 ; P_0 = P_m + P_2 = P_m + \eta_1\eta_2 P_1 \tag{9-8}$$

将式 (9-8) 中的 P_i 和式 (9-5) 中的 P_1 代入到式 (9-8) 中可以得到：

$$P_0 = \left[1 - (1-\eta_1\eta_2)\left(\frac{1}{K} + \frac{1}{k_1 K} - 1\right)\right] P_i \tag{9-9}$$

根据式 (9-9) 可以看出双模式 EVT 在输入分配运行模式中，其输出功率是变速比 K 和电动发电机效率的函数。如果交流驱动系统的效率是 100%，则按照式 (9-9) 可以预测出功率吞吐量为预期结果的 100%。

例 9-1： 计算上述双模式 EVT 的第一机械点。即计算哪个点在电气路径下流过功率为零，所有的输入功率（如发动机的功率）都以机械功率的形式向外输出。

解： 要计算机械点 K 的值，先令式 (9-5) 等于零。由此会得出一个与第一机械点相同的 K 值：

$$K = \frac{k_1 + 1}{k_1} = \frac{2.6 + 1}{2.6} = 1.385 \tag{9-10}$$

得到 K 值后，相对于 EVT 的输入角速度，可以得到它的输出角速度：

$$\omega_i = K\omega_0 = 1.385\omega_0 \tag{9-11}$$

图 9-7 描述了 EVT 的模式 2，即高速运行模式。在这种模式下，离合器组件 CL2 与 CL3 进行切换，因此 MG1 与 E1 的中心齿轮以及 E2 的环形齿轮同时连接。在模式 2 中，MG2 仍然与 E2 的中心齿轮连接。根据需要可以适当地改变变速比 K，让电功率 P_e 可以在 MG1 与 MG2 之间循环，使得发动机转速独立于车辆速度。在模式 2 中，E1 的公式保持与式（9-3）一致，但 E2 的速度公式，以及转矩 m_1 和 m_2 都会有较大的变化。

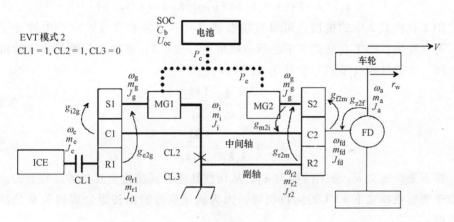

图 9-7　EVT 的运行模式 2，复合分配，高速模式

在模式 2 中，MG1 和 MG2 的 EVT 角速度分别由式（9-12）和式（9-13）给出：

$$\omega_1 = \left(\frac{1}{K} + \frac{k_1}{K} - k_1\right)\omega_i \tag{9-12}$$

$$\omega_2 = \left(\frac{1}{K} + k_1 k_2\left(1 - \frac{1}{K}\right)\right)\omega_i \tag{9-13}$$

E1 和 E2 对应的转矩公式：

$$m_1 = k_2 m_2 + \frac{1}{k_1}m_i \tag{9-14}$$

$$m_2 = -\eta_1 \eta_2 \frac{\omega_1}{\omega_2}m_1 \tag{9-15}$$

解题步骤是根据式（9-12）和式（9-13）得出式（9-15）中的角速度比，然后代入式（9-14）得到以 EVT 输入转矩形式的 MG1 转矩。将得到的值重新带回到式（9-15）获得 MG2 的转矩。整个计算过程结束后，就可以计算出在没有 ESS 供能的情况下电子变速器内部的功率。可以看出 ESS 的功率 P_b，可以在车轮电源无中断的情况下添加到电动循环功率 P_e 中，因此，根据 MG1 对 MG2 的角速度比可以得到如下结果：

$$\frac{\omega_1}{\omega_2} = -\frac{1}{k_2} \frac{(K-1-(1/k_1))}{(K-1+(1/k_1k_2))} \tag{9-16}$$

将式 (9-16) 代入式 (9-15)，得到 MG2 的转矩 m_2：

$$m_2 = \frac{\eta_1\eta_2(K-1-(1/k_1))}{k_1k_2[(K-1+(1/k_1k_2))-\eta_1\eta_2(K-1-(1/k_1))]} m_i \tag{9-17}$$

将式 (9-17) 代入式 (9-14) 并化简得到：

$$m_1 = \frac{\eta_1\eta_2(K-1+(1/k_1k_2))}{k_1[(K-1+(1/k_1k_2))-\eta_1\eta_2(K-1-(1/k_1))]} m_i \tag{9-18}$$

EVT 在模式 2 中的机械点可以直接根据式 (9-17) 和式 (9-18) 中的分子得到。可以发现，EVT 在模式 2 中的第一机械点与模式 1，即输入分配模式中的机械点相同。将机械点 (节点) 标注为 λ_1 和 λ_2：

$$\lambda_1 = 1 + \frac{1}{k_1} = \frac{1+k_1}{k_1} \tag{9-19}$$

$$\lambda_2 = 1 - \frac{1}{k_1k_2} = \frac{k_1k_2-1}{k_1k_2} \tag{9-20}$$

接下来，定义 m_2 分子的根为 λ_3，从而使转矩公式简化为其机械点的形式。这有助于理解双模式下 EVT 的运行机理，因为机械点与输出转矩公式的关系是显而易见的。

$$\lambda_3 = \frac{\eta_1\eta_2(\lambda_1-\lambda_2)}{\eta_1\eta_2-1} \tag{9-21}$$

按照单模式 eCVT 的计算步骤，可以得到 EVT 在模式 2 下的总输出转矩，即 MG1 和 MG2 的转矩之和，用输入转矩 m_i 来表示。将式 (9-19)~式 (9-21) 带入到式 (9-17) 和式 (9-18) 中，经过一系列代数运算便可得到式 (9-23)：

$$m_0 = (1+k_1)m_1 - (k_1k_2-1)m_2 \tag{9-22}$$

$$m_0 = \frac{\lambda_1(K-\lambda_2)-\eta_1\eta_2\lambda_2(K-\lambda_1)}{(1-\eta_1\eta_2)(K-\lambda_3)} \tag{9-23}$$

当 EVT 的变速比 K 等于任一机械节点时，循环电功率为 0，并且功率是相对较低的。这是 EVT 的强大优势之一。MG1 的功率 P_1，由式 (9-12) 和式 (9-18) 得到，简化后为

$$P_1 = \frac{(K-\lambda_1)(K-\lambda_2)}{K(1-\eta_1\eta_2)(K-\lambda_3)} P_i \tag{9-24}$$

作为示例，计算 MG1 在变速比 $0.35 < K < 3.1$ 范围内的归一化功率流。图 9-8 为 MG1 在上述 K 取值范围内的输入功率轨迹，此时 E1 的基本比率为 2.3，E2 的

基本比率为 2.6。需要注意的是将 k_1 和 k_2 代入式（9-19）和式（9-20），计算后可得到机械节点分别约为 0.83 和 1.43。

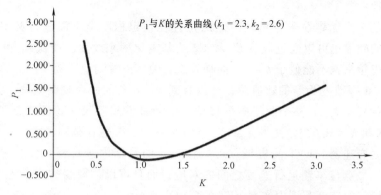

图 9-8　不同 K 值下的电子变速器输出功率 P_1 示意图

　　第二个非常重要的因素是考虑 MG1 的功率流，当 $P_1 = 1$ 时，意味着发动机的输入功率 100% 通过电路径流入；当 $P_1 = 0$ 时，则意味着发动机的功率 100% 通过机械路径流入（参考图 9-1b）。除了这些因素，还须认识到正的 P_1 表示功率流入 MG1 轴，此时 MG1 处于发电模式。相反，当机械功率 P_1 为负时，MG1 处于电动机模式并提供额外的转化为 E_1 的转矩。在单模式系统中，当发电机反转时，即为动力分配装置提供电动功率时，也就是所谓的负分配操作，意味着 MG1 通过 DC 变换器使发动机出力与电子循环功率 P_e 相连，并处在低速高效率工作点。

　　最后需要考虑的一点是电子变速器的功率流，如图 9-8 所示，该电子变速器在机械节点之间的功率流是比较低的，约为 0.15pu，所以这些点之间的运行效率是非常高的。

　　注意图 9-9 所示的 EVT 等效变速比范围 g_{src}。在该图中，变速器的增益 K 的取

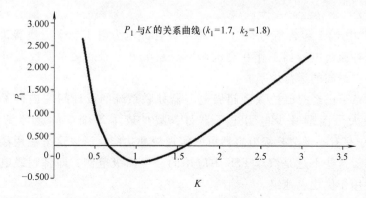

图 9-9　不同的 E1 和 E2 基本比率下，图 9-8 中的 EVT 曲线
（车辆起动过程中 $K>\lambda_1$，高速行驶过程中 $K<\lambda_2$）

值范围从 0.5 到 2.5，而循环功率 $P_1 < 1$pu。比例达到了 5∶1，超过了相当于 6 速自动变速器的 $g_{src} = g_1/g_6 = 3.1/0.61 = 5.08∶1$。因此，EVT 拥有 6 速自动变速器的变速比范围。

EVT 的一大优势在于其机械节点的位置在一定程度上可以进行调整和设计，机械节点的间隔也可以通过调节 E1 和 E2 的基本比率来改变。调低 k_1 和 k_2 的值，对于行星齿轮来说不能低于 $k = 1.6$ 的临界点，便可以看到上述效果。

当 k_1 和 k_2 改变为新的数值后，可以看到 P_1 与 K 的两个复杂变化：①随着电动机功率达到 0.2pu，整个曲线向下移动至电动机模式象限。②机械点间隔越远，$\lambda_1 = 1.588$ 和 $\lambda_2 = 0.673$，使得 $g_{src} = 2.85/0.4 = 7.1$，变速比范围越宽，会更好地配合 7 速自动变速器。EVT 的机械点可以在很宽的范围内进行调整而且可以微调，从而实现机械点与车辆运行速度之间的对应，而且可以调整机械点间距，以便在更宽的车辆运行速度范围内实现 EVT 的高效率运行。

9.3 超级电容器在双模式 eCVT 中的应用

在双模式 eCVT 中使用超级电容器的好处与第 8 章中所讨论的单模式系统相同。可以总结为以下几点：

- 在快速变化的电子变速器功率流条件下，可以回收更多的可存储能源。
- 调整和提高峰值功率用以消除 MG1 和 MG2 的惯性影响。
- 通过 MG2 快速提升功率满足车辆更高级的操作。
- 增强电池组件的寿命。
- 减小电池组件中的有效电流。
- 通过超级电容器减小电池组件的温升。
- 增强低温下的 ESS 性能。

图 9-10 中 EVT 包含了为 MG1 和 MG2 设计的电力电子功率变换器，其中主牵引电池和缓冲超级电容器工作在高电压下。超级电容器的功率变换器可以使直流链电压维持在最高的运行效率。

前面的章节已经对电池联合超级电容器并联系统的设计问题进行了详细的介绍。如何最大限度地减少电力电子器件，减少成本等细节问题可见参考文献[5-7]。由于只有一部分超级电容器可以实现缓冲功能，所以这里使用额定功率较小的变换器。这些不过是汽车 ESS 中应用的一个高级范例，即将超级电容器固有的缓冲特性用于优化电池组。

图 9-11 提供了更详细的 EVT 电子变速器功能结构图和电力电子拓扑结构图。在过去 20 年，MG1 和 MG2 的电力电子变换器协调控制技术已获得数百项专利。而

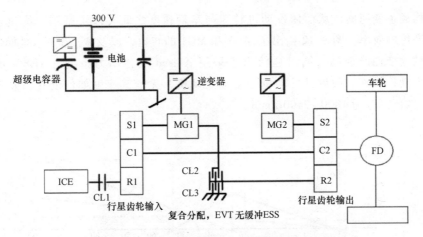

图 9-10 EVT 中超级电容器增强 ESS 功能示意图

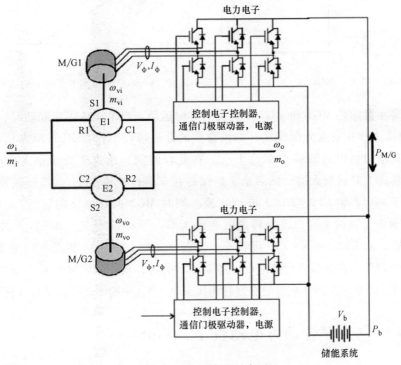

图 9-11 EVT 全面示意图

且 eCVT 和 EVT（双模式）的控制技术也是工业企业和科研实验室十分感兴趣的研究课题。

在图 9-11 中，EVT 的输出转矩 m_o、角速度 ω_o 作用于驱动轮，通过驱动器为车辆提供牵引力并产生车速 V。发动机的电子变速器输入转矩 m_i、角速度 ω_i 基本上独立于变速比 K。电动发电机 MG1 和 MG2，及其各自的行星齿轮组 E1 和 E2，共同构成了变速器，从而使发动机转速与车辆速度之间实现了解耦，优化了整体的功率传输效率。图 9-12 给出了 MG2 和 MG1 的转速，以及 N_{m1} 和 N_{m2} 是如何随车速 V 的改变而改变的。同时还给出了采用 Allison 混合动力系统（AHS）的大型 SUV 发动机转速，假设其发动机为柴油发动机，无论其速度如何变化，发动机转速 N_e 的范围都为 1800~2400r/min。

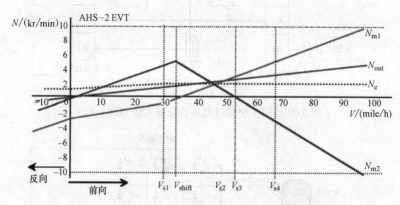

图 9-12　EVT 中 MG1/N_{m1} 与 MG2/N_{m2} 车辆角速度（r/min）与车速 V（mile/h）的对比

需要注意的是 MG1 和 MG2 按相反的方向运动。当车辆从零速起动时，牵引电动机 MG2 工作在输入分配模式（如果需要的话也可以工作在 BEV 模式），使车速从零开始增加到模式转换点车速 V_{shift}。在此段时间，模式 1 处于输入分配模式，发动机转速上升到最大值，然后稳定地保持在车辆行驶速度 V_{s1}。当模式发生转变时，EVT 离合器组 CL2 与 CL3 进行切换，同时 MG2 也开始反向运行。与此同时 MG1 会根据车速的不同而改变转速的变化速率。图 9-12 是式（9-3）和式（9-4）的曲线图，从 $K > \lambda_2$ 到 $K = \lambda_2$，即汽车从零起动过程，图 9-12 和图 9-13 是 $K < \lambda_2$ 到 $K < \lambda_1$，即汽车加速至最高行驶速度。需要注意的是，车速为零时的 K 值将趋于无穷大，可以从图 9-8 和图 9-9 中的右侧看到代表点。N_{m2} 中的不连续点是模式转换点。

9.4　插电式混合动力电动汽车：Volt

本节将关注 eCVT 的最新应用，即通用公司生产的插电式混合动力电动汽车 Volt，也被称为增程型电动汽车（REV）[2]。雪佛兰 Volt 由与前一代 GM EV1 电动汽车相似的电驱动部件组成，如图 9-13 所示。在 Volt 中，一个 53kW、3 缸汽油发动机驱动一个 53kW 的发电机来对电池充电，并增加电动推进功率的范围。主推进系统由一个 120kW 的前轮驱动电动机，一个 16kWh 的聚合物锂离子电池，及其子系统构成。

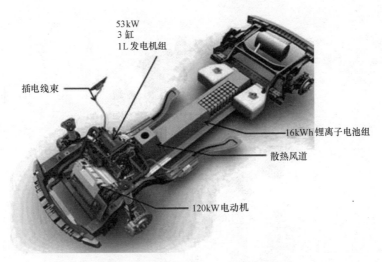

图 9-13　雪佛兰 Volt REV 底盘示意图

　　在以下的分析中，假设 Volt REV 的主推进系统由能驱动 53kW 发电机的 1.4L Ecotec 发动机组成，并假定推进装置是一个串并联的开关装置，该装置同时具备串联系统和并联系统的特性。根据在双电动机 eCVT 架构下的三个同步离合器 CL1、CL2、CL3 的激活情况，eCVT 可以在四种模式下运行，根据行星齿轮组 E1 的基本比率 k_1 来进行动力分配。

　　Volt 增程型汽车被设计为电池电动汽车（BEV），即可以在低速范围内行驶（$V<30\text{mile/h}$），而且在发动机转速扩展到增程型汽车（REV）速度范围时，其速度可达 70mile/h。当 ESS 的荷电状态（SOC）小于 SOC_{min} 时，发动机通过 MG2 给电池充电。在高负荷条件下，例如攀登高峰或高速行驶，该系统处于双电动机 eCVT 模式，由 MG1 和 MG2 同时为汽车提供推进动力（见图 9-14）。

　　当 REV 处于模式 1（见表 9-2），即低速 BEV 模式，用 K 来表示 MG1 的角速度：

$$\omega_1 = \left(\frac{1}{K} + \frac{k_1}{K} - k_1\right)\omega_i \tag{9-25}$$

$$\lambda_1 = \frac{1+k_1}{k_1} \tag{9-26}$$

表 9-2　REV 离合器接合表

模式	CL3	CL2	CL1	描　　述
1	0	0	1	BEV，低速模式下，ESS 通过 MG2 驱动
2	0	1	0	BEV，高速模式下，ESS 通过 MG2+MG2 驱动
3	1	0	1	REV，ESS 的充电模式，$\text{SOC}<\text{SOC}_{min}$
4	1	1	0	REV，高速或组合模式，MG1+MG2 驱动

a)

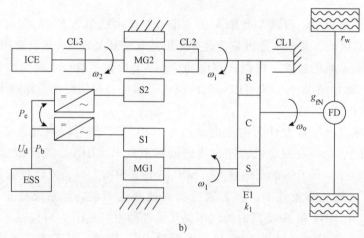

b)

图 9-14

a）REV 发动机　b）功能原理图

很明显，在单模式 eCVT 或双模式 EVT 输入分配模式下，式（9-25）和式（9-26）与 MG1 的角速度关系相同。也就是说，MG2 的机械速度（λ_1）通过离合器从零释放时，离合器 CL1 随之释放。

例 9-2：假设 Volt REV 中 eCVT 的 $k_1 = 2.5$。同时假设输入量和 MG1 的角速度 $\omega_i = \omega_1 = 340\text{r/s}$。（a）计算驱动器的角速度。（b）考虑最终传动比 $g_{fd} = 2.16$ 和 $r_w = 0.32\text{m}$，计算车辆的行驶速度。（c）设 E1 的同步离合器 CL1 和 CL2 从高速 REV 切换到低速 REV 模式的过渡时间为 0.15s，MG2 转子的转动

惯量 $J_2 = 0.02\text{kg} \cdot \text{m}^2/\text{rad}$，MG1 转子的转动惯量 $J_1 = 0.04\text{kg} \cdot \text{m}^2/\text{rad}$，计算需要多大的 ESS 功率以确保在车辆传动系统不会出现颠簸。（d）需要由 ESS 供给或吸收多少转换能量？

解：

（a）输出角速度：

$$\omega_0 = \frac{\omega_1 + k_1 \omega_i}{1 + k_1} = \frac{340 + 2.5 \times 340}{3.5} = 340\text{rad/s}$$

（b）

$$V = \frac{r_w \omega_0}{g_{fd}} = \frac{0.32 \times 340}{2.16} = 50.37\text{m/s}（112.7\text{mile/h}）$$

（c）参阅图 9-15 给出的 MG1 和 MG2 的角速度转换关系，过渡期间的恒转矩水平，以及各自的功率曲线。

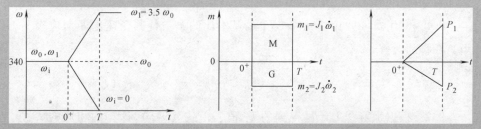

图 9-15　REV eCVT 电动发电机转换过程中的动态过渡

$$\omega_1 : \frac{\Delta \omega_1}{\Delta t} = \frac{1190 - 340}{0.15} = 5667\text{rad/s}^2$$

$$\omega_i : \frac{\Delta \omega_i}{\Delta t} = \frac{0 - 340}{0.15} = -2667\text{rad/s}^2$$

$$m_1 = J_1 \dot{\omega}_1 = 0.02 \times 5667 = 113.3\text{Nm}$$

$$m_i = J_1 \dot{\omega}_i = 0.04 \times (-2667) = -90.7\text{Nm}$$

$$P_1 = m_1 (\omega_1^0 - \omega_1^T) = 113.3 \times (1190 - 340) = 96\text{kW}$$

$$P_i = m_i (\omega_i^0 - \omega_i^T) = -90.7 \times (0 - 340) = 30.8\text{kW}$$

因此，MG1 需要电动功率为 96kW，MG2 在转速减到零的发电过程中会产生 30.8kW 功率。所缺少的功率必须由 ESS 来供给，因此有：

$$P_b = P_1 - P_i = 96 - 30.8 = 65.2\text{kW}$$

（d）激活同步离合器组件，假设离合器无切换惯性功耗，ESS 提供的能量相当于：

$$W_{ESS} = 0.5 P_b T = 0.5(65.2\text{k})0.15 = 4890\text{J}（1.36\text{Wh}）$$

例 9-2 强调了在 HEV、 PHEV 和 REV 架构中使用 eCVT 的一个重要意义： 模式切换的过程会伴随产生传动系统中旋转元件角动量的快速转换， 随之产生的功率偏移不可忽略。 如果 ESS 没有提供 eCVT 在同步转移中所需的惯性能量， 那么这些能量必须由传动系统提供， 这会产生明显的减速效果， 从而将导致系统的不可操控性。

因此， 这就再次解释了超级电容器的快速功率吞吐能力是如何帮助供应或吸收这些惯性能量的。 需要注意的是， 例 9-2 中， 如果电池发出 65kW 的功率将会影响电池寿命， 而这些能量也远远超过了标称 $2000\mu F$ 的直流链电容可以提供的能量。 在练习 9.5 中会遇到这种特殊的情况。

练　习

9.1　利用式 (9-10) 计算 EVT 的基本比例 k_1， 使其变速比 K 对应表 9-1 中第 3 行的数值。

答案： $k_1 = 2.4$。

9.2　根据练习 9.1 计算得到的 k_1 值， 由式 (9-5) 计算的相应的 K 值， 来计算 MG1 的输入功率。

答案： 机械点　$P_1 = \left(\dfrac{1}{1.417} + \dfrac{1}{2.4(1.417)} - 1\right) P_i = 0$

9.3　已知行星齿轮组的标称基本比率大于 1.6：1， 通常情况是小于 3：1。 求在 9.2 节中详细讨论的 EVT 中 MG1 功率流值， 并计算在以下两种情况下的量化结果：

(a) $k_1 = 1.7$ 且 $k_2 = 2.9$

(b) $k_1 = 2.9$ 且 $k_2 = 1.7$

以图表形式表示计算结果， 并标注机械点 λ_1、 λ_2 的位置， 以及每一种情况下 g_{src} 的计算结果。

答案： (a) $\lambda_1 = 1.588$， $\lambda_2 = 0.797$， $g_{src} = 5.5：1$

(b) $\lambda_1 = 1.345$， $\lambda_2 = 0.797$， $g_{src} = 4.75：1$

9.4　参考图 9-12， 给定 EVT 的 $k_1 = 2.3$ 和 $k_2 = 2.6$ 以及 9.3 节中给出的机

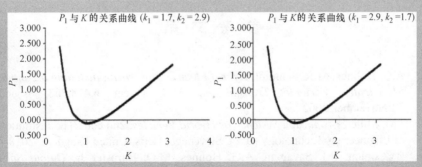

械点 $\lambda_1 = 0.833$ 和 $\lambda_2 = 1.435$，然后对在这些节点下 MG1 和 MG2 的角速度进行计算并用表格表示。

答案：在模式 1 和模式 2 中，MG1 相对输入速度的转速为

$$\omega_1 = \left(\frac{1}{K} + \frac{k}{1} - k_1 \right) \omega_i \qquad (9\text{-}27)$$

但 MG2 的转速在模式 1 和模式 2 中是不同的：

$$\omega_2 = \left(\frac{1}{K} + \frac{k_2}{K} \right) \omega_i \qquad （模式1）$$

$$\omega_2 = \left(\frac{1}{K} + k_1 k_2 \left(1 - \frac{1}{K} \right) \right) \omega_i \qquad （模式2） \qquad (9\text{-}28)$$

MG1 和 MG2 在每个节点上的速度如下表所示：

模式		1	2
$K = \lambda_1$		$\omega_1 = 0$	$\omega_1 = 0$
		$\omega_2 = 2.509$	$\omega_2 = 2.509$
$K = \lambda_2$		$\omega_1 = 1.663$	$\omega_1 = 1.663$
		$\omega_2 = 4.223$	$\omega_2 = 0$

模式 1 转换为模式 2 后，当 MG1 转速为零时，会出现第一机械点；当 MG2 转速为零时会出现第二机械点。

9.5　在例 9-2 的条件下，即 REV 直流链电压 $U_d = 400\text{V}$，$C_{\text{link}} = 2000\mu\text{F}$。假设在功率脉动期间以及在 eCVT 同步转向的情况下，直流链上的压降 $\delta U_d < 20\text{V}$。请问直流链电容器可以支持 $P_b = 65.2\text{kW}$ 的功率多久？

答案：功率脉动会产生如图 9-15 所示的三角波，能量 $W_{\text{ESS}} = 4890\text{J}$，

$$W_C = 0.5 C_{\text{link}} (U_{\text{di}}^2 - U_{\text{df}}^2) = 0.001 \times (400^2 - 380^2) = 15.6\text{J}$$

$$P(t) = P_b \frac{t}{T} ; W(t) = \frac{P_b t^2}{T\ 2} = W_C \triangleq t = 8.5\text{ms}$$

因此，直流链电容器依靠电源逆变器不能处理如此水平的惯性功率流。

参 考 文 献

1. A.G. Holmes, M.R. Schmidt, *Hybrid Electric Powertrain Including a 2-mode Electrically Variable Transmission*, U.S. patent **6,478,705**, issued 12 November 2002

2. J.M. Miller, *Propulsion Systems for Hybrid Vehicles*, 2nd edn., The Institution of Engineering Technology (IET), Stevenage, Herts, United Kingdom, 2010

3. B. Conlon, P.J. Savagian, A.G. Holmes, M.O. Harpster Jr. *Output Split Electronic Variable Transmission with Electric Propulsion using One or Two Motors*, U.S. patent publication 2009/008171 A1, 26 March 2009

4. D. Zhang, J. Chen, T. Hsieh, J. Rancourt, M.R. Schmidt, 'Dynamic modelling and simulation of 2-mode electric variable transmission', *Proceedings of the Institution of Mechanical Engineers*, vol. 215, Part D, pp. 1217–23, 2001

5. J.R. Miller, 'Capacitor/battery load-leveling of hybrid vehicles without the use of active interface electronics', *The 6th International Seminar on Double Layer Capacitors and Similar Energy Storage Devices*, Deerfield Beach, FL, pp. 1–13, 9–11 December 1996

6. G. Guidi, T.M. Undeland, Y. Hori, 'An interface converter with reduced VA ratings for a battery-supercapacitor mixed systems', *IEEE Power Conversion Conference, PCC2007*, Nagoya, Japan, pp. 936–41, 2–5 April 2007

7. A.W. Stienecker, T. Stuart, C. Ashtiani, 'A combined ultracapacitor-lead acid battery energy storage system for mild hybrid electric vehicles', *IEEE Vehicle Power and Propulsion Conference, VPPC2005*, Paris, France, pp. 350–55, 7–9 September 2005

第 10 章 循环寿命测试

　　如何评估超级电容器在高温条件和功率循环工况下的使用寿命，是企业十分关心的问题，因为这决定了企业经济收益。参考文献 [1, 2] 研究了超级电容器参数随着电气参数和热应力的改变而发生变化，并探讨了它们的老化特性。超级电容器的寿命可以从两个方面进行评估：①被测单元从零电压开始充电，电压上升到额定电压时的循环功率，再从额定电压放电至额定电压一半时的循环功率；②在恒定电压和温度压力条件下的直流寿命。在讨论循环功率时，可以参考图 10-1中的电流和电压波形：充放电电流是准方波，可以使超级电容器电压维持在允许的电压波动范围内。在对超级电容器进行循环充放电时，其电压幅值在 $U_{mx} = 2.7V$ 和 $U_{mx}/2 = 1.35V$ 之间波动。

　　图 10-1 为超级电容器循环充放电示意图，可以看出随着电荷的一个充放电循环周期，单体电压会在 1.35V 的工作电压窗口内波动。图 10-1 清晰地说明了这个现象，下面做一个简单的练习：现有一个电流为 300A，电容为 3000F 的电容单体，进行如下计算：$T = Q/I_0 = 4050F/300A = 13.5s$，$\delta U_{cell} = 3000×1.35 = 4050C$。

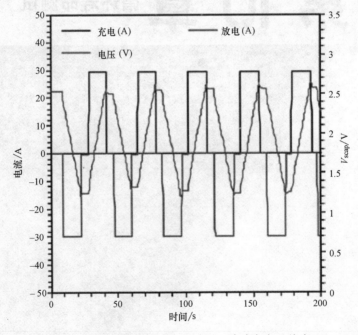

图 10-1　超级电容循环寿命测试图，脉冲宽度 T 约为 14s

　　当超级电容器进行循环充放电时，内部放热会使其核心部分升温，这会影响超级电容器的寿命。参考文献 [1, 2] 表明单体的核心部分在连续循环运行时温度会高于2℃，这比稳态运行时提高了1℃。图 10-2 表明，可以用单体的端部温度来表示单体核心部分的温度。

　　图 10-2 表示的温度特性具有十分重要的意义，因为它确定了单体使用寿命是

一个与温度和电压相关的函数，并且只需测量单体温度和终端电压就可以精确预测其寿命。本章会应用上述的特性，希望读者们注意。

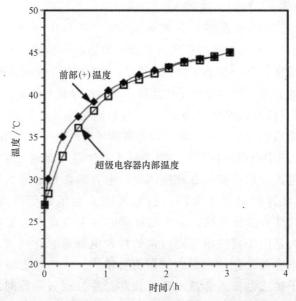

图 10-2　单体正极（+）温度/终端温度与内部温度

上述估算超级电容器单体或模块寿命的方法都是通过考察电气参数的单调偏移来实现的，包括 ESR_{dc} 和电容 C_{cell}。通过作者的调查发现，实际中各个生产厂家也都是这么做的。图 10-3 很好地证明了预测参数的变化特性。其中电容值的偏移最明显并且最容易进行量化，ESR_{dc} 的偏移不是十分明显，但它会随着压力的增加而发生老化。对于一个 3000F、2.7V 的超级电容器，通过一个快速电阻测量，可

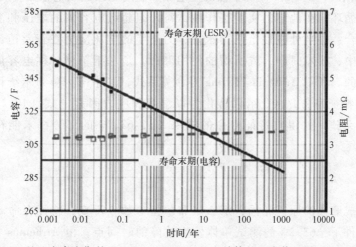

图 10-3　基于寿命末期的 350F、2.7VMaxwell D 单体的电容值以及 ESR_{dc} 示意图

257

以看出， 终端电阻大概占了整体电阻的 20% 左右。

$$ESR_{dc} = R_{conn} + ESR_{electronic} + ESR_{ionic} = 70\mu\Omega + 130\mu\Omega + 160\mu\Omega = 360\mu\Omega$$

（例如， $70/360 = 0.1944$， 约 20%）

图 10-3 的对数线性图表明了 D 单体的 ESR_{dc} 从 BOL 的 3.2mΩ 增至 EOL 的 3.5mΩ， 仅提高了 9%。 在循环寿命测试过程中单体电容值的下降最明显， 从 BOL 的 350F 降至 EOL 的 295F （见参考文献 [2]）， 如图 10-3 所示。 图 10-3 仅表示了超级电容器参数的衰减， 并不能用于产品使用寿命的精确计算。

在对 10.1 节直流寿命评估以及 10.2 节自放电特性进行更加详尽的描述之前， 我们先利用一篇简短的文献综述对电容器寿命测试进行简单的介绍。 Sankaran 等在参考文献 [3] 中用铝电解电容器作为电力电子逆变器直流侧的滤波器， 其主要作用是为开关纹波电流提供旁路。 在此应用中， 电容器会长时间承受电压和温度应力， 其中电压应力为额定直流电压， 但温度应力会依赖于汽车的环境温度和 ESR_{dc}、 I_{rms} 引起的核心部分放热。 由于电解质的损失会造成电解电容器的机械磨损， 通常这种损失是由于蒸汽散发通过密封件和电解质恶化造成的。 当然， 超级电容器与铝电解电容器一起使用时内部压力会增大， 这些压力将通过密封件缓慢泄漏。 电解质离子被强制流入和流出活性炭芯， 并且在分离器间来回振荡， 因此电解液将会受到一定程度的破坏。 任何形式单体的恶化都表现为参数品质的下降以及机构的磨损。

Sankaran 等在参考文献 [4] 中探讨了循环功率对电力电子晶闸管、 固定焊接在散热器上的半导体模块以及互联引线的影响。 功率循环产生最明显的影响就是半导体的电线会受到热和机电应力的作用， 这可能会导致焊线破裂， 从而造成故障。 在对超级电容器单体进行封闭式铝-铝焊接时， 也存在类似情况。

Miller 等在参考文献 [5] 中强调是电压和温度导致超级电容器使用寿命下降， 而不是电池循环。 在他们的实验工作中， 对几组超级电容器的电压和温度应力进行不同的组合： 一半处在额定压力水平， 另一半的电压应力在正常范围之外。 在他们的分析中， 故障时间， 或所谓的使用寿命， 是基于单体标称电容值的下降程度进行定义的。 利用 Arrhenius-Eyring 寿命关系式， 其中 τ 为威布尔统计分布 [式 (10-1)] 的特征寿命， 将此结果转化为以温度和应力因素 [式 (10-2)] 表示的 Arrhenius 关系式， 并得出特征寿命的结果 （τ, 63.2% 的部分都未能符合规定的 EOL 标准）。

$$F(t) = 1 - e^{-(t/\alpha)^\beta} \tag{10-1}$$

$$\tau = Ae^{B/t}e^{DU} \tag{10-2}$$

如果造成磨损的原因相同， 那么威布尔型参数 β 不变； 特征寿命 α 指的是在参数 β 的条件下， 63.2% 的测试单体发生故障的时间点； 由 Arrhenius Eyring 关系式 [式 (10-2)] 给出的特征寿命 τ 有三个特定系数 A、B、D， 同时还包括了在额定点（T_0，U_0）的标称寿命。在下面的章节中我们将更详细地阐述这两个公式。

Briat 等在参考文献［6］中致力于超级电容器可靠性的研究。实验条件是相同的脉冲电流 I_{rms}，因为这会产生相同的核心温升，也就会导致相同的参数老化效应。然而作者的实验成果不仅于此，他们同时还发现长时间持续的电流会使超级电容器参数衰减得更快，即使 I_{rms} 是分布均匀（更柔和，较低的峰均值比）的电流脉冲。产生这样的效果是因为，电流脉冲会改变超级电容器单体核心温度的变化速率，而且振幅越高、持续时间越短的电流脉冲越容易导致参数的老化。这项结论还需要另外的实验进行进一步的观察验证。

Kawaji 和 Okazaki 在参考文献［7］中对超级电容器在客户应用中（考虑了电气应力、车辆环境机械耐受力以及安全性等因素）的可靠性寿命进行了研究。在上述的应用条件下，超级电容器的使用寿命受电压和温度应力的影响。同样，机械耐受力影响了超级电容器在热和振动环境中的安全性，因为它决定了超级电容器承受电气漏电和短路的能力。他们的研究成果正被推广应用在公交客车上，这可能会使公交客车中超级电容的寿命是出租车和轻型卡车的三倍。

参考文献［8］的作者验证了上述所讨论的超级电容器的寿命指标，实验条件是在铁路应用中，再生制动电流会产生较高的内部功耗，因此需要热管理来保障超级电容器有足够的使用寿命。同时作者还指出，需要更好地了解纹波电流对超级电容器寿命的影响，因为纹波电流引起的内部放热可能高于基波电流。

可以明确的一点是，超级电容器使用寿命的评估是依据超级电容器参数衰减来实现的，其中最一致的参数就是单体电容值。超级电容器频率响应方面的问题就是来自于电容值，并且电阻也会具有频率依赖性。这些参数并不具备材料和几何物体的特征。例如，电阻的计算需要材料特性、电导率，以及面积 A 与长度 l 的比或电极间距离 d 等参数，同样电容和电感的计算也是如此。

$$R = \frac{U}{I} = \frac{l}{\sigma A}; \sigma[\ =\ ](\Omega \cdot m)^{-1} \tag{10-3}$$

$$C = \frac{Q}{U} = \frac{sA}{d}; \varepsilon[\ =\ ]\frac{F}{m}[\ =\ ]\frac{C}{V \cdot m} \tag{10-4}$$

$$L = \frac{\lambda}{I} = \frac{\mu l}{A}; \mu[\ =\ ]\frac{H}{m}[\ =\ ]\frac{Wb}{A \cdot m} \tag{10-5}$$

式（10-4）和式（10-5）对介电常数和材料的磁导率特性进行了介绍，并给出了与电通量和磁通量相关的参数定义。例如，介电常数指的是每伏米或法/米的电荷（C），从磁导率的角度来看就是指每安米或亨/米的磁通量（Wb）。影响频率的因素较多，其中包括电导率、介电常数和磁导率等因素，但稳态时的关系式仍然保持不变。

10.1 漏电流影响

所有的电化学电池都会漏电，这会导致存储的电荷逐渐耗尽。漏电的根本原因还不是很清楚，可能是电极深处的电荷分配问题，或者是由于在双层电极间往返运动的电解质造成的。实验数据验证了电池漏电的两种形式：自放电和恒压漏电。这两种漏电形式是普遍存在的电荷损失现象的表现，如图 10-4 所示。

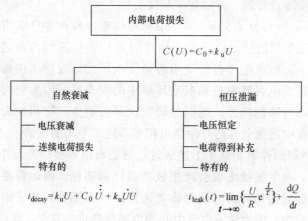

$$i_{decay} = k_u U + C_0 \dot{U} + k_u \dot{U} U \qquad i_{leak}(t) = \lim_{t \to \infty}\left\{\frac{U}{R}e^{\frac{t}{\tau}}\right\} + \frac{dQ}{dt}$$

图 10-4　超级电容器漏电的分类

图 10-4 把电荷损失量分为自然衰减、自放电或恒压泄漏。超级电容器被充至额定电压然后开路，会发生自放电现象。漏电流指的是当超级电容器单体被充电至额定电压并维持电压和电流恒定时，所测量的泄漏电流。图 10-5 为测量漏电流的示意图，图中包括了充电装置和监测设备。

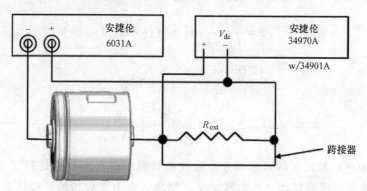

图 10-5　超级电容器漏电流测试

关于漏电流和自然衰减测试的详细讨论，详见 2.1 节。本节主要讨论电压对于超级电容器的影响。众所周知，温度越高，电荷就越容易发生泄漏。随着超级电容器使用时间的增加，漏电流逐渐成为一个与时间的平方根相关的常量。图 10-6 为温度对漏电流的影响示意图，温度越高，漏电流越高。电化学的活性随着温度的升高而增加，这与 Arrhenius 理论一致。

图 10-6 表明，电压为 2.7V 的单体在 0℃ （横坐标对应 3.66/K）时的漏电流为 10μA，−40℃ （横坐标对应 4.3/K）时降至 2μA 以下，在 60℃ （横坐标对应 3.0/K）增至 500μA。D 型系列超级电容器单体的最新制造标准是在室温下的漏电流不超过 0.85μA/ F。图 10-6 中，横坐标为室温时，满电压条件下的漏电流远低于 350F×0.85μA/F = 300μA。

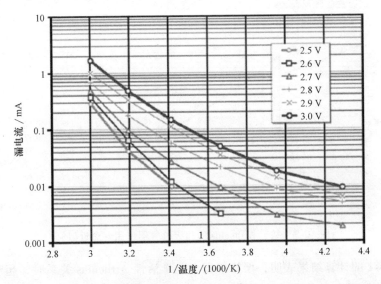

图 10-6　BCAP0350 单体漏电流与温度的关系（从左至右为 60～−40℃）

耐受力测试标准要求超级电容器单体在全电压热应力条件下的使用寿命为 1000h。这意味着 2.7V 的电容器单体在 65℃ 的条件下，在 1000h 的使用过程中电容值的损耗不能超过自身电容值的 20%，ESR 的提高量也不能高于 25%。在直流应用场合下，寿命试验要求在温度 25℃ 的条件下，使用寿命为 10 年 （87600h）。在直流应用场合的寿命测试中，电容值的下降量不能超过 20%，ESR 的增加不能超过初始值的 100%。

在参考文献 [1] 中，研究人员发现漏电流特性会激发出两种完全不同的活化能量 E_a，对于 D 型超级电容器单体，其值取决于温度状况。在低温环境，（0℃），$E_a = 0.22eV$，在较高的温度环境 （60℃）时，$E_a = 0.57eV$。通过代入 $A = \text{MSL}_0$，$B = -E_a/k$，其中 k 是玻耳兹曼常数 （8.62×10^{-5} eV/K），这样就可以把式 （10-2）扩展为式 （10-6），其中 MSL 是平均使用寿命。

$$\text{MSL}_x = SL_0 e^{-(E_a/k)[(1/T_0)-(1/T_x)]} \tag{10-6}$$

261

例 10-1：为了说明式（10-6）的意义并证明在超过温度范围便会产生不同类型的活化能量，计算活化能量条件下的平均使用寿命（MSL）。额定温度设为 $T_0 = 21℃$，以图表形式显示数据。

解：最直接的解题思路是把式（10-6）中的两种活化能量进行处理并绘制结果。图 10-7 显示了对数线性关系，从中可以看出穿越 0℃ 时斜率会变化。需要注意低温曲线与高温曲线在额定温度 T_0 处的交点，因为两者在这一点上指数是相同的。

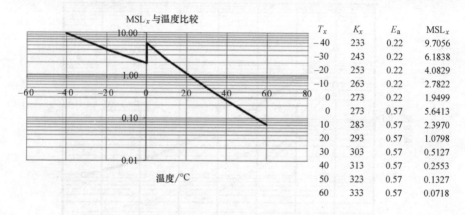

T_x	K_x	E_a	MSL_x
-40	233	0.22	9.7056
-30	243	0.22	6.1838
-20	253	0.22	4.0829
-10	263	0.22	2.7822
0	273	0.22	1.9499
0	273	0.57	5.6413
10	283	0.57	2.3970
20	293	0.57	1.0798
30	303	0.57	0.5127
40	313	0.57	0.2553
50	323	0.57	0.1327
60	333	0.57	0.0718

图 10-7 基于 Arrhenius 的超级电容器使用寿命近似值

例 10-1 的计算结果表明，严格依据电化学活性 Arrhenius 关系时，超级电容器在 0℃ 时的使用寿命会比 60℃ 下降两个数量级，这是因为在此温度范围内有较高的活化能量。在低温环境或把低温条件下的 E_a 放在 20℃ 的使用环境中，可以发现 MSL 将会改变一个数量级，这就是为什么低温条件下超级电容器的平均寿命比 0℃ 时的平均寿命增幅不大的原因。

式（10-2）中包含了依赖电压的因素，从而证明了在高温下超级电容器的寿命会高于依据 Arrhenius 关系得到的估算值。从长期的直流实验来看，乙腈溶剂型超级电容器的活化能量 $E_a = 0.5eV$，非常接近文献中提到的 $E_a = 0.57eV$。这两种情况下的实验数据表明，在活化能量相同的条件下，会具有一个单一的磨损机制管理使用寿命。

10.2 可靠性与使用寿命

理解组件或系统可靠性和使用寿命之间的区别是非常重要的。可靠性是质量问题的一个子集，定义如下[9]：

可靠性的定义是指一个产品在规定时间和条件下执行其预定功能且无故障的概率。该定义包含三个重要元素：预定功能、指定时间和规定条件。

讨论可靠性时，大多数工程师会想到常数故障率 λ 的指数分布函数，以及与指数可靠性函数关联的存活函数 $R(t)$，其分布特征如图 10-8 中的典型"浴盆"曲线所示。使用寿命指的是系统按照预定功能运行，一直到发生故障的这段时间。参数从 EOL 的初值下降了一定的百分比时，便可将其定义为故障。

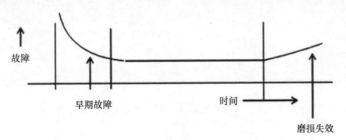

图 10-8　"浴盆"曲线代表了指数可靠性函数
早期失效期：故障率随着时间而降低；中间随机失效期：故障率不随时间变化；
磨损失效期：故障率随时间增加

下面的说明材料在参考文献［9-13］中有详细的解释，特别是参考文献［10，11］通过实验对 Maxwell 技术公司超级电容器的老化机制进行了深入分析。参考文献［12,13］对加速寿命试验和军事系统的应用案例进行了深入的研究。现在把注意力转移到可靠性的定义部分，我们先定义几个关键的量：

- 概率密度函数 pdf 或 $f(t)$。
- 累积分布函数 cdf 或 $F(t)$。
- 可靠性函数 $R(t)$，也被称为存活函数。
- 风险函数 $h(t)$，也被称为失败率，即单位时间内的失败次数。
- $h(t)$ 最常见的例子是图 10-8 所示的可靠性"浴盆"曲线。
- 累积风险函数 $H(t)$。
- 百分位数 t_p 是失败集群中出现一个指定分数 (p) 所需的时间。百分位数是累积分布函数 $F(t)$ 的反函数，因此 $t_p = F^{-1}(p)$。
- 平均无故障时间（MTTF）是不可修复产品的预期寿命 $E(t)$。
- 方差 Var(T) 是对寿命分布扩散程度的度量。

上述的参量和度量都会包含在可靠性函数中。我们采用正态分布 $N(\mu, \sigma)$ 来说明参量和它们的定义。任何一个有一定意义的函数，或者期望值 μ，方差 σ^2，都可以作为例子。应用实例可以是电压、循环、距离、驱动、电容等参量。这里我们选择汽车配电系统作为正态分布的研究案例。

例 10-2：汽车发电机调节器存在一个随温度变化的设置点，该点可以使汽车电池在任何环境下都保持浮充电压的状态。这个设置点可能不稳定，然而大规模制造和元件容差会造成汽车集群设置点呈现正态分布。汽车功率传动控制模块（PCM）将 PowerNet（电网/电气系统）调节到电压平均值为14.2V，而且不同等级的标准差调整都会产生产品公差。图 10-9 给出了此条件下的正态分布，其中 pdf 被定义为

$$f(U) = \frac{\mathrm{d}F(U)}{\mathrm{d}U} = \frac{1}{\sqrt{2\pi}\sigma} e^{(U-\mu)^2/2\sigma^2}, -\infty < U < \infty \qquad (10\text{-}7)$$

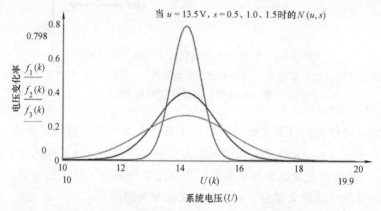

图 10-9　PowerNet 设置点不同标准差等级下（$\sigma = 0.5$ 曲线幅度为 0.8，$\sigma = 1.0$ 曲线幅度为 0.4，$\sigma = 1.5$ 曲线幅度小于 0.3）的正态或高斯函数 $N(14.2, \sigma)$

式（10-7）确定的累积分布函数 $F(U)$ 是与调节电压设置点（见图 10-10）有关的集群片段。这并不代表失效，而是为了维持汽车辅助设备及配件的正常运行，在设计点上的方差不能过高。从图 10-9 可以看出这里标准差 $\sigma < 0.5$ 是非常理想的。

$$F(U) = \int_{-\infty}^{\infty} f(\xi)\mathrm{d}\xi = \frac{1}{2} - \mathrm{erf}\left(\frac{U-\mu}{\sigma}\right) \qquad (10\text{-}8)$$

接下来，考虑系统电压变化对汽车头部车灯的影响，根据公式 $P_{lamp} = P_0 (U_{lamp}/U_0)^\alpha$，$\alpha$ 约为 1.6，可以看出灯泡功率可以度量照明能力。这样，与 PowerNet 电压设置点有关的灯泡电压的微小变化将对用于照明的灯泡寿命产生重大影响。式（10-9）给出的可靠性函数 $R(U)$ 如图 10-11 所示，该图可以看成有 PowerNet 高电压设置点的汽车集群部分。PowerNet 电压设定点高于平均值的车辆的白炽灯更容易发生早期故障；因此，运行在这个点以上的车灯可以被称作为

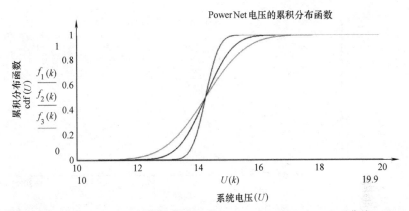

图 10-10　PowerNet 电压的累计分布函数，$U_0 = \mu = 14.2V$ （$\sigma = 0.5$ 曲线，F_1，
坡度最陡；$\sigma = 1.0$ 曲线，F_2，坡度适中；$\sigma = 1.5$ 曲线，F_3，坡度平缓）

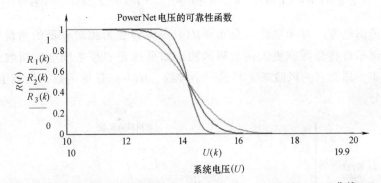

图 10-11　PowerNet 电压的累积分布函数，$U_0 = \mu = 14.2V$ （$\sigma = 0.5$ 曲线，R_1，
坡度最陡；$\sigma = 1.0$ 曲线，R_2，坡度适中；$\sigma = 1.5$ 曲线，R_3，坡度平缓）

"幸存者"，这些"幸存者"极有可能会发生故障。

$$R(U) = 1 - F(U) = \frac{1}{2} - \frac{1}{2}\mathrm{erf}\left(\frac{U-\mu}{\sigma}\right) \tag{10-9}$$

正态分布函数中的风险函数 $h(U)$，表明了故障与时间的关系 ［见式
(10-10)］。对于 PowerNet 的算例和例中的汽车头部车灯，可对风险函数进行如下
解释：其作为与设置点电压 U_0（见图 10-12）相关的指标，能够对车灯故障出现
的快慢进行度量。

$$h(U) = \lim_{\Delta\mu \to 0} \frac{P(u < U \leqslant u + \Delta u \mid_{U>u})}{\Delta u} = \frac{1}{R(U)}\left[\frac{\mathrm{d}R(U)}{\mathrm{d}U}\right]$$

$$= \frac{f(U)}{R(U)} = \frac{f(U)}{(1/2) - (1/2)\mathrm{erf}[(U-\mu)/\sigma]} \tag{10-10}$$

累积风险函数 $H(U)$，可以表示系统电压的变化率，即 U 相对于设置点电压的
值。具有最小标准差（本例中 $\sigma = 0.5$）的系统电压，当它最接近平均值时，累积

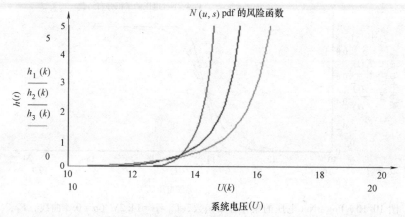

图 10-12　PowerNet 的风险函数，$U_0 = \mu = 14.2\text{V}$（$\sigma = 0.5$ 曲线，h_1，
位于左面；$\sigma = 1.0$ 曲线，h_2，位于中间；$\sigma = 1.5$ 曲线，h_3，位于右面）

风险函数的值是零。对于更广的分布，$H(U)$ 将转变为相对较低的系统电压，此时汽车头部车灯将会面临更大的故障风险。如果选定的是系统电压指数分布而不是正态分布，那么它的风险率 λ 将是一个常数，$H(U)$ 是增函数，类似于图 10-13 的线性部分。

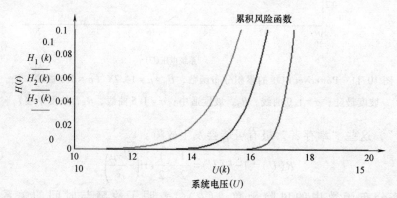

图 10-13　PowerNet 电压的风险函数，$U_0 = \mu = 14.2\text{V}$（$\sigma = 0.5$ 曲线，H_1，位于右面；
$\sigma = 1.0$ 曲线，H_2，位于中间；$\sigma = 1.5$ 曲线，H_3，位于左面）

一般情况，$H(t)$ 的函数值表示故障率 $h(t)$ 是否为递增失效率（IFR）、恒定失效率（CFR）或下降失效率（DFR）。这些指标对于系统的维修是非常重要的，但此专题不在本书研究范围之内。

现在用较为常见的概率分布函数和可靠性指标对可靠性进行总结。可靠性函数包括了如下函数：

- 指数函数。
- 正态函数。

- 对数正态函数。
- 威布尔函数。

10.2.1 可靠性指数函数

这种分布的主要特点是它的故障率是恒定失效率（CFR）。这意味着在未来小时间间隔内，可能发生的故障概率与时间无关。这就是所谓的无记忆特性。对于可靠性指数函数，外部冲击或意外的负载变化会造成随机故障。机械、热量或电冲击，都可以按照泊松过程建模。如果产品所受应力超过一定阈值，那么指数分布将不再适用，比如二极管、晶体管这些半导体器件的可靠性指数函数。而对于没有退化或物理机械磨损的设备，其可靠性指数函数还是适用的。对于那些由磨损而引起故障的器件，如机械部件或喷气发动机或电化学电容器或电池，威布尔函数更合适。

可靠性指数函数的可靠性指标可由式（10-11）~式（10-15）得到，其中 λ 是故障率或风险率，θ 是平均故障时间（MTTF），$\theta = 1/\lambda$。可靠性指数函数的累积分布函数，如下所示：

$$F(t) = 1 - e^{-\lambda t} \tag{10-11}$$

由可靠性指数函数的概率密度函数可以得出式（10-12）的累积函数导数。

$$f(t) = \frac{\mathrm{d}F(t)}{\mathrm{d}t} = \lambda e^{-\lambda t} \tag{10-12}$$

存活函数，或者称为指数形式的可靠性函数，也可被称为带有故障率的指数函数，如下所示：

$$R(t) = 1 - F(t) = \int_t^\infty f(\xi)\,\mathrm{d}\xi = e^{-\lambda t} \tag{10-13}$$

故障率，或者风险率，是指数概率密度函数与可靠性函数的比值，是一个常数，即

$$h(t) = \frac{f(t)}{R(t)} = \lambda \tag{10-14}$$

最后，指数形式的累计风险函数是根据恒定失效率、单位时间的故障率乘以时间［见式（10-15）］得到的，根据 $H(t)$ 的泰勒级数展开式可以看出累积风险函数是时间的增函数（IFR）。

$$H(t) = 1 - R(t) \approx \lambda t \tag{10-15}$$

10.2.2 正态可靠性函数

大多数的自然现象，比如人类群体的个体身高或产品零部件的公差都遵循高斯或正态分布。分布中的参量由式（10-16）~式（10-19）给出。

$$E\{f\} = \mu ; 期望值 \tag{10-16}$$

$$\mathrm{var}\{f\} = \sigma^2 ; 函数 f 的方差 \tag{10-17}$$

267

出期望值、方差的定义，可以得到在例 10-2 中需要的正态分布累积函数。累积分布 [见式 （10-18）] 经过微分，就可以得到概率密度函数 [见式 （10-19）]。

$$F(t) = \int_{-\infty}^{t} \frac{1}{\sqrt{2\pi}\,\sigma} e^{-[(\xi-u)/2\sigma^2]^2} d\xi \tag{10-18}$$

$$f(t) = \frac{1}{\sqrt{2\pi}\,\sigma} e^{-[(t-\mu)/2\sigma^2]^2} \tag{10-19}$$

正态分布的可靠性函数 $R(t)$ 和风险函数 $h(t)$ 分别由式 （10-9） 和式 （10-10） 给出，在汽车配电系统电压那一部分，将会对其进行讨论。这里我们讨论一个新的主题，在一组产品或设备的条件下，如果每一个单体都符合正态分布，那么它们是彼此相互独立的。因此，此类随机变量组合在一起便可以表示为整体的期望值和方差：

$$\mu = \sum_{i=1}^{N} \mu_i, \sigma = \sum_{i=1}^{N} \sigma_i \tag{10-20}$$

10.2.3 对数正态可靠性函数

从事质量分析的工程师对对数正态函数最为关心。例如，当对数正态分布中的风险函数开始下降 （DFR），这个现象就表明产品的质量保证期限即将结束。一旦结束，产品就会因磨损和正常老化而发生故障，也就意味着它们即将达到它们的最终寿命 （EOL）。

在本节中对对数正态分布可靠性函数做了定义，但并不十分详细，因为我们比较关心超级电容器的威布尔分布。对数正态可靠性函数的累积概率函数为

$$F(t) = \int_{-\infty}^{t} \frac{1}{\sqrt{2\pi}\,\sigma\xi} e^{-[(\ln\xi-\mu)/2\sigma^2]^2} d\xi = \varphi\left[\frac{\ln t - \mu}{\sigma}\right] \tag{10-21}$$

对数正态函数的期望值和方差由式 （10-22） 和式 （10-23） 给出：

$$E\{F\} = e^{(\mu+\sigma^2/2)} \tag{10-22}$$

$$\mathrm{var}\{F\} = e^{(2\mu+\sigma^2)}\left[e^{\sigma^2} - 1\right] \tag{10-23}$$

10.2.4 威布尔可靠性函数

威布尔分析法通过对产品操作周期、操作时间或产品被操作的次数进行分析，从而得出了一种简单的利用图形预测产品寿命的方法。汽车发动机、燃料电池或电池都可以采用这种方法进行寿命评估。威布尔图的横坐标代表寿命，纵坐标代表事件发生的概率。当产品的故障数据点被表示为威布尔图时，表示数据的直线与事件发生概率为 63.2% 的曲线相交，得到特征寿命 α，它的斜率是形状因子 β。威布尔分析的优点之一在于即便是非常小的数据样本，也可以根据它得到有用的数据。威布尔形状参数是用来确定威布尔故障分布族的哪个成员与故障数据最为匹配。对于一组给定的故障数据，即使只有 7 或 13 个数据点，也可以对其形状参数进行估计。依据不同 β 值的概率分布函数，可得到如下结论：

- $\beta = 0.5$，表示由于老化不足、不正确装配以及其他一些质量问题造成的早期故障。
- $\beta = 1.0$，表示不依赖时间的随机故障（即指数分布函数）。这些故障是由于维护错误、电子故障，或由它们共同造成的问题。
- $\beta = 3.0$，表明是早期磨损。例如，低循环疲劳失效。
- $\beta = 6.0$ 或更高的值，则代表可以通过迅速退化的使用寿命得到使用时间和磨损失效的值。

这里还有另外两个有用而且唯一的形状参数：

- $\beta = 2.0$ 是瑞利概率分布函数，用来量化风力机发电系统的风速。世界上大多数风电机组的风速都呈现为 $1.5 < \beta < 2.5$ 的威布尔分布，因此 $\beta = 2.0$ 是具有代表性并且很常用的。
- $\beta = 3.44$ 近似于高斯或正态概率分布函数。

此外，通过威布尔分布可以确定故障位置。例如，形状因子 β_1 表示群体中 1% 失效时的预期寿命。第二个参数 α，表示特征寿命或比例因子，出现在分布的 63.2 百分位处（威布尔分析水平虚线上）。β 坡线与 63.2 百分位相交的一点即为特征寿命。

威布尔[12]在 1951 年把标志分析图应用于课题研究中。他声称这种分布可适用于多种问题的研究。从钢的屈变力到不列颠群岛成年男子的体型，他列举了很多例子。威布尔分布的应用实例包括：

- 项目工程师在设备使用六周后报告有一个元件发生三次故障。项目经理问："预测未来三个月，半年乃至一年会有多少次故障？"利用威布尔可靠性分布函数可以回答这个问题，即便只有很少的采样点。
- 某汽车公司的首席项目工程师来电咨询："已知他们有两年或三年的交货时间，那么在一个特定的项目中需要订购多少备件。在三到五年的时间里，预测逐月返回仓库的发动机模块的数量是多少？"
- 某汽车公司的项目经理来电咨询："如果通过技术更改指令消除了现有的故障模式，需要测试多少个单元，每个单元需要测试多少小时才可以证明有 90% 的把握已经把旧的故障模式消除？"

对于威布尔可靠性分布函数，式（10-24）~ 式（10-28）分别描述了累积分布函数 cdf、概率密度函数 pdf、可靠性或存活函数 $R(t)$、风险或故障率函数 $h(t)$，以及累积风险函数 $H(t)$。

$$F(t) = 1 - e^{-(t/\alpha)^{\beta}} \tag{10-24}$$

$$f(t) = \frac{\beta}{\alpha^{\beta}} t^{\beta-1} e^{-(t/\alpha)^{\beta}} \tag{10-25}$$

$$R(t) = e^{-(t/\alpha)^\beta} \tag{10-26}$$

$$h(t) = \frac{\beta}{\alpha}\left(\frac{t}{\alpha}\right)^{\beta-1} \tag{10-27}$$

$$H(t) = \left(\frac{t}{\alpha}\right)^\beta \tag{10-28}$$

例10-3： 将式 （10-23） 改写为带有比例因子 c 和形状因子 k 的瑞利分布函数， 其中 pdf 以速度形式 h （v） 给出。 也就是说， 短时间内风速介于 v 和 $v+$ dv 之间。 其中比例因子 c 代表了高风速所占的比例。

解： 用风速概率分布函数的比例和形状因子替换式 （10-23） 中的斜率和特征寿命参数：

$$h(v) = \frac{k}{c}\left(\frac{v}{c}\right)^{k-1} e^{-(v/c)^k}; 0 \leqslant v < \infty \tag{10-29}$$

然后在式 （10-29） 中设定 $k = 2.0$ 并化简为

$$h(v) = \frac{2}{c}\left(\frac{v}{c}\right) e^{-(v/c)^2} \tag{10-30}$$

在这里， 式 （10-30） 是常见测风塔的风速瑞利分布。

在固定比例因子 $\alpha = 2200h$ 条件下， 通过对一组形状因子 $\beta = 0.5$、 1.0、 3.0、 6.0 的威布尔 pdf 进行比较 ， 如图 10-14 所示。

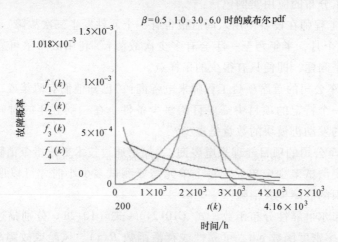

图 10-14　$\alpha = 2200h$ 和一系列形状因子条件下的威布尔 pdf 示意图
（$\beta = 0.5$ 最低指数， 1.0 线性指数， 3.0 和 6.0 最高幅度）

碳-碳超级电容器的特征寿命 $\alpha = 1183h$， 形状因子 $\beta = 15.7$， 图 10-15 中给出了

pdf 和寿命的示意图。

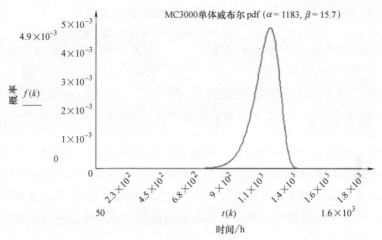

图 10-15　典型超级电容器的威布尔 pdf

图 10-16 表示了 $R(t)$ 具有上述特征寿命和形状因子的超级电容器单体的可靠性函数。在这种情况下，可以很明显地看出如果特征寿命为 1183h，所有单元的使用寿命 t 约为 900h，但 $t=1350h$ 时，几乎所有单体都会发生故障。

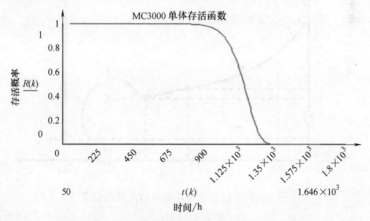

图 10-16　典型超级电容器单体的威布尔存活函数

概率密度函数和可靠性函数十分恰当地描述了超级电容器的可靠性。接下来的部分，我们论述的重点将转移到平均使用寿命（MSL）上。

10.3　平均使用寿命

平均使用寿命（MSL）可以被定义为，组件或产品在特定条件下按照预定功能运行的时间。当某一部件的某些参数在某一个时间点超出其允许的容差，那么就将其视为不合格的产品。对于超级电容器，故障的定义可以是电容下降到阈值以下或 ESR_{dc} 增加至阈值以上。超级电容器的阈值定义包括：

- 与初始值相比，电容值下降了 25%。初始值是组件规定的最小电容值，与产品的平均电容值不同。
- 电阻 ESR_{dc}，比初始值增加了 100%。对于 ESR_{dc}（等效直流串联电阻），这意味着初始值或可允许的最大值增加了 100%。

在对平均使用寿命的推导中，选择超级电容器电容值的下降作为估算的依据。一般规定平均电容值可以是额定电容的+20%/-0%。这意味着 Maxwell K2 3000F 单体的初始电容值是 3000F，平均值为 3300F。这一结论非常重要，因为随着电容值下降，图 10-17 所示钟形线的集群分布将会沿电容衰减曲线下降，只有其方差会适度地增加。

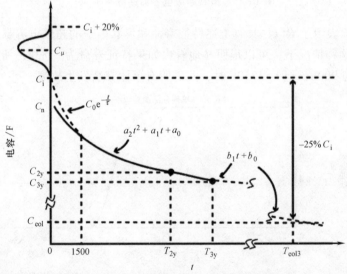

图 10-17　超级电容器电容值衰减的定义

由图 10-17 可以得出以下三个结论：

1）初始电容迅速衰减，并在使用 1500h 后成倍减少。

2）在使用寿命的初始阶段，超级电容器持续使用 2 年后，电容值按二次方下降。

3）在使用寿命的最后阶段，电容的下降呈现出明显的线性，直至达到 EOL 阈值。

基于这些论述可以得出结论，MSL 是一种严格的限制故障的方法，不用去考虑材料、工艺、生产缺陷及其相关的故障。此类故障仍然符合上述威布尔统计，建议读者阅读参考文献 [10,11]，以便加深理解。在已知电压和温度应力的条件下，MSL 是一种预测使用寿命的工具。如本章前面的例子所示，许多寿命估算方法强烈依赖于 Arrhenius 寿命估算法，这种方法适用于在一定温度应力条件下，且具有电化学活化能的组件。更精确的电解电容器寿命估算方法是通过 Arrhenius-Eyring 方法把电压应力考虑在内，从而修改了基本的 Arrhenius 方法。在实际中这种方法应用于超级电容器的寿命预测，但当电压和温度应力同时存在时就会出现误差。电压和温度达到其额定值时，这一误差会更加明显，过载时则情况更糟。

超级电容器的耐受力规格是一个很恰当的例子。耐受力指的是在最大电压和温度应力下的寿命长度。通常在这样条件下的耐受力约为 1500h，而且在这段时间内电容值的衰减不超过 20%。实际应用中，这个数值被修订为 25%，如图 10-17 所示。实验中要求对超级电容器组进行长时间的测试，每个组由数个单元构成，进行规定的电压和温度应力测试。超级电容器组中一半在额定条件以内进行测试，另一半在额定条件以外测试。由于实际的数据简化方法和实验结果属于生产厂家的机密，我们不在这本书中讨论。在这里我们使用测试结果来建立 MSL 估算方法。

额定应力被定义为温度-电压的组合 $(U_0, T_0) = (2.3\text{V}, 40℃)$。设使用寿命在 MSL_0 处，MSL_x 为测试点，根据 Arrhenius-Eyring 方法以及 Prokopowitz 和 Vaskas 在参考文献 [14] 中的表示方式可以得出：

$$\ln(\text{MSL}_x) = \ln(\text{MSL}_0) - \frac{E_a}{k}\left(\frac{1}{T_0} - \frac{1}{T_x}\right) - \ln\left(\frac{U_x}{U_0}\right)^n \qquad (10\text{-}31)$$

根据式（10-31），平均使用寿命的对数是额定点的 MSL 减去 Arrhenius，再减去电压应力后得到的值。将式（10-31）中指数形式的结果写为更一般的形式：

$$\text{MSL}_x = \text{MSL}(U_x, T_x) = \text{MSL}(U_0, T_0)\, e^{-(E_a/k)[(1/T_0)-(1/T_x)]}\, e^{-n\ln(U_x/U_0)} \quad (10\text{-}32)$$

$$\text{MSL}_x = \text{MSL}(U_x, T_x) = \text{MSL}(U_0, T_0)\left(\frac{U_x}{U_0}\right)^{-n} e^{-(E_a/k)[(1/T_0)-(1/T_x)]} \qquad (10\text{-}33)$$

针对 Maxwell 技术公司大型超级电容器单体，式（10-33）中的系数分别为

- $E_a = 0.5\text{eV}$，典型电化学电容器的活化能。
- $k = 8.62 \times 10^{-5}\text{eV/K}$，玻耳兹曼常数。
- $n = 0.6$，电压幂律指数。

通过长期实验工作，我们发现式（10-33）不能对超级电容器做出准确的寿命估计。如果对 Prokopowitz-Vaskas 方法进行修改，使其包含电压和温度应力的交叉耦合，那么误差将会减少。采取这种方法时，式（10-31）添加了一个额外的系数，同时还包含了电压和温度应力等级的幂律交叉耦合因数。

$$\ln(\mathrm{MSL}_x) = \ln(\mathrm{MSL}_0) - \frac{E_a}{k}\left(\frac{1}{T_0} - \frac{1}{T_x}\right) - \ln\left(\frac{U_x}{U_0}\right)^n - D\left(\frac{U_x}{U_0}\right)^m\left(\frac{T_x}{T_0}\right)^\beta \tag{10-34}$$

对于包含电压和温度应力交叉耦合因数方程的修改方法，可以将式（10-34）转换为指数形式：

$$\mathrm{MSL}(U_x, T_x) = \mathrm{MSL}(U_0, T_0)\left(\frac{U_x}{U_0}\right)^{-n} e^{-(E_a/k)[(1/T_0)-(1/T_x)]} e^{-m(U_x/U_0)^\alpha (T_x/T_0)^\beta}$$

$$\tag{10-35}$$

作为交叉耦合项的结果，式（10-33）添加的系数不再保留，而且考虑应力交叉耦合作用时，必须对系数进行重新调整。因此，在对超级电容器单体寿命进行精确估计时，所需式（10-35）中的系数分别为

- $E_a = 0.3\,\mathrm{eV}$，典型电化学电容器的活化能。
- $k = 8.62 \times 10^{-5}\,\mathrm{eV/K}$，玻耳兹曼常数。
- $n = 0.6$，电压的幂律指数。
- $m = 0.023$，交叉耦合因子的增益。
- $\alpha = 16$，电压因数幂律系数。
- $\beta = 17$，温度因数幂律系数。

图 10-18 是在 1.9~2.9V 的电压范围内，超级电容器单体随温度变化的平均使用寿命预测结果。在此图中，额定点（2.3 V，40℃）位于顶部的第二条预测曲线上。

如图 10-18 所示，式（10-35）建模所用的数据是直流寿命测试数据，对这组

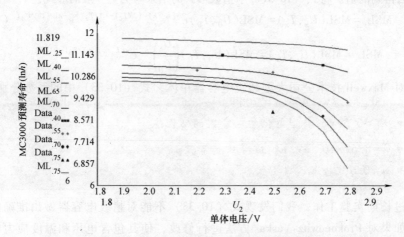

图 10-18　在电池电压和温度应力下超级电容器的 MSL 示意图

数据进行连续 3 年的实验，或者在规定的压力条件下进行 30000h 的实验。可以发现，式（10-35）对 8 级应力下测试数据的处理结果已经非常精确，除了一组单体的温度超过了 75℃（这一温度远远超过了运行范围）。因此，即便有交叉耦合应力，这种超温运行模式也不能观测到电容值的快速衰减。这是因为在未建模的条件下，电容值的衰减要比预测中的快。下面的例子将对图 10-18 中的方法进行说明。

例 10-4：给定 $MSL_0 = 70000h$，$\ln(MSL_0) = 11.156$，计算在温度为 40℃，电压升至 2.7V 时的使用寿命。

解：直接应用式（10-35），温度没有发生变化，仅有电压应力的影响。运行电压从 $U_0 = 2.3V$ 升到 $U_x = 2.7V$ 时，预测寿命变为

$$MSL(U_x, T_x) = MSL(U_0, T_0)\left(\frac{U_x}{U_0}\right)^{-n} e^{-(E_a/k)\left[(1/T_0)-(1/T_x)\right]} e^{-m(U_x/U_0)^{\alpha}(T_x/T_0)^{\beta}}$$

$$= 70000(1) e^{-0.023(2.7/2.3)^{16}} = 47128h$$

或写成 MSL_x 的自然对数形式，$\ln(MSL_x) = 10.761$。

根据图 10-18，可以看出 $MSL = 10.741$ 时，这个结果非常接近数据点 (2.7，40)。降低的数值为 $1-(0.908)(0.7415) = 1-0.6733 = 0.327$。温度为 40℃ 时，当运行电压从 2.3V 升至 2.7V 时，寿命将减少 32.7%。

在其他条件相同时，读者可以通过练习 10.5 看出温度的升高与寿命的关系。可以看出电压升高 17%，寿命大概减少 33%。温度升高 37%，额定电压为 2.3V 的条件下，寿命将减少 43%。温度不变，电压变为 2.7V 时，例 10-4 中的寿命将从 47128h 减少到 19489h，超过了 58%。这说明交叉耦合参数的必要性，同时还可以看出温度和电压应力在极端状况下，共同作用所引起的寿命下降比任意一者单独作用时的下降都要明显。总结：

- MSL（2.3V，40℃）= 70000h→MSL（2.7V，40℃）= 47128h，寿命下降 32.7%。

- MSL（2.3V，40℃）= 70000h→MSL（2.3V，55℃）= 39993h，寿命下降 42.9%。

- MSL（2.7V，40℃）= 47128h→MSL（2.7V，55℃）= 19489h，寿命下降 58.6%。

10.4 综合循环寿命测试

超级电容器的使用寿命在温度或电压应力的条件下会下降，10.3 节中根据直

流寿命得到的估计寿命在循环模式下也有同样的问题。当超级电容器进行循环充放电时，依据外加电流产生的电荷转移，电压会在额定值和额定值的一半之间波动。循环状态下的电压不再是一个固定的值，在每个电压等级上的持续时间也不相同。就如式（10-35）所示，现实条件中的使用寿命可能更为复杂。所受到的应力不再是一个稳定值，而是频繁变化。

下面用一个实例来说明实际运行条件下的寿命估算方法。针对一辆运行在固定路线上的混合动力电动公交车，这辆公交车每天倒两班，每周工作6天，包括节假日内每年停运维护的时间只有8天。一年的环境温度以统计表的形式给出，超级电容器模块封装在某个可以通过环境空气进行冷却的区域。没有施加额外的超限压力。下面让我们看看这个例子。

例 10-5： 混合动力电动公交车运行时间为

$$T = (2/3天)(24h/天)(6天/周)(51周/年) = 4896h/年$$

超级电容器模块非活跃时间为3864h/年，占总时间的44%。车辆运行时每天需要起停200次，即16h充放电200次，每次平均240s。超级电容器充放电期间的电压可以视为梯形波，摆幅为0.35pu，介于$0.6U_{mx}$和$0.95U_{mx}$之间。图10-19为电压振幅和年度环境温度偏差示意图。寿命估算过程中的电压偏移见表10-1，温度偏差见表10-2。

解： 解题方法是通过图形处理以量化电压和温度范围，然后进行分析。

表 10-1 亚利桑那州凤凰城的公交车的电压数据

单体电压/V	通电时间百分比（%）	年度接通电压时间百分比（%）
2.6	34.7	20
2.1	28	15
1.6	37.3	21
0		44
总计	100	100

表 10-2 亚利桑那州凤凰城的温度直方图数据

温度/℃	估计小时 $T(t)$/h	一定温度下的时间百分比（%）	一定温度下的年度时间百分比（%）
−5→0	0	0	
0→5	154	1.76	10.6（5℃）
5→10	775	8.8	
10→15	1547	17.1	78（25℃）
15→20	1358	15.5	
20→25	1246	14.2	
25→30	1519	17.4	
30→35	1246	14.2	

（续）

温度/℃	估计小时 $T(t)$/h	一定温度下的 时间百分比（%）	一定温度下的 年度时间百分比（%）
35→40	789	9.0	10.4（40℃）
40→45	120	1.37	
>45	6	0.068	1
总小时数	8760	100	100

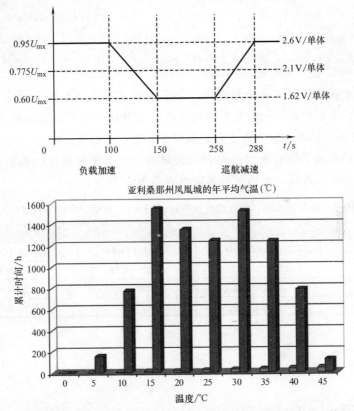

图 10-19　超级电容器模块的电压振幅和混合动力电动公交车的环境温度

　　为了使 MSL 的综合分析易于处理，电压时间百分比被划分为四档，年均气温被划分为三档，而且 45℃ 以上，小于 1% 的部分已被忽略掉，这意味着必须用式（10-35）计算 12 次才可以得到 MSL。已知 MSL 在 1.9V 以下的电压应力条件下，会发生些许变化，两个最低的电压应力共同作用 65% 的时间，每个单体 1.3V。表 10-2 所示的温度为环境温度，公交车中的超级电容器单体在通过环境空气进行冷却的条件下运行。因此，作为本例的近似运算，单体核心温度比环境温度高 5℃，在下述三个温度条件下进行分析计算：10℃，30℃，45℃。由此，可以确定电容值为 3000F 的大型超级电容器单体的解决方案。

- 10.6%的时间，20%的电压，MSL（2.6V，10℃）= 200007h→0.021。
- 78%的时间，15%的电压，MSL（2.1V，10℃）= 228661h→0.0159。
- 10.4%的时间，65%的电压，MSL（1.3V，10℃）= 252205h→0.069。
- 10.6%的时间，20%的电压，MSL（2.6V，30℃）= 84542h→0.156。
- 78%的时间，15%的电压，MSL（2.1V，30℃）= 101722h→0.117。
- 10.4%的时间，65%的电压，MSL（1.3V，30℃）= 111972h→0.507。
- 10.6%的时间，20%的电压，MSL（2.6V，45℃）= 43608h→0.021。
- 78%的时间，15%的电压，MSL（2.1V，45℃）= 54176h→0.0156。
- 10.4%的时间，65%的电压，MSL（1.3V，45℃）= 65120h→0.0676。

如果把上述结果写入一个矩阵中，那么会得到非常清晰的九个应力点。在上面的列表中，每行的最后一项是单位时间内，与 MSL 值对应的温度和电压。

表 10-3 是一组基本的应力点和权重因子。接下来通过运用表 10-3 中的应力点和权重因子的调和平均数来讨论混合动力电动公交车中超级电容器组的平均使用寿命，以及在给定条件和应力下的超级电容器 MSL 值。

表 10-3 由应力水平、复合应力水平的时间（h）和估计寿命所构成的矩阵

温度	应力标幺值矩阵		
45℃	0.0676(65120)	0.0156(54176)	0.021(43608)
30℃	0.507(111972)	0.117(101722)	0.156(84542)
10℃	0.069(252205)	0.0159(228661)	0.021(200007)
电压	1.3V	2.1V	2.6V

$$MSL_{comp} = \frac{1}{\sum\limits_{i=1}^{9}(W_i/MSL_i)} \qquad (10\text{-}36)$$

$$MSL_{comp} = \frac{1}{\begin{array}{l}(0.0676/65120)+(0.0156/54176)+(0.021/43608)+\\(0.507/111972)+(0.117/101722)+(0.156/84542)+\\(0.069/252205)+(0.0159/228661)+(0.021/200007)\end{array}} \qquad (10\text{-}37)$$

$$MSL_{comp} = \frac{10^6}{\begin{array}{l}1.038+0.2879+0.4816+4.528+1.1502+\\1.845+0.2736+0.0695+0.105\end{array}} = \frac{10^6}{9.7788} = 102262h \qquad (10\text{-}38)$$

最后的结果如式（10-38）所示，在指定循环模式和年度温度影响条件下，混合动力电动公交车的超级电容器组的预期寿命是 102262h，或 11.67 年。这是在实

际的电压和温度条件下，超级电容器单体损耗 25% 之前对其使用寿命的预测。

例 10-5 可以在电压和温度档中选更小的值以便满足对精度的需求，但最后得出的结论是相同的：综合平均使用寿命可以通过电压作用时间和温度作用时间进行评估，在写这本书的时候，许多实验同时还在研究功率变换器的纹波电流对超级电容器参数品质下降和长期使用寿命[15]的影响。在考虑现代功率变换器、逆变器以及直流链上的聚合物薄膜纹波滤波电容器时，上述测试的必要性是显而易见的。这些滤波元件可以滤除大部分的直流纹波，但并不是所有。功率变换器纹波电流会流过电池、超级电容器或由超级电容器和电池组成的混合储能系统，从而给混合动力系统带来负面影响，因此插电式混合动力电动车和电池电动车仍然是一项值得研究的课题。

练　　习

10.1　利用式（10-30）风速的瑞利分布函数，（a）计算平均风速 V_0；（b）求 $h(v)$。

答案：（a）$V_0 = \int_0^\infty \xi h(\xi) \, \mathrm{d}\xi = \frac{2}{c^2} \int_0^\infty \xi^2 \mathrm{e}^{-(\xi/c)^2} \, \mathrm{d}\xi$

利用风速比例因子 c 求 V_0：

$$c = \frac{2}{\sqrt{\pi}} V_0; \quad V_0 = \frac{\sqrt{\pi}}{2} c$$

（b）把 c 值代入式（10-30），得到：

$$h(v) = \frac{\pi}{2} \left(\frac{v}{V_0} \right) \mathrm{e}^{-(\pi/4)} \, \mathrm{e}^{-(v/V_0)^2} = 0.72 \frac{v}{v_0} \mathrm{e}^{-(v/V_0)^2}$$

10.2　回到练习 10.1（a），瑞利分布函数的比例因子和风速的计算平均值之间的相对关系是怎样的？

答案：$V_0 = 0.88c$，或一阶系统中，在瑞利分布函数中的平均风速为瑞利分布函数的比例因子。

10.3　用图 10-16 和式（10-25），在 10% 的单元都已发生故障的条件下，计算可靠性函数 R_{90}，给定如图 10-16 所推导的特征时间和斜率因数。

答案：$R_{90} = 0.90 = \mathrm{e}^{-(t/\alpha)^\beta}$；$\frac{t}{\alpha} = \sqrt[\beta]{-\ln R_{90}}$；$t = 0.8665\alpha = 1025\mathrm{h}$。

10.4 有一类碳-碳超级电容器也符合威布尔可靠性统计，其形状因子 $\beta = 5$，当 $t = 105000h$ 时，存活水平为 R_{10}。若要求在 63% 的故障概率以前寿命为 10 年，求这批超级电容器的特征寿命。

答案：按照练习 10.3 中的思路可得：

$$R_{10} = 0.10 ; \alpha = \frac{t}{\sqrt[\beta]{-\ln R_{10}}} = \frac{105000}{\sqrt[5]{-\ln 0.1}} = 88870h，或 10 年。$$

10.5 假定例 10-4 的温度从额定点 （2.3V，40℃） 升高 33% 到 （2.3V，55℃），比较单体运行电压升高 33% 时，两种情况下的寿命下降值。$MSL_0 = 70000h$，所有系数同练习 10.4。

答案： $MSL(U_x, T_x) = MSL(U_0, T_0) \left(\dfrac{U_x}{U_0} \right)^{-n} e^{-(E_a/k)[(1/T_0)-(1/T_x)]} e^{-m(U_x/U_0)^\alpha (T_x/T_0)^\beta}$

代入系数和数值：

$$MSL(2.3, 55) = MSL_0 \left(\frac{2.3}{2.3} \right)^{-0.6} e^{-0.023(2.3/2.3)^{16}(328/313)^{17}} e^{-3480[(1/313)-(1/328)]}$$

$$= 70000(0.95)(0.6014) = 39993h$$

$\ln(MSL_x) = 0.596$，而测试组的数据点是 10.586，两者十分吻合。33% 的温度上升导致了 42.9% 的寿命下降，这比电压上升 33% 的下降要明显。

10.6 当 9 个 MSL_x 的值以对数形式给出时，写出与式 （10-37） 同样的结果。

答案： $\ln(MSL_{comp}) = \dfrac{1}{\begin{array}{l}(0.0676/11.084)+(0.0156/10.899)+(0.021/10.683)+ \\ (0.507/11.626)+(0.117/11.530)+(0.156/11.345)+ \\ (0.069/12.438)+(0.0159/12.339)+(0.021/12.206)\end{array}}$

$$= \frac{10^3}{85.55} = 11.688$$

因此，$\exp(11.688) = 119216h$，与四舍五入的结果十分接近。

参 考 文 献

1. R. Kotz, M. Hahn, R. Gallay, 'Temperature behavior and impedance fundamentals of supercapacitors', *Journal of Power Sources*, vol. 154, pp. 550–55, 2006

2. H. Gualous, H. Louahlia-Gualous, R. Gallay, A. Miraoui, 'Supercapacitor thermal modeling and characterization in transient state for industrial applications', *IEEE Transactions on Industry Applications*, vol. 45, no. 3, pp. 1035–44, 2009

3. V. Anand Sankaran, F.L. Rees, C.S. Avant, 'Electrolytic capacitor life testing and prediction', *IEEE 32nd Industry Applications Society Annual Meeting*, Sheraton Hotel, New Orleans, LA, vol. 2, pp. 1058–65, 5–9 October 1997

4. V. Anand Sankaran, C. Chen, C.S. Avant, X. Xu, 'Power cycling reliability of IGBT modules', *IEEE 32nd Industry Applications Society Annual Meeting*, Sheraton Hotel, New Orleans, LA, vol. 2, pp. 1222–27, 5–9 October 1997

5. J.R. Miller, I. Goltser, S. Butler, 'Electrochemical capacitor life predictions using accelerated test methods', *Proceedings of the 42nd Power Sources Conference*, Philadelphia, PA, pp. 581–4, 12–14 June 2006

6. O. Briat, W. Lajnef, J-M. Vinassa, E. Woirgard, 'Power cycling tests for accelerated ageing of ultracapacitors', *Microelectronics Reliability* vol. 46, pp. 1445–50, 2006

7. T. Kawaji, A. Okazaki, 'Reliability evaluation for electric double layer capacitor', *The 23rd International Battery, Hybrid and Fuel Cell Electric Vehicle Symposium*, EVS23, Anaheim, CA, 2–5 December 2007

8. J-Y. Kim, S-J. Jang, B-K. Lee, C-Y. Won, C-M. Lee, 'A calculation of predicting the expected life of super-capacitor following current pattern of railway vehicles', *The IEEE 7th International Conference on Power Electronics, ICPE2007*, Daegu Conference Center, Daegu, Korea, pp. 978–83, 22–26 October 2007

9. G. Yang, *Life Cycle Reliability Engineering*, John Wiley & Sons, Inc., Hoboken, NJ, 2007

10. J.R. Miller, 'Reliability assessment and engineering of electrochemical capacitors', *The 18th International Seminar on Double Layer Capacitors and Hybrid Energy Storage Devices*, Embassy Suites Deerfield Beach, Deerfield Beach, FL, 8–10 December 2008, invited tutorial

11. J.R. Miller, A.D. Klementov, S. Butler, 'Reliability investigation of 3000F Maxwell electrochemical capacitor cells', *The 18th International Seminar on Double Layer Capacitors and Hybrid Energy Storage Devices*, Embassy Suites Deerfield Beach, Deerfield Beach, FL, 8–10 December 2008

12. R.B. Abernethy, J.E. Breneman, C.H. Medlin, G.L. Reinman, *Weibull Analysis Handbook*, Pratt and Whitney, West Palm Beach, FL. Government Products. Report supplied by Storming Media, now out of print. November 1983

13. W. Nelson, *Accelerated Testing: Statistical Models, Test Plans, and Data Analysis*, Wiley-Interscience Publication, New York, 1990

14. T.I. Prokopowitz, A.R. Vaskas, *Research and Development Intrinsic Reliability, Subminiature Ceramic Capacitors*, Final report, ECOM-9075-F, NTIS A0-864068, 1969

15. J.M. Miller, P.J. McCleer, 'Electrical and thermal investigation of power electronic converter ripple current on the ultracapacitor', *The 20th International Seminar on Double Layer Capacitors and Hybrid Energy Storage Devices*, Embassy Suites Deerfield Beach Hotel, Deerfield Beach, FL, 6–8 December 2010

第11章 滥用容限

本章的研究重点是超级电容器的滥用。什么条件会构成超级电容器的滥用呢？答案是以下因素的一种或其组合：电压，温度，振动，冲击，极端电流（如短路和极性反向）。马里兰州海军水面作战中心（NSWC）Caderock 师的 Clinton Winchester，在参考文献［1］中展示了在海军装备中，超级电容器和电池在过电压和过热滥用测试中的实验结果。这个测试说明了这些单体不得不滥用的原因。通过这个滥用测试，我们可以很好地引入本章的主题。

参考文献［1］中的滥用测试，采用的是 Maxwell 技术公司 3000F 超级电容器单体。图 11-1 说明了对该单体进行实验之前需要进行的准备工作。首先，用导热胶带包裹该单体，将热电偶连接在单体中心和接线柱上。其次，将单体覆盖绝热层，用来隔绝与周围环境的热交换。最后将单体连接到实验仪器上。在此之后，开始测试，并使用数据采集设备对电气和热响应数据进行测量和记录。

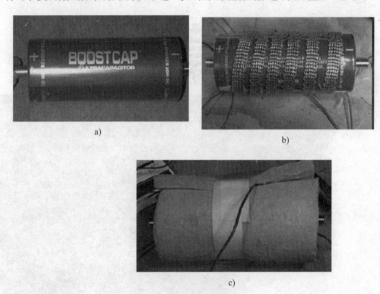

图 11-1　滥用测试的准备工作
a）选择单体　b）包裹导热胶带　c）覆盖绝热层

11.1　滥用检测的必要性

本书涵盖的所有应用都是基于以下的条件：超级电容器的设计流程已经正确完成，其使用寿命与规定条件相关。但有时，单体中某些部件的故障造成了相邻部件的过应力，或者因为系统故障造成了过电压或过电流。参考文献［1］中，DeJarnette 等通过对超级电容器单体包裹层进行加热，使超级电容器达到超温条件，如图 11-1b 所示。热斜坡的效果如图 11-2 所示。

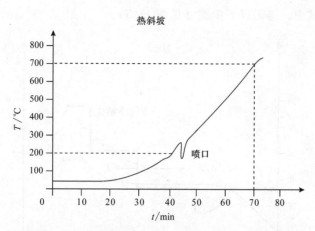

图 11-2　超级电容器单体（3000F）的热斜坡曲线

对热胶带进行加热可以使超级电容器单体的温度升高到 700℃，大大超过了充分建立内部压力（约 15bar）时的温度。当单体温度达到 200℃ 时就会出现通气孔，这大概需要 42min 的时间。由于这个过程几乎是绝热的，输入到单体的热功率可以用式（11-1）计算。

$$T(t) = \frac{1}{C_{th}} \int_0^{t_f} P_d dt = \frac{P_d t_f}{C_{th}} \tag{11-1}$$

对于外部的热源，在绝热条件下输入到单体的功率可以使用式（11-1）进行计算，已知 $t_f = 2520s$，$T(t_f) = 200℃$，设定单体的 C_{th} 为 600J/K。利用这些参数，输入的功率和能量为

$$P_d = \frac{T(t_f) C_{th}}{t_f} = \frac{200℃ (600J/℃)}{2520s} = 47.6W \tag{11-2}$$

$$W_d = P_d t_f = 47.6(2520) = 120kJ \tag{11-3}$$

当这些能量输入到单体中，单体压力升高，直至熔丝融化和电解液排出。De-Jarnette 等在参考文献 [1] 中研究了所排出液体和气体的性质。可以发现，在超级电容器极端滥用的情况下，大部分电解质将从单体中排出。然而，这部分内容不在本书的讨论范围之内。

11.2　过电压和过电流滥用

本节考虑两个特定的滥用条件：第一，过电压滥用，即应用电压超出单体的额定工作电压；第二，过电流滥用。上一节讨论了对外部热源的滥用容限，但 DeJarnette 等在参考文献 [1] 中也在相同的单体上进行了过电压测试。图 11-3 为过电压滥用测试示意图。

在这个测试中，遵循以下步骤（见图11-3）：

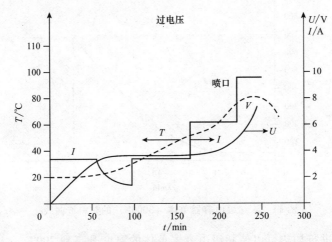

图 11-3 3000F 单体的过电压滥用测试结果

- 使用 3A 的充电电流直到单体进入 3.1V 的过电压状态，然后在 60～80min 的间隔内减少电流值，如图所示。

- 单体电压 3.1V 保持大约 70s，然后在 80min 内提高到 6V，维持 3A 的恒定电流。同样的过程再维持 70s 直到电流开始增加。

- 大约在 150min 时电流增加到 6A，单体电压缓慢上升，当电流最终增加到 9A 时电压上升速度开始加快。

- 由于单体电压上升超过 5V，温度接近 80℃，使其通气孔打开从而使电解质排出。然后终止测试。

在这个过电压滥用测试中，3000F 单体耐受滥用电压的时间约为 220min（13200s）。内部功耗大大低于外部坡道测试的输入。实际上，单体电势 3.1V，漏电流 3A，造成的内部功耗只有 9.3W。利用式（11-1）可以计算单体的温度响应。这种情况下，$T(t) = (P_d / C_{th}) t = 0.0155t$。如果这些功率全部在内部损耗（本实验中不会出现），则单体温度将会达到 $T = 0.0155 (13200s) = 204.6℃$。这与图 11-3 中的温度十分接近，但这并不是正确的结果。测量结果表明，单体的温度达到约 80℃。因此，有大量的输入功率被导出，这些功率可能是被连接在单体终端的引线引出来的。

为克服单体测试过程中热传导和单体中热对流对功率评估的影响，可以进行一个更快的测试。在这个测试中，假设施加在外部的过电流为 100A。由于内部压力达到熔丝熔断的时间要短得多，这将非常接近单体的绝热条件。图 11-4 说明了持续过电流的效应。

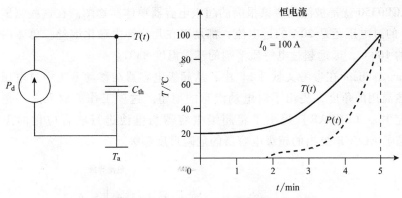

图 11-4 超级电容器过电流滥用和绝热响应

如图 11-4 所示，短的测试时间可以被建模为一个单体内部功耗源或一个热电容。随着功率流入到热电容中，如图 11-4 所示其温度会随时间线性增加 ［见式 (11-1)］。在本例中，当恒定电流为 $I_0 = 100A$ 时，3000F 单体需要 $t = 81s$ 或者只要 1min 就能完全充满。图 11-3 中的 $T(t)$ 响应，在初始阶段斜率平坦；然后在过电压的条件下，充电 2min，由于单体内存在 100A 漏电流，这会造成电路的热效应，使温度线性上升。

单体经历了图 11-4 中的电流滥用测试，由于极端漏电流效应，内部功耗和热量积累近似为

$$P_d = \frac{C_{th}T}{t_f} = \frac{600 \times 70}{180} = 233W \tag{11-4}$$

$$W_d = P_d t_f = 233 \times 180 = 41.9kJ \tag{11-5}$$

式 (11-5) 给定的内部快速耗能足以产生融化单体熔丝的内部压力。图 11-5

BCAP0350

图 11-5 被单体滥用测试报废的超级电容器 （350F 超级电容器）

287

中的 BACP0350 就是被滥用测试报废的超级电容器单体实物图。在这些测试中，无论是 4V 的过电压还是 20A 的过电流，都足以在几分钟内融化熔丝。单体内部温度达到了约 100℃，远远超过电解质溶剂的蒸发温度 83℃。

Cyrus Ashtiani 在参考文献 [2] 中，从超级电容器在移动系统中过电压、过电流和过热滥用的角度，提出了对电动汽车的期望。这项工作的成果之一是，欧洲汽车研究中心（EUCAR）提出了将超级电容器与电池进行联合应用的思路。图 11-6 总结了 EUCAR 提出的超级电容器的危险尺度等级。

图 11-6　EUCAR 危险尺度等级

超级电容器在过电压、过热以及突发极性反转滥用情况下呈现以下类型的故障：

- 否：危险等级 7（解体或爆炸）。
- 否：危险等级 6（破裂的情况下喷射活性物质和零件飞散）。
- 否：危险等级 5（观察到火焰和燃烧）。
- 是：危险等级 4（电解质流失 >50%，但没有反应或热失控）。
- 是：危险等级 3（在多次测试中发生电解质流失和功能损失）。

给出所有滥用例子的底线是，超级电容器可以承受很长时间的滥用。以上没有说明的情况是，如果在单体温度接近 100℃ 之前解除滥用条件，那么单体是可以恢复并重新工作的，尽管会有一些不可逆转的电容损失。

11.3 绝缘电阻和高电位

国际标准要求组件和产品制造商能够保证其产品的性能水平。例如，应用于客运车辆、公交车、地铁轨道的储能模块，必须通过安全和性能标准测试。绝缘电阻（IR）或绝缘耐压能够实现如下的功能：确保当产品工作在高电压下，设备用户和维修人员不构成触电危险。电容器需要遵守美国保险商实验室 UL810 和 UL810A 下的电化学电容器标准以及国际电工委员会（IEC）的 IEC60077 等标准。表 11-1 摘录了 IEC60077 中关于超级电容器模块绝缘耐压等级的相关内容。

表 11-1　40~70Hz、60s 交流激励下的绝缘耐压等级

IEC 电压范围	<36V	36~60V	60~300V	300~660V	660~1200V	1200V~10kV
耐压	750V	1000V	$2U_d+1kV$		$2U_d+1.5kV$	$2U_d+2.5kV$
典型应用 @ U_d 最大	16V	48V	HEV	HEV PHEV BEV	公交车,轻轨	地铁,高速铁路
	模块	模块				

例如，Maxwell 技术公司重型运输模块 HTM125，通常工作在 $700V_{dc}$ 和 $1100V_{dc}$ 下，在公交车和轻轨中使用，将该模块接至 $4kV_{ac}$，UL810A 持续耐压测试 1min。图 11-7 展示了模块制造过程中耐压测试设备的安装。在耐压测试中，内部超级电容器单体的终端连在一起，所有的内部电子设备都接地并与模块外壳相连接。然后耐压设备的接地端子连接到模块外壳，其热端连接到超级电容器组的端子。测试的目的是验证超级电容器单体模块的绝热系统以及铝制散热器和底座的功能。

对于超级电容器模块，正确的测试程序是：先进行连接，然后将测试单元接上 $0~2.5kV_{dc}$（或 $1785V_{ac}$）的电压，充放电时电压的变化率不得高于 10V/s。这样做的原因是：仅端子接触 2.5kV 的电压时，会引起较大的浪涌电流，并对杂散电容（见表 11-2）进行充电，这将导致电流读数的不准确。

表 11-2　3000F 单体模块的寄生电容和电感

模块额定电压/V	单体数量	C_s/nF	L_s/nH
16	6	2.2	372
48	18	3.3	1116
125	48	4.5	2976

289

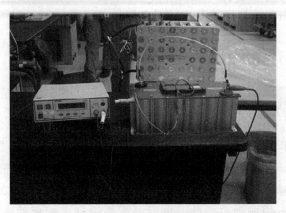

图 11-7　某制造工厂的耐压测试装置（BMOD0165-P048
认证模块，$U_d = 750V_{dc}$，IR 所加电压为 $2.5kV_{dc}$）

例 11-1：如果使用如图 11-7 所示的 48V 超级电容器模块，在 $2.5kV_{dc}$ 下进行耐压测试，并且只将热引线连接到模块终端；如果要求电流不超过 2mA，设备是否会发生故障？

解：BMOD0165-P048 模块的杂散电容为 $C_s = 3.3nF$，假设操作员的触摸反应时间为 20ns。基于这些条件，则 $dV/dt = 0.7576V/ns$，或 $757.6V/\mu s$。

$$I_{stray} = C_s \frac{dV}{dt} = (3.3 \times 10^{-9}) \times (757.6V/\mu s) = 2.5A \tag{11-6}$$

这比最大阈值翻了 1000 倍。因此，最好的做法是缓慢提升耐压测试电压斜率，持续时间 10s 以上。

上面的例子提到了一个要点，即模块的杂散电容。客户应用中常见的实验测试验证了在应用模块中通常会具有寄生电容 C_s。寄生电感是互连绕带电感模型的近似值。3000F 单体绕带的电感大约为 22nH，而单体本身电感大约为 40nH。

一种查看这些寄生参量的简单方法是参考如图 11-8 所示的 $N_s S \times MP \times C_{cell}$ 模块，其杂散电容来自于单体互联和单体两侧到金属外壳的部分；电感 L_s 来自内部单体电容的串联；绝缘电阻指的是从单体外壳到模块底座金属的部分。

下面将详细讨论这些寄生参量。寄生或杂散电容 C_s 由两个主要部分组成：①散热器底座金属互连产生的杂散电容 C_{sh}；②金属底座两侧的杂散电容 C_s。图 11-9 中标注了这些杂散电容，其中包括了从互连带通过绝热材料到金属散热器的电容以及从金属外壳到圆柱罐体的电容。

图 11-9 所示的互连带与铝散热器之间的杂散电容，可以采用平行板电容器的经典公式进行计算，其中 0.75mm 厚的弹性热导绝缘体的相对介电常数 ε_r 约为 5。

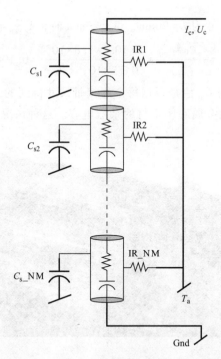

图 11-8　模块寄生参量

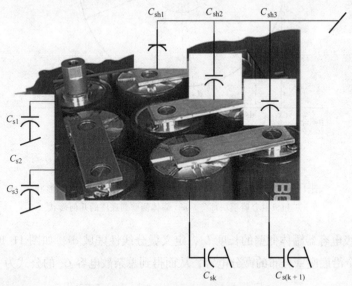

图 11-9　超级电容器模块杂散电容

这种情况下散热器的杂散电容 C_{sh} 为

$$C_{sh} = \frac{\varepsilon_r \varepsilon_0 A_{strap}}{t_{elast}} \tag{11-7}$$

考虑到连接带的尺寸为 $L = 90\text{mm}$， $W = 20\text{mm}$ 时， $A_{\text{strap}} = 1800\text{mm}^2$。

$$C_{\text{sh}} = \frac{\varepsilon_r \varepsilon_0 A_{\text{strap}}}{t_{\text{elast}}} = \frac{5 \times 10^{-9} \times 1.8 \times 10^{-3}}{0.75 \times 10^{-3} \times 36\pi} = 0.106\text{nF} \tag{11-8}$$

式 （11-8） 给出的 C_{sh} 值是根据每个连接带尺寸得到的。然后可以估算从超级电容器圆柱罐体侧壁到金属底座铝材的杂散电容。这种情况下需要对图 11-10 中给出的几何形状进行分析。

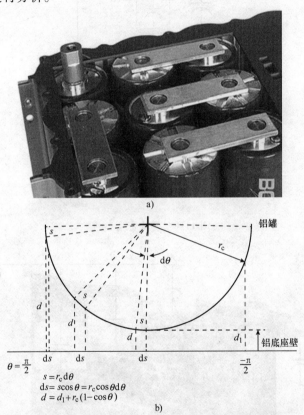

图 11-10 超级电容器罐体到机箱的杂散电容的几何形状

a）超级电容器模块部分 b）罐体侧壁到底座的几何形状

给定超级电容器罐体侧壁的长度 L_c，定义微分线性区域 ds，如图 11-10b 所示，则可以得到每个沿底座壁分布的微分电容，从而得到总杂散电容 C_s 的公式为

$$C_s = \varepsilon_r \varepsilon_0 \int_{-\pi/2}^{\pi/2} \text{d}\left(\frac{s}{d}\right) = \varepsilon_r \varepsilon_0 L_c \int_{-\pi/2}^{\pi/2} \frac{r_c \cos\theta}{d_1 + r_c(1 - \cos\theta)} \text{d}\theta \tag{11-9}$$

上述介绍的超级电容器模块沿侧壁分布的微分电容的求解方法，忽略了空气和介电材料的混合介电常数，并且假设只使用了聚合物电解质，或 Nomex 纤维材料，例如杜邦 994 型 Nomex 纸。如果只考虑积分部分，则式 （11-9） 可以被改写

成一个简单的形式。

$$\int_{-\pi/2}^{\pi/2} \frac{r_{c}\cos\theta}{d_{1}+r_{c}(1-\cos\theta)}\mathrm{d}\theta = \int_{-\pi/2}^{\pi/2} \frac{\cos\theta}{(1+d_{1}/r_{c})-\cos\theta}\mathrm{d}\theta \tag{11-10}$$

在式（11-10）中，根据对称性可以改变定积分的限制，当 $A>0$ 时，分母中的常数写为 $A=(1+d_{1}/r_{c})$。读者可尝试使用定积分法得出答案，这是常用的方法，或者使用综合积分表来进行求解。图 11-10b 中所示的几何形状，罐壁间距 $d_{1}=1\mathrm{mm}$，标准 60mm 罐体的 $r_{c}=30\mathrm{mm}$。这意味着 $A=1.0333>0$。MathCAD Maple 求解器给出了 $0\sim\pi$ 的定积分为 9.334，该值将被用来检验分析方法。

$$\int_{-\pi/2}^{\pi/2} \frac{\cos\theta}{(1+d_{1}/r_{c})-\cos\theta}\mathrm{d}\theta = \int_{0}^{\pi} \frac{\cos\theta}{(1+d_{1}/r_{c})-\cos\theta}\mathrm{d}\theta$$

$$= \int_{0}^{\pi} \frac{\cos\theta}{A-\cos\theta}\mathrm{d}\theta \tag{11-11}$$

根据参考文献［3］中所使用的积分系数 3.613，式（11-12）的定积分形式可以进行如下修改，以适应式（11-11）中的公式：

$$\int_{0}^{\pi} \frac{\cos nx}{1-2a\cos x+a^{2}}\mathrm{d}x = \frac{\pi}{(a^{2}-1)a^{n}}, 当\ a^{2}>1 \tag{11-12}$$

$$A = \left(1+\frac{d_{1}}{r_{c}}\right) = \frac{(1+a^{2})}{2a} \tag{11-13}$$

考虑图 11-10b 中的几何尺寸，解出式（11-13）的 "a" 为

$$(a^{2}-1) = 4\frac{d_{1}}{r_{c}}+2\left(\frac{d_{1}}{r_{c}}\right)^{2}+2\left(1+\frac{d_{1}}{r_{c}}\right)\sqrt{\left(2\frac{d_{1}}{r_{c}}+\left(\frac{d_{1}}{r_{c}}\right)^{2}\right)} \tag{11-14}$$

当 $n=1$ 时将式（11-14）代入式（11-12），得到的结果代入到式（11-9）得到最后的结果。

$$C_{s} = \varepsilon_{r}\varepsilon_{0}L_{c}\frac{2\pi}{(a^{2}-1)}$$

$$= \frac{2\pi\varepsilon_{r}\varepsilon_{0}L_{c}}{4(d_{1}/r_{c})+2(d_{1}/r_{c})^{2}+2(1+d_{1}/r_{c})\sqrt{(2(d_{1}/r_{c})+(d_{1}/r_{c})^{2})}} \tag{11-15}$$

在 3000F 单体的几何尺寸下，求解式（11-15）。

$$C_{s}' = \varepsilon_{r}\varepsilon_{0}L_{c}\frac{2\pi}{(a^{2}-1)} = 5\left(\frac{10^{-9}}{36\pi}\right)(0.138)\left(\frac{2\pi}{0.6735}\right) = 0.0569\mathrm{nF} \tag{11-16}$$

结果汇总见表 11-3。

表 11-3　3000F 单体模块寄生电容的计算

模块额定电压/V	单体数量 N_c	$C_{sh}+C_s'$/nF	C_s/nF
16	6	$N_c C_{sh}+(N_c+2) C_s'$	1.091
48	18	$N_c C_{sh}+(N_c+4) C_s'$	3.160
125	48	$N_c C_{sh}+(N_c+4) C_s'$	8.047

比较表 11-3 给出的杂散电容计算结果和表 11-2 给出杂散电容测量值，表明了在计算中对介电常数进行了合理的估计。

例 11-2： 16V 单元的耐压测试电压为 500V，48V 单元的耐压测试电压为 2.5kV，125V 单元的耐压测试电压为 4kV，计算表 11-2 中各模块的位移电流。

解： 在本例中，位移电流为 $I_q = C_s(\Delta V/\Delta t)$，则计算结果为

$$16V： I_q = C_s \frac{\Delta V}{\Delta t} = 2.2\times 10^{-9} \times \frac{500}{10} = 110nA$$

$$48V： I_q = C_s \frac{\Delta V}{\Delta t} = 3.3\times 10^{-9} \times \frac{2500}{10} = 825nA$$

$$125V： I_q = C_s \frac{\Delta V}{\Delta t} = 4.5\times 10^{-9} \times \frac{4000}{10} = 1.8\mu A$$

绝缘电阻一般存在于 MW 级的应用中，当在稳定状态下向模块施加全电压时，绝缘电阻可用来描述漏电流的大小。绝缘电阻的单位一般为 $10^{12}\Omega$。一般绝缘电阻不会存在问题，但在某些情况下，这取决于所用的绝缘材料，漏电流可能会造成触电的危险。

Nomex 材料是一种放置在各种相对湿度（RH）环境下都会吸收水分的纤维素纸。在 50%RH 环境下 150h，杜邦 994 型 Nomex 纤维会吸收约 4% 的水分含量。在 50%RH 环境中，杜邦 994 型 Nomex 纸的体积电阻率 $\rho = 2\times 10^{16}\Omega \cdot cm$。练习 11.5 对此情况进行了讨论。

11.4　振动要求

用户可以指定超级电容器模块可以承受的振动规范。例如 SAE J2380 规范已经对模块承受的振动水平进行了量化，保证其内部无故障或性能损失。

图 11-11 为超级电容器制造商需要遵守的典型振动规范。在该图中，峰值振动水平为 $0.8g$ 出现 400 万次，峰值振动水平为 $5g$ 仅出现 5000 次，这里重力加速度 $g = 9.802m/s^2$。电池制造商必须遵守的振动标准为当 SOC 为 60% 时，可以承受 16h 的 $0.8g_{rms}$。

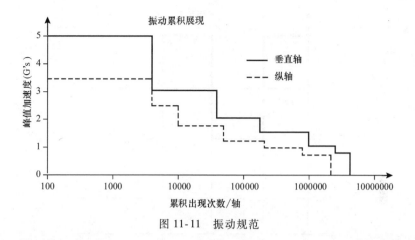

图 11-11　振动规范

注：应用牛顿定律来计算，并假设唯一的约束是单体之间的互连以及模块散热器顶部和底部之间的热弹性。

> **例 11-3**：质量 $M_{pak} = 11kg$ 的 BMOD0165-P048 超级电容器模块沿 z 轴的振动为 $5g$ 时，其承受多大的力？
>
> **解**：本例中，作用于模块 z 轴的力为 $F_{pk} = M_{pak} a = M_{pak}(5g) = 11kg \times 5 \times 9.802m/s^2 = 539N$。

因此，值得注意的是，设计者必须确保模块内部连接足够坚固，可以承受规定的振动水平而不出现疲劳。任何内部组件在出现机械疲劳之前，可以承受多长时间以及多少次这样的振动。

11.5　循环超级电容器

本节完整地总结了在实验室和客户应用中接触到的循环超级电容器的类型。本节所讨论的波形不是滥用情况下的波形，但其代表了电流特性曲线，尤其是在成千上万的周期重复情况下。图 11-12 的方波电流曲线已被用于超级电容器的热评价。这个波形说明超级电容器电解液在充电和放电过程中没有时间间隔，这可能代表了电解质在老化时的压力条件。

图 11-13 给出了制造商用来表征单体和模块的电气和热参数以及长期循环性能的准方波测试曲线。从波形可以看出超级电容器在充电和放电之间存在一定的间隔时间。需要理解的是，在方波和准方波条件下使用寿命会存在不同。

作为广泛应用于超级电容器特性表征的曲线，其可变峰值到平均值的波形具有恒定的有效值。图 11-14 为恒定有效值波形。经验表明，电流波形具有不同的波

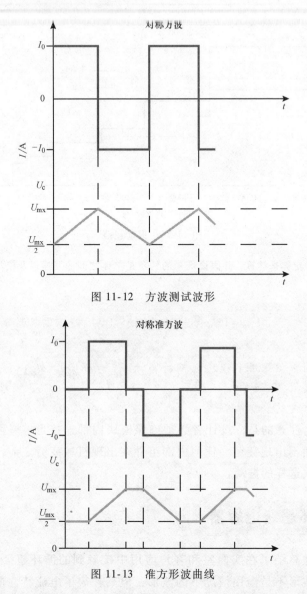

图 11-12   方波测试波形

图 11-13   准方形波曲线

峰-平均电流值；例如这个曲线，因为不同的充电率，即使是对称的，也会造成超级电容器使用寿命的差异。

最后将要描述两个电流特性曲线，第一个是汽车发动机起动后的电流曲线，随后要通过发动机驱动交流发电机进行电荷补充；第二个是能量换热器通过发动机驱动交流发电机充电进行能量存储。发动机起动电流曲线如图 11-15 所示，比较特殊的是，它具有高度的不对称性，且具有几百安的放电脉冲，而且充电脉冲相对较低，为 50~100A。这个曲线对超级电容器的影响目前还没有明确的定义。

最后要考虑的电流曲线是节能型换热器非对称波形。在该波形中，超级电容器被暴露在升压交流发电机最大输出电流的一个高充电脉冲下，持续时间为 1～5s，然后是一个长时间的浅放电脉冲。此曲线的意义是，当车辆减速时，能量换热器或混合系统中的交流发电机的输出状态为升压；然后在发动机关闭的时间间隔内，车辆的供电负载会有相对较低的电流消耗（见图 11-16）。

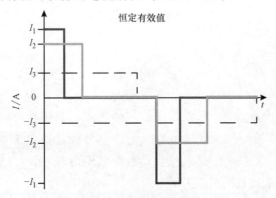

图 11-14 恒定有效值波形

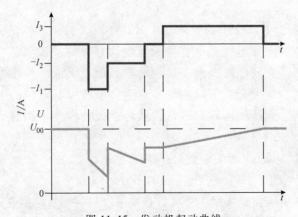

图 11-15 发动机起动曲线

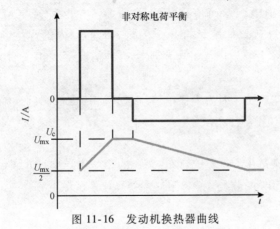

图 11-16 发动机换热器曲线

297

充分埋解这些运行曲线如何影响超级电容器的使用寿命是很重要的。以目前的状态，对于超级电容器和电池而言，经过长时间的运行，要如何描述不同的电流波形对超级电容器参数和使用寿命产生的影响，仍无法得到一个令人满意的结论。

练　　习

11.1　对超级电容器单体进行失效分析表明熔丝被融化了。而且超级电容器单体是标准模块组的一部分，其在应用中经历了频繁的可控放电，所以在报废后，其整组 $700V_{dc}$ 电压已经损失接近为零电压。这种特殊的单体的电容值会低于模组中其他单体的初始电容，所以会导致其遇到重复反向电极。当模块随后被控进行额定电压充电，会导致内部压力积聚，必然会引起熔丝融化。EUCAR 如何表征这种故障？

答案：危险等级 4：检测到一些泄漏发生但没有化学反应或者热失控。

11.2　如果练习 11.1 中的故障发生时存在点火源，例如在引起间歇性并联电弧的电容器中或靠近这些电容器的通电磨损导体。说明，当满负荷电流接触或者连接时，会间歇地产生一系列的电弧放电效应。并联电弧是负载或部分负载周围的分流路径，所以它更具有活力。超级电容器的电解质溶剂是易燃的，如果接触到排气液体和蒸汽，就可能由此产生电弧源火焰。这构成什么危险等级？

答案：危险等级 5：因为有点火源存在。

11.3　超级电容器模块用于发动机起动可以得到非常高但便于管理的脉冲电流。例如，通过单体的电流可高达 $750mA/F$，虽然很高，但也在碳-碳超级电容器的承受范围内。然而使用历史记录中，在这种特定情况下，如练习 11.1 中所示，会导致单体熔丝打开，在同一时间，内部焊接断裂，内部电弧点燃排气导致单体会喷射电极的电解质。这种情况下，相关的 EUCAR 危险等级为多少？

答案：危险等级 6：因为不仅单体排气，而且也检测到火焰和单体破裂引起的活性物质喷射和零件飞散。

11.4　使用杂散电容计算式（11-16）的相对磁导率，并假设存在一个分裂的电介质，例如 50% 的分裂 $\varepsilon_{r1}=2$ 和 $\varepsilon_{r2}=5$，计算杂散电容将减少的百分比。

答案：分裂电解质电容器的电容由下式给出：

$$C = \frac{\varepsilon_0 A}{(x_1/\varepsilon_{r1}) + (x_2/\varepsilon_{r2})}$$

所以，$\varepsilon_r' = \dfrac{\varepsilon_1 \varepsilon_2}{\varepsilon_2 x_1 + \varepsilon_1 x_2}$，其中 $x_1 = 0.5d = x_2$，所以相对介电常数降低了 $\dfrac{\varepsilon_r'}{\varepsilon_r} =$

$$\frac{2(2)(5)/(2+5)}{5} = \frac{20/7}{5} = \frac{2.857}{5}$$

因此，分裂电介质有效的杂散电容将减少 43%。

11.5　根据 48V 超级电容器模块中作为绝缘材料使用的 Nomex 994 纤维纸的体积电阻率，假设该材料将侧壁周边完全包裹起来，而模块的尺寸为 $H=$ 157mm，$W=91$mm，$L=418$mm。（1）预期的绝缘电阻是多少？（2）如果工作在最大系统电压 750V 下并带接地底座，那么漏电流是多少？（3）如果人体接触电流的最大允许值<2mA，这是否造成触电的危险？

答案：

（1）面积为 $A_{side} = H \times W \times L = 5.972 \times 10^3\,cm^2$。

因此，$IR = \dfrac{\rho l}{A} = \dfrac{2 \times 10^{16} \times 0.76 \times 10^{-3}}{5.972 \times 10^3} = 2.54G\Omega$。

（2）漏电流为 $I_{leak} = \dfrac{U_{dmx}}{IR} = \dfrac{750}{2.54 \times 10^9} = 0.295\mu A$。

（3）无危险。

11.6　计算表 11-2 中所列的超级电容器模块的无阻尼共振频率。无阻尼共振是操作过程中在模块的端子处施加的脉冲期望值，一般来自电力电子变换器。

答案：计算结果以表格形式表示出来。

模块额定电压/V	单体数量	C_s/nF	L_s/nF	f_0/Hz
16	6	2.2	372	5.56E+06
48	18	3.3	1116	2.62E+06
125	48	4.5	2976	1.37E+06

参 考 文 献

1. H. DeJarnette, C. Winchester, T. Tran, C. Govar, J. Banner, 'Preliminary abuse tolerance assessment of acetonitrile based super-capacitors for navy power applications', *Presentation to the 42nd Power Sources Conference*, Philadelphia, PA, 12–15 June 2006
2. C. Ashtiani, 'New perspectives on ultracapacitors', *The 6th International Advanced Automotive Battery Conference, AABC, Ultracapacitor Session*, UCAP, Renaissance Harbor Place Hotel, Baltimore, MD, 15–19 May 2006
3. I.S. Gradshteyn, I.M. Ryzhik, *Table of Integrals, Series, and Products*, translated from Russian by Scripta Technica, Inc., Academic Press, New York, 1980

第12章 未来运输系统

未来运输系统正在从搭载有电池储能系统的化石燃料车辆过渡到具有外部电气化特征的汽车系统。这个过渡可被定义为电力推进系统主导地位的上升以及内燃机系统的逐渐缩减。在电动汽车中，热机会被完全取代，但相对于烃类燃料而言，由于蓄电池较低的能量密度使电动汽车还需要做出一些让步。第 9 章中讨论的增程型车辆（REV），使用了车载汽油发动机，辅助电力推进系统，使车辆能够满足 300mile 范围内的行驶需求。要使电池存储到汽油 12.4kWh/kg 的比能量，这是不可能的。最理想的锂 - 空气电池的理论比能量约为 11kWh/kg（不包括氧源）。IBM 公司的 Almaden 研究所的研究人员在实验过程中，能使电池的比能量达到约 2kWh/kg。若考虑氧气的正电极，那么理论比能量会达到 5.2kWh/kg。因此提出了一种更直接的实现全电动运输而且不需要大量车载储能的方法，即将电力通过无线传输技术传输给车辆，从而减轻了过大的车载储能负担。

本章重点介绍一些将电力通过无线传输到静止或移动的车辆上的方法。现今固定车辆上的储能系统已经被大量研究，而且一些公司已经向市场推出了这些系统。未来可能需要对大量电力传输到移动车辆上的技术进行进一步的研究，而且现在已经出现了一些商业化运行的固定式无线电力传输系统，如下所示：

- HaloIPT（www.haloipt.com）是一种为车辆电池充电的感应电能传输系统。
- WREL（www.intel.com）是一种为消费类电子产品开发的无线共振能量链接技术。
- Witricity 是一种高频共振能量传递技术，由麻省理工学院物理研究部率先推出。
- 宾夕法尼亚州 Malvern 动量动力公司，正在开发为 PHEV（插电式混合动力电动汽车）和电池电动汽车充电的无线电力传输技术。

写这本书的时候，日本、韩国和中国的许多科研工作者正在研究能够给车辆传输千瓦级电力的无线电力传输技术。早期的研究成果，例如动量动力学系统，即将使用在插入式混合动力电动汽车上；这项技术的真正价值可能是在大众运输系统中的应用，例如电动公交客车的无线充电技术。

12.1 未来的移动系统

对于未来的移动系统，已经提出过很多的概念。例如，Miller 在参考文献 [1] 中讨论了许多个人快速交通（PRT）系统，自动高速公路系统（AHS）的案例。与我们这里的讨论较为相关的是 Stephan 等的工作[2-4]。此工作介绍了一种在专用导轨上具有外部供电装置的混合动力电动汽车。图 12-1 对这种个体可持续移动程序（PRISM）进行了说明，该程序提出了一种在高速公路及导轨上都可以使用的双模式车辆。在正常行驶时，PRISM 车辆操作起来同一个传统的混合动力或电池电动汽车一样。一旦在专用导轨上行驶，车辆将会接收导轨的推进功率，而且可以从通电轨道或安装在导轨壁的电缆来补充其车载储能的能量。

图 12-1　导轨的概念和双模式汽车

为了量化图 12-1 所示的 PRISM 车辆所需的电力传输，主要考虑一般窄车道车辆的参数。窄车道车辆（NLV）的特点是，一个常规的 12ft（3.66m）高速公路车道能够并排容纳两辆窄车道车辆，从而代替一辆 6ft 宽（1.83m）的常规车辆。根据定义，窄车道车辆的宽度被限制为小于 44in（1.12m）。

例 12-1：计算经由非接触式或无线传输方式输送到如图 12-1 所示的 PRISM 车辆的功率。车辆参数列于表 12-1 中，假设车辆在导轨上以额定速度行驶，坡度和逆风设为最坏情况。

表 12-1　PRISM 车辆参数

属性	单位	值	属性	单位	值
车重 M_v	kg	1000	额定车速 V	mile/h	150
气动阻力系数 C_d	—	0.22	额定风速 V_w	mile/h	25
滚动阻力系数 C_{rr}	—	0.007	额定等级 gr	%	6
正面面积 A_f	m²	1.6	标准空气密度 ρ	kg/m³	1.22

解：由于车辆被指定为在额定速度下行进，推进功率［见式（12-1）］表示的功率必须被传递至车辆，以维持其速度。

$$P(V)=\left\{gC_{rr}M_v+gM_v\sin\left[\arctan\left(\frac{gr}{100}\right)\right]\right\}V+0.5\rho C_dA_f(V+V_w)^3 \quad (12\text{-}1)$$

$$P_{kinetic}=M_vV\dot{V}=0\,;P_{roll}=gC_{rr}M_v=4.6\text{kW} \quad (12\text{-}2)$$

$$P_{grade}=gM_v\sin\left[\arctan\left(\frac{gr}{100}\right)\right]=39.33\text{kW}\,;P_{aero}=0.5\rho C_dA_f(V+V_w)^3=102.7\text{kW}$$

$$(12\text{-}3)$$

$$P(V) = P_{roll} + P_{grade} + P_{aero} = 146.73 kW \qquad (12-4)$$

因此，非接触式无线电力传输装置必须高效地传输大约 150kW 的功率。"高效车辆应用程序"意味着可以吸收 97% 的由发射器整流后得到的直流功率，不包括电子发射器和天线的损失，也不包括能量存储系统的转换效率。在这种情况下，车辆的接收器和转换设备预计将接收的功率为 $(1/0.97) \times (146.73) = 151.27 kW$，其中 4.54kW 将作为热量耗散。

练习 12.2 探讨了例 12-1 所述的窄车道车辆每英里二氧化碳的碳排放量。练习 12.3 比较了同一车辆与美国旅游客运车辆在相同运行时间内，二氧化碳的年排放量。因为随着交通工具的不同，人们在规定时间内行驶的距离也会不同，所以度量标准也会发生改变。但有趣的是，人们的行驶时间几乎没有变化，无论是步行、马车、汽车或火车平均仍是 1.5h/天。

12.2　无线电力传输

上一节给出电磁功率传输的简短概要，本节继续这一内容。在图 12-2 中，电磁波的波长为 λ。此图还定义了天线传输理论中的四个场区域：

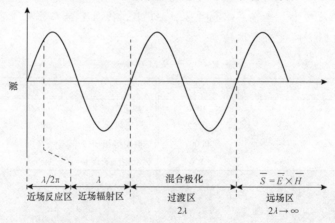

图 12-2　天线传输区域的定义

• **近场反应区**：$x \leqslant (\lambda / 2\pi)$，近场波与天线会产生强烈的相互作用，使得一些能量有辐射性，其余的返回到天线。在光学中，近场反应区内的波被称为渐逝波。

• **近场辐射区**：$x < \lambda$，在此区域中的电磁场参数 E 和 H 相互作用，其中一方占据主导地位。

- 过渡区：$x<2\lambda$，波极化形成的区域，假定 E 和 H 为它们各自的自由空间值。
- 远场区：$x>2\lambda$，电磁辐射区域中的辐射波会辐射到无穷远处。

例如，Witricity 的无线电力传输演示机，工作在 9.9MHz，并使用与一个电容器共振的发射天线线圈。该电容器插入到天线电路内吸收高电场 E，依赖磁场 H 进行电力传输。在此频率下，波长为 30m，功率传输距离为 2m，正好在近场反应区域内。

电磁场理论常数包括自由空间（即真空）的介电常数 ε_0 和磁导率 μ_0，其被定义为

$$\mu_0 = 4\pi 10^{-7}(\mathrm{H/m}) \tag{12-5}$$

$$\varepsilon_0 = \frac{10^{-9}}{36\pi}(\mathrm{F/m}) \tag{12-6}$$

使用式（12-5）、式（12-6）计算自由空间浪涌阻抗，真空下得出值 Z_0。

$$Z_0 = \sqrt{\frac{\mu_0}{\varepsilon_0}} = \sqrt{\frac{4\pi(36\pi)(10^{-7})}{10^{-9}}} = 120\pi(\Omega) \tag{12-7}$$

式（12-7）广泛使用在天线理论中，自由空间阻抗为 377Ω。另外，电磁波的传播速度 c 可由式（12-5）、式（12-6）求得。

$$c = \frac{1}{\sqrt{\mu_0\varepsilon_0}} = \frac{10^8}{\sqrt{1/9}} = 3\times10^8\,\mathrm{m/s} \tag{12-8}$$

在远场区，当电磁功率 $\vec{S} = \vec{E}\times\vec{H}$ 具有分化良好的 E 和 H 场，接收磁场 H_r（A/m）可以通过自由空间阻抗和接收端的测量电场 E_r（V/m）计算获得，其中 n 为单位法向量，如下所示：

$$Z_0\vec{H}_r = n\times\vec{E}_r \tag{12-9}$$

将这些概念联系起来的一个有用实例是商业使用的广播电视和无线电定向偶极子天线的设计。图 12-3 为天线结构示意图。其中导向器位于近场并与驱动天线发生反应。反射器和导向器协调一致地将偶极辐射图案修改为更加聚焦的光束，从而实现天线增益的测量。这种形式的天线，在使用中会有 7dB 的涨幅。

无线电力传输的一个挑战是如何

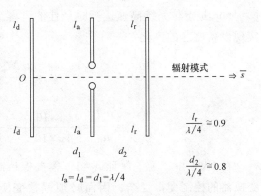

图 12-3　定向偶极子天线示意图

获得高度定向的波束，从而实现最高的传输效率。在某些正在使用的感应电能传输系统中，从发射天线到直流链电路的功率传输效率会超过 90%。例如，Halo IPT，谐振天线线圈的工作频率在 20kHz 以上，传输距离达到 10in，输送功率达到 2kW。对于更高的功率水平，要符合 SAE J1772 等级 1 和等级 2 的要求，这就意味着不仅电力电子和天线效率需要增加，而且还需要实现高度定向电子束。这样做的原因是，电力传输进入停放车辆底部时将需要发射天线附近产生最小的漏磁场。目前磁场水平中的干涉图 $H_{fringe} < 60mG$。这是难以实现的，因为在近场区的 E 和 H 是非常复杂和多变的。

在写本书的时候，美国汽车工程师学会（SAE）成立了一个新的委员会，以制定无线电力传输（WPT），也称为感应电力传输（IPT）的标准。SAE J2954 无线充电工作组力求于 2015 年制定出轻型载货车辆的无线电力传输规范。国际电工委员会（IEC）在 2011 年初也成立了一个类似的工作组。

12.2.1 同轴绕组变压器

改进的同轴绕组变压器（CWT）[5] 是在移动车辆中使用[2]的一种非接触电力传输系统，不会受到任何边缘场的影响。在 CWT 中，电感耦合的电力通过单圈变压器，沿着电源线传输。此电缆是一种基于现代电力电子技术的通电导轨，可以实现在千赫频率下大容量电能的传输。CWT 对耦合效率要求很高，间隙的偏差在 1mm 之内，以便安装一些制导和定位装置。例如，读/写磁头将位于一个精度非常高的高速计算机硬盘驱动器中。类似的技术如果应用在未来窄车道车辆时速为 95~150mile/h 的速度导轨时，便会实现 CWT 更精确的定位。在此速度下使用 Halbach 阵列进行电动式定位是很实用的。不管用什么方法，定位精度是非常重要的，因为任何速度下 CWT 间隙的不匹配将会导致磁芯空隙瞬时被破坏。

为了更好地理解使用 CWT 的难度，我们认为这个装置是单匝电流互感器，只有在沿导轨间隔的功率变换器能够提供合理的初级电流的情况下才能释放高功率水平的电能。进一步假设，在高导磁芯的磁通密度被限制为 1T 时，如果物理间隙 $l_g = 1mm$ 是定位系统高速运行时最佳的可容纳公差，那么需要多大的初级电流才能实现设备磁芯的磁化？

$$B_g = \frac{\mu_0 N I_p}{l_g} = 1T \tag{12-10}$$

$$I_p = \frac{B_g l_g}{\mu_0} = \frac{1(1 \times 10^{-3})}{4\pi \times 10^{-7}} = \frac{1}{4\pi} \times 10^4 A = 795.8A \tag{12-11}$$

在 CWT 中，为了保证 $N=1$，需要保持高水平的初级电流。然而，这使整流侧变换器的控制变得复杂，因而必须调整变换器功率等级以处理大的励磁电流。高速导轨上的窄车道车辆的高功率要求也是一个非常具有挑战性的问题。根据车辆的车头时距，导轨上的电压负担很重，会迫使车辆排队。

图12-4所示的是单匝初级和次级的同轴绕组变压器的横截面。初级的用途是驱动电源轨，次级单匝内部铜导体为车辆的ESS和牵引驱动系统提供动力。图中的主要导轨配电杆，是支撑在专门设计的支架上的导电性固体管或杆，这种支架在圆周方向上导磁，在其轴线上是电绝缘的。

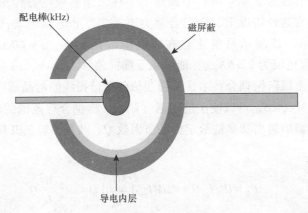

图12-4　同轴绕组变压器的横截面

同轴绕组变压器的核心是磁性铁、压粉铁芯，或其他适合于千赫电力传输且损耗非常低的磁性材料。图12-4中的导电内层是一个足够厚的铜护套，可以将次级电流输送给移动的车辆。同轴绕组变压器设计的主要难点是：

● 在高工作频率和宽磁通量下，这种磁性材料的磁导率非常高，而且电损耗低。

● 非常高的耐受性，保证同轴绕组变压器和电源轨支撑臂的物理间隙。

● 高精度定位驱动器，随时保持同轴绕组变压器与同轴电源轨的同步，保持同轴绕组变压器核心和磁性部分支承臂之间气隙的固定。

● 从低车速时的驱动器定位过渡到高车速时的电力学定位。

参考文献［6］的作者描述了一种基于E型磁芯变压器工作在300kHz上的无触点能量传输系统（CETS）。本系统类似于同轴绕组变压器，但不需要同心的磁隙。CETS实现磁耦合系数$k=0.6$，间隙$d=10mm$和60W的传输功率时，传输效率会达到88%。

12.2.2　感应电力传输

现在研究集中在固定充电电动汽车[7-9]的感应电力传输系统。感应电力传输依赖于共振调谐发射器和接收器线圈，频率通常在20~760kHz，也有在9.9~38MHz。Imura等在参考文献［10］中描述了电磁感应耦合的无线电力传输，利用了弱耦合共振能量传递效率高这一事实。在他们的工作中，$r_0 = 150\text{mm}$ 的发送和接收线圈组成 $d_w = 2\text{mm}$ 的导线线圈间距，$p = 3\text{mm}$，可以传输 $P_{IPT} = 100\text{W}$ 的功率。感应电力传输效率，在 $g = 100 \sim 200\text{mm}$ 的气隙条件下效率达到 97%，在 $g = 250\text{mm}$ 时，效率为 80%。相对于较大的气隙，这是一个很高的效率，在谐振频率为 $f = 16$ MHz 和耦合系数 $k = 0.057$ 时便可以实现。

Budhia 等在参考文献 [11] 中描述了一种三相感应电力传输到行驶中的车辆的一种方法，在这种情况下，向混合动力电动汽车和电池电动汽车传输的功率大约有 $20 \sim 30\text{kW}$。该演示系统建立在有气隙的情况下，$g = 60\text{mm}$，操作频率 $f = 38.4\text{kHz}$，初级电流为 $22.5\text{A}_{\text{rms}}$，能够承受横向偏移 120mm。感应电力传输的功率输出，是一种电磁谐振耦合技术，其强烈依赖于谐振线圈的品质因数 Q。典型的品质因数范围是 $4 < Q < 6$，可以使主逆变器（kVA）提供合理范围的输出功率（kW）。这表明，接收器的输出功率被给定为品质因数 Q、共振系统的开路电压和短路电流的乘积。

$$P_0 = U_{oc} I_{sc} Q = (\omega M I_p)\left(\frac{M I_p}{L_s}\right) Q = \omega I_p^2 \frac{M^2}{L_s} Q \tag{12-12}$$

在式（12-12）中，初级线圈（发送）到次级线圈（接收）的互感为 M，初级电流为 I_p，次级电路电感为 L_s，输出功率为 P_0。在如此高的频率下，初级线圈和次级线圈按编织线绕组，以尽量减少涡流损耗。

本章的主要目的是为了提高读者对感应电力传输这种发展趋势良好且优点突出，能用于固定或移动车辆无线电力传输技术的认识。感应电力传输的显著优点包括：

- 车辆不会与主电网间产生接地故障，不会受到漏电流的影响。
- 全天候对电池和超级电容器进行高压充电，不需要高电流连接器。
- 友好的充电方法，发送线圈和接收线圈之间有很好的匹配性。
- 无障碍车辆充电。

12.3 超级电容器在感应电力传输中的应用

由于感应电力传输系统中发射线圈的易于使用和车辆定位有很好的包容性，在不久的将来，这很可能成为汽车充电的首选系统。感应电力传输意味着，不论天气条件或停车精度，车辆能量存储系统可以自主地补充电能。接近传感器后，就可以判断车辆接收线圈的位置，并让其靠近感应电力传输发射线圈，在正常通信后确定能量存储系统类型，根据需求和价格来确定充电功率流。

例 12-2：考虑到电动公交车只有超级电容器这一类储能系统，可以按固定路线在站与站之间运行的最大距离为 1km。公交车运行过程中会有能源需求，包括 1200Wh/km 的客舱空调。如果公交车充电时间间隔不长于 90s，那么，感应电力传输系统必须运行在怎样的传输功率等级？假设超级电容器储能系统组在 60% 满容量时必须重新充电。

解：对于这个例子，超级电容器组在 60s 内需要 1200Wh 的能量补充。很明显，这种公交车有（1/0.6）×1200＝2000Wh 的额定存储容量。这个例子的目的不是评论超级电容器必须采用什么样的技术，考虑到问题中的高能量等级问题，这也许是一个混合电容器。因此，公交车接收器侧变换器发出的发送功率是

$$P_{\text{rec}} = \frac{\gamma_{\text{w}} d_{\text{leg}}}{t_{\text{chg}}} = \frac{(1.2\text{Wh/km})(1\text{km})}{90\text{s}} = 48\text{kW} \tag{12-13}$$

这个发电量对于 3 级充电器是完全可行的。

因此，研究面临的挑战是如何设计如此高功率等级的感应电力传输以及如何将此公交路线落实，这些都需要一个电网侧的变换器。图 12-5 说明了如何将超级电容器的优势应用于例 12-2 中讨论的具有固定行驶路线的公交车上。例如，一辆超级电容器储能系统混合动力电动公交车在 U_{d} 约为 600V，交付能量 W_{uc} 约为 2.5kWh 的条件下行驶 3~5km。

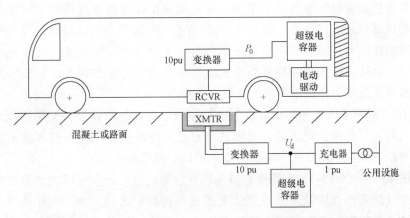

图 12-5　变换器额定容量为 15min 行驶功率的超级电容器动力公交车无线充电技术

图 12-5 强调了公交车站变换器对超级电容器能量存储的循环要求，这里的变换器以公用充电接口的形式出现。这两个超级电容器储能系统的循环要求（在第 11 章最后一节有所介绍）相近。公用充电器以 1pu 的状态运行以补充公交车运行时电网侧的储能系统。当一辆公交车停靠于出发站点（图 12-5 中的 XMTR）时，

电网侧储能系统以 10pu 的速度通过高能量感应电力传输向车辆接收器放电（图 12-5 中的 RCVR）。然后超级电容器储能系统通过车载充电器运行在 10pu 的工况下，在 90s 内快速充电。例如，如果公共汽车完全耗尽 2.5kWh 的可交付能量，则总线接收器变换器输出端必须以 100kW 的速率补充。工业感应电力传输系统[11]设计运行于50~200kW，这个功率水平与目前的工业实践是一致的。图 12-6 显示了电网侧超级电容器将按照变换器的电流和电压波形进行充电。该图的绘制方式与超级电容器辅助发动机在混合应用中的起动方式一样。

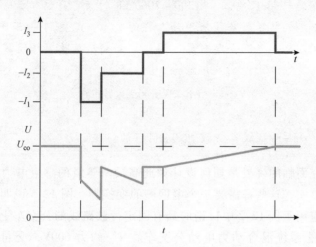

图 12-6　电网侧超级电容器储能系统电流的波形

在只使用超级电容器的公交车中，输入侧变换器储能系统经历了一个高电流放电过程以支撑之前讨论的 100kW 功率传输器。可以减小电流以缓解发送线圈和接收线圈的热应力，但是在一般情况下都会产生热应力。在完成公交车充电同步的快速放电之后，输入侧变换器缓慢充电，充电方式与在车辆上的节能换热器或汽车的微混合装置中超级电容器的充电方式相同。

图 12-7 展示了汽车侧超级电容器的快速充电电流波形以及公交车沿既定线路运行时电荷耗尽的程式化表述。关键的一点是，超级电容器在任何环境下的充电速度都可以非常快，在快速充电后公交车可以立即投入运行。

由图 12-6 和图 12-7，超级电容器循环是快速放电（公共电网侧储能系统）和快速充电（汽车侧储能系统）以及浅充浅放等四种方式的一种。这样做的目的是强调有必要对超级电容器（或电池）在高应力电流充放电下的使用寿命进行更深入的了解。Miller 和 McCleer［12］中对 Maxwell BMOD0165-P048 超级电容器模块在无纹波电流和有纹波电流循环条件下（见图 12-8）的热响应进行了研究。

如图 12-9 所示，无纹波电流循环下，模块所在位置的准方波电流为 I_0，停驻时间为 $\mathrm{d}T$，其有效值为

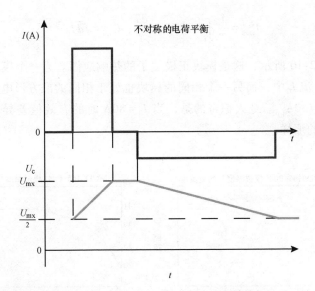

图 12-7　汽车侧超级电容器储能系统电流波形

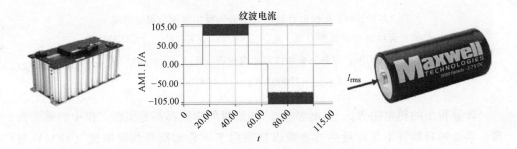

图 12-8　叠加功率变换器纹波电流循环下的超级电容器模块 （$I_0 = 90\mathrm{A}$, $\delta I = 30\mathrm{A_{pp}}$）

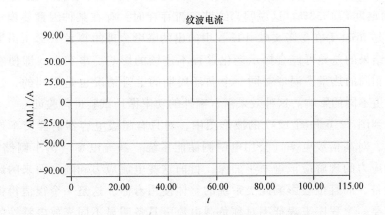

图 12-9　无纹波电流循环控制, $I_0 = 90\mathrm{A}$

$$I_{rms}^2 = \frac{1}{T}\int_0^{dT} I_0^2 \, dt = I_0^2 \frac{dT}{T}; \quad I_{rms} = \sqrt{d}\, I_0 \qquad (12\text{-}14)$$

结果如图 12-10 所示，这是模块正极端子的热响应图。当一个模块处于无纹波准方波形循环电流 I_0 中，而另一个相同的模块也处于相同的准方形电流中，但是叠加纹波电流 $2\delta I = 30A_{pp}$。令人惊奇的是，当 $I_0 = 80A$ 时的有效值差异非常小，正如练习 12.6 估计的那样。

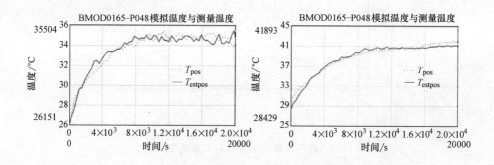

图 12-10 48V 超级电容器模块正极的模拟温度与测量温度

（左侧：无纹波准方波型电流，$R_{th-case} = 0.173K/W$；$C_{th-case} = 25000J/K$；

$\tau_{case} = 3870s$；右侧：叠加纹波电流情况，$R_{th-case} = 0.158K/W$

$C_{th-case} = 22000J/K$；$\tau_{case} = 3410s$）

计算得出的热电阻 R_{th}、热电容 C_{th}、热量时间常数都不是实验工作中的重要发现。实验的目的并不是计量热力参数以估测稳态下叠加高频纹波电流（12℃）与叠加无纹波电流（9℃）两种情况下温度上升的差异。在这个例子以及练习 12.6 的示例中，叠加纹波电流一组的电流有效值仅比无纹波电流一组的有效值高 0.6%，而温度高了 33%。这说明当纹波电流存在时，存在某种因素使模块温度上升。以下是 Briat 等在参考文献 [13] 中给出的一个合理的答案。

这些结果的差异可能会揭示老化过程不连续的影响。事实上，即使有效电流值会产生相同的热量，温度在同一个循环周期的上升情况也是不同的，这会对寿命机制产生不同的影响。这种效果需有额外的功率循环试验进行验证。

再回到图 12-6 和图 12-7 的波形图中，对只有超级电容器的公交车或其他的交通工具，对高倍放电率（公用电网侧储能系统）和充电率（汽车侧储能系统）所产生的应力的理解应该进一步加深。目前这些电流应力和随之而来的影响不仅会老化设备，而且也会影响此类系统的整体使用寿命。这是一个很值得探讨的问题，它需要一个程序来表征不对称负载电流下具备明显不同充放电特性的超级电容器。

练　习

12.1　计算例 11-1 的汽车电动功率，已知汽车速度为 300mile/h。

答案：转动功率和等级功率均变为 2 倍，但气动功率高出（145.27/78.22）^{3}=6.406 倍。因此，2 倍速度的总功率：$P(V) = 2\times(4.6+39.33)+658.51 = 746.37kW$。

12.2　如果一个燃煤发电厂的 CO_2 排放为 583g/kWh，为了给窄车道车辆和练习 11.1 中更高速度的同种车型提供动力，发电站的排放量应该是多少？假设导轨传动效率，包括为导轨提供能量的功率变换器效率为传动效率 92%，公用电网侧变换器效率 96%，功率发射器效率 95%。于是电源到机车接收器的传递效率就是 $\eta = (0.92)\times(0.96)\times(0.95) = 0.839$。机车接收器的效率是 97%，因此整体的发电电源到 NLV 直流链的效率是 $\eta_{tot} = 0.839\times(0.97) = 0.814$。

答案：$V = 150mile/h$ 的 NLV 的 $P(V) = 146.73kWh$，行驶 1mile/h 的时间为 $t = 24s$，伴随着返回至发电侧 $W_{150} = 1.202kWh/mile$ 的汽车能源耗散。汽车速度为 $V = 300mile/h$ 时，汽车能源耗散为 $W_{300} = 3.06kWh/mile$，汽车行驶 1mile 所需时间为 12s。两种情形下的碳排放为

CO_2（@ 150mile/h）$= W_{150}\times(583) = 700.77g/mile$，

CO_2（@ 300mile/h）$= W_{300}\times(583) = 1784g/mile$，高 2.54 倍。

12.3　假设未来利用练习 12.2 中讨论的 NLV 的平均行驶时间为每天 1.5h。那么求火电厂的年 CO_2 排放量。

答案：现在的驾驶者每年的驾驶行程平均为 15000mile，驾驶时间接近 330h。于是每年的驾驶天数为（330h/年）/1.5h/天 = 220 天/年。

NLV 速度/(mile/h)	平均驾驶行程/(mile/年)	平均 CO_2 量	年总 CO_2
150	150mile/h(330h) = 49500	@ 700.77g/mile	34688t
300	300mile/h(300h) = 99000	@ 1784g/mile	176616t

12.4　把 7dB 型天线增益化为接受电压与 1μV 相比的形式。测量的天线增益与 1μV 相比的形式由信号传输给出，1mW 由功率传输的形式给出。

答案：$7\mathrm{dB}_{\mu\mathrm{V}} = 10\log_{10}\dfrac{U}{1\,\mu\mathrm{V}}; U = 1\,\mu\mathrm{V}\times10^{7/10} = 5\,\mu\mathrm{V}$

12.5 把式（12-14）所给的图 12-8 中准方波形电流的有效值拓展为叠加了更高频次电流的准方波电流。

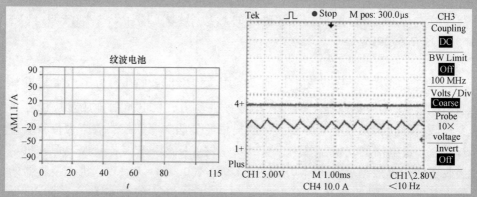

提示：先计算三角波形的有效值 $(1/\sqrt{3})\delta I$，而后加上在这里作为参考的准方波波形：

$$I_{\mathrm{rms}} = \sqrt{\mathrm{d}I_0{}^2 + \left(\frac{\delta I}{\sqrt{3}}\right)^2}$$

12.6 确定式（12-14）给出的无纹波准波形电流有效值和练习 12.5 求出的电流有效值的比，计算 $I_0 = 80\mathrm{A}$，纹波电流 $\delta I = 15\mathrm{A}$ 的值。

答案：无纹波准方波电流与叠加高频次电流的准方波电流的有效值之比为

$$\frac{I_{\mathrm{rms}}^{\mathrm{clean}}}{I_{\mathrm{rms}}^{\mathrm{ripple}}} = \frac{1}{\sqrt{(1+(1/3)(\delta I/I_0)^2)}}\Bigg|_{I_0 = 80\mathrm{A};\,\delta I = 15\mathrm{A}} = \frac{1}{1.005836} = 0.9942$$

参 考 文 献

1. J.M. Miller, *Propulsion Systems for Hybrid Vehicles*, 2nd edn., The Institution of Engineering Technology (IET), Michael Faraday House, Stevenage, United Kingdom, 2010
2. C.H. Stephan, J.M. Miller, J. Pacheco, L.C. Davis, 'A program for individual sustainable mobility', *Global Powertrain Congress, GPC2003*, Ann Arbor, MI, 23–25 September 2003

3. C.H. Stephan, J.M. Miller, L.C. Davis, 'A program for individual sustainable mobility', *International Journal of Vehicle Autonomous Systems*, vol. 2, pp. 255–77, 2004

4. C. Stefan, J.M. Miller, *A Program for Individual Sustainable Mobility, Frontiers in Transportation: Social Interactions*, Hotel Rembrandt Amsterdam Academic Club, Oudezijds Achterburgwal 235, Amsterdam, The Netherlands, 14–16 October 2007

5. K.W. Klontz, D.M. Divan, D.W. Novotny, R.D. Lorenz, 'Contactless power delivery for mining applications', *IEEE Industry Applications Society Annual Meeting*, Ritz Carlton, Dearborn, MI, 28 September–4 October 1991

6. W. Zhang, Q. Chen, S.C. Wong, C.K. Tse, X. Ruan, 'A novel transformer for contactless energy transmission systems', *IEEE 1st Energy Conversion Congress and Exposition, ECCE2009*, Double Tree Hotel, San Jose, CA, 20–24 September 2009

7. A. Kurs, A. Karalis, R.M. Moffatt, J.D. Joannopoulos, P. Fisher, M. Soljacic, *Wireless Power Transfer via Strongly Coupled Magnetic Resonances*, American Association for the Advancement of Science (AAAS), vol. 317, p. 83, 2007 [doi: 10.1126/Science.1143254]

8. N. Keeling, G.A. Covic, F. Hao, L. George, J.T. Boys, 'Variable tuning in LCL compensated contactless power transfer pickups', *IEEE 1st Energy Conversion Congress and Exposition, ECCE2009*, Double Tree Hotel, San Jose, CA, 20–24 September 2009

9. C. Yu, R. Lu, Y. Mao, L. Ren, C. Zhu, 'Research on the model of magnetic-resonance based wireless energy transfer system', *IEEE 5th Vehicle Power and Propulsion Conference, VPPC2009*, Fairlane Technical Center, Dearborn, MI, 7–10 September 2009

10. T. Imura, H. Okabe, Y. Hori, 'Basic experimental study on helical antennas of wireless power transfer for electric vehicles by using magnetic resonant couplings', *IEEE 5th Vehicle Power and Propulsion Conference, VPPC2009*, Fairlane Technical Center, Dearborn, MI, 7–10 September 2009

11. M. Budhia, G. Covic, J. Boys, 'Magnetic design of a three-phase inductive power transfer system for roadway powered electric vehicles', *IEEE 6th Vehicle Power and Propulsion Conference, VPPC2010, Lille Grand Palis Conference Center*, University of Lille, Lille, FR, 1–3 September 2010

12. J.M. Miller, P.J. McCleer, 'Electrical and thermal investigation of power electronic converter ripple current on the ultracapacitor', *The 20th International Seminar on Double Layer Capacitors and Hybrid Energy Storage Devices*, Embassy Suites Deerfield Beach Hotel, Deerfield Beach, FL, 6–8 December 2010

13. O. Briat, W. Lajnef, J.-M. Vinassa, E. Woirgard, 'Power cycling tests for accelerated ageing of ultracapacitors', *Elsevier, Microelectronics Reliability*, vol. 46, no. 2006, pp. 1445–50, 2006

附 录 术语定义

　　准电容吸附　由于电荷转移而在一侧导电表面形成氧化还原中间体的现象。准电容的形成原因：施加电势的增量引起电流的流动，直到电荷累积在单层的表面上，这时可认为表面是均匀的，且不存在侧向的相互作用。

　　化学键　化学键分为三种：①离子键；②金属键；③共价键。离子键通常是分子，由金属和非金属构成。金属键是由特定的金属原子结合而成。共价键由两个非金属原子结合而成。键是原子或者分子根据其化学价得到或失去电子而形成的。

　　电解质　通常是指包含自由离子并具有一定导电性的液体。最典型的电解质是离子溶液、熔盐和离子液体。

　　法拉第　化学物质在电极上发生氧化或还原反应的过程。氧化还原反应产生法拉第电流。

　　嵌入式化学　离子在嵌入过程中进入多孔电极，这个过程被称为嵌入。在反向或者从电极提取离子的过程中，离子移出，这一过程被称为逸出。

　　嵌入准电容　氧化还原中间体的现象。

　　不同类型电化学电容器（EC）的电解质不同

　　初始寿命（BOL）： 定义为制造单体（模块）时的参数。

　　电荷： 溶液中的离子型分子，导电介质中的电子。

　　集流体： 各电极中与碳电极膜叠压在一起使用的金属箔片，通常采用铝箔。

　　终结寿命（EOL）： 定义为单体（模块）寿命耗尽时的参数。对称型电化学电容器的终结寿命被定义为容量不可逆地损失 20% 或者等效串联内阻（ESR）增加 100%。

　　内阻： 也称为等效串联电阻（ESR），定义为电子（电子导电）和离子（离子导电）抑制电流流动能力的总和。当温度从 0℃ 下降到 −30℃ 时，对称型电容器的 ESR 增加约 1.4 倍，不对称型电容器的 ESR 增加约 3 倍。

　　漏电流： 定义为在每个双电层泄漏的积累电荷。产生的原因是由于碳中的杂质破坏了致密层中溶剂化离子的绝缘护套。这种现象随温度升高而加剧。例如，在对称型电容器单体中，潜在的泄漏与时间的平方根成正比。不同于对称型电容器的有限扩散泄漏现象，不对称型电容器的泄漏受氧化还原反应的限制，并且单体容量与时间的对数成正比。

　　额定电压： 液态电解质型电容器通常是 1.3V，有机电解液型电容器可以达到 3V。Maxwell 的电容器单体均标有最大工作电压。

　　过电压： 单体可以承受时间为几秒的短期过电压，但不得超过一定阈值：对称型电容器可承受 4 ~ 6V 的端电压。过电压的结果是充电电流成为设备的总漏电流。

　　极性： 由于电池电极的存在，不对称型电容器存在极化现象。从技术角度讲对称型电容器不会发生极化，但杂质的存在会产生氧化还原反应和一些小的优先极性，因此，Maxwell 的电容器单体上标有（+）、（-）极性标志。

Randles 等效电路：一种由电子 RC 网络构成的电极动态等效电路，由一个串联电阻 R_s 一个并联电容 C 和并联电阻 R_p 组成。Randles 等效电路是较好的超级电容器电压和电流特性的近似模型。

回收：定义为对报废的电容器适当的处置程序。由于存在一些有害物质，例如电解质的溶剂、碱性或酸性溶液，应适当地处理非对称型电容器。

分离器：多孔纸、聚合物或陶瓷等是可以防止电容器电极短路的物质。必须具有离子导电（多孔）和电子拦截的特性。

荷电状态（SOC）：一种用来衡量电容器（或电池）可用能量的方法。不同于大多数电池具有的"记忆"效应，电容器的 SOC 曲线接近线性。

存储寿命（或保质期）：存储寿命与所处环境的温度和湿度条件有关，例如凉爽、干燥的地区。对称型电容器应存储在放电状态（通常与短路端子相接），以尽量减少任何自然衰减现象。不对称型电容器应存储在充电状态，必须定期充电以保持其荷电状态（SOC）接近 100%。环境温度不应低于-60℃。

浪涌电压：约束条件（对于 2.7V 单体，浪涌电压为 2.85V）。

温度影响：电容通常对温度不敏感。但温度降低会减少氧化还原组件的容量。

Warburg 阻抗：恒定相位元件的一种特殊情况，$Z_{cpe} = A/s_\alpha$，其中 $\alpha \in [0, 1]$，当 $\alpha = 0$ 时为纯电阻，当 $\alpha = 1$ 时为纯电容，在这一区域的中间时被称为 Warburg 阻抗，其频率响应与频率的平方根成正比，伯德图上的相位为 45°。

$$Z = \frac{(i-j)}{\sqrt{\sigma(\omega)}} \tag{G-1}$$

电化学电容器（EC）的通用类型

不对称式设计：电极采用不同的材料，一极采用活性炭（DLC 电极），另一个电极采用通过化学反应、氧化-还原反应来存储电荷的电池型电极。

对称式设计：两个电极采用相同的碳材料。一般通过测试将电极（+）正极化或电极（-）负极化。

粗糙度 表面粗糙度可以更贴切地解释碳颗粒表面的形态与超级电容器比电容的关系。